安全设计概论

ANQUAN SHEJI GAILUN

何华刚　著

图书在版编目(CIP)数据

安全设计概论/何华刚著.—武汉:中国地质大学出版社,2019.12
ISBN 978-7-5625-4558-3

Ⅰ.①安…
Ⅱ.①何…
Ⅲ.①安全工程-工程设计-高等学校-教材
Ⅳ.①X93

中国版本图书馆 CIP 数据核字(2019)第 268734 号

安全设计概论 何华刚 著

责任编辑:彭钰会 选题策划:王凤林 责任校对:徐蕾蕾

出版发行:中国地质大学出版社(武汉市洪山区鲁磨路 388 号) 邮编:430074
电话:(027)67883511 传真:(027)67883580 E-mail:cbb@cug.edu.cn
经销:全国新华书店 http://cugp.cug.edu.cn

开本:787 毫米×1092 毫米 字数:310 千字 印张:12
版次:2019 年 12 月第 1 版 印次:2019 年 12 月第 1 次印刷
印刷:武汉路南印务有限公司 印数:1—1000 册

ISBN 978-7-5625-4558-3 定价:36.00 元

前　言

安全工程是研究事故发生的原因及控制方法的科学，它包含了为保证安全生产所需要的各方面的内容，形成一个完整的安全工程体系。安全设计是安全工程重要的技术内容，也是事故预防，控制的最根本方法。独立的、具有显著职业特征的安全设计能力，是全体安全技术人员共同努力的方向。美国、英国等国家已经从法律、理论、技术和工程等方面形成了完善的安全设计体系，甚至培养出了专业化的安全设计工程师。安全设计是安全理论、技术方法在工程应用层级上的艺术表达，需要一套完整的理论技术体系的支撑。

从事安全工程设计需要具备系统设计的观念，以系统的整体最优为目标，安全设计是对全周期、全过程的整体把控，任何阶段、环节均需要考虑风险控制设计，这也是与电气工程师、结构工程师等专业设计师最大的区别。

本书共分为七章，第一章论述了安全系统设计的思路、安全系统设计的维度与主要的系统分析方法，使读者先从整体把握本书的理念。第二章介绍了概率分析与事故后果模拟两种风险评估的方法，在安全设计之前需要对安全生产系统进行准确风险分析，掌握风险类型与风险水平。第三章首先提出监测的对象为信息，进而对信息的概念、特征与分类进行了介绍，在此基础上阐述了安全监测系统与预警系统的量化分析方法。第四章为本书中的核心部分，由于之前并未有独立、完整的理论体系论述安全技术设计，本章首先讲解了安全技术设计相关理论与框架，并结合具体工程案例对安全预防技术设计和安全控制技术设计进行了完整论述。第五章以长输天然气管道为例，结合相关数据分析软件结果，从应急指挥体系构建与应急指挥决策设计两个模块展开，阐述生产安全应急指挥设计方法。第六章安全管理体系的设计方法，介绍了“PDCA”循环、控制理论分析、免疫机理分析等相关理论，并阐释安全管理体系设计流程，最后结合基坑工程施工，讲解基于免疫机理的施工风险管控系统设计。第七章论述了应急平台建设的方法，将应急平台划分为基础支撑系统、综合应用系统、数据库系统、安全保障系统、应急平台标准规范、应急指挥场所、移动应急平台等模块，并分别介绍其主要功能。本书通过结合大量案例进行深入浅出的讲解，使得安全工程专业与非安全工程专业的读者都能在阅读本书过程之中受到些许启发。

鉴于作者的知识和业务水平有限，书中难免存在一些错误和不妥之处，希望同行专家和读者在阅读本书的过程中，提出宝贵意见。

通过对设计目标对象的系统安全分析，辨识评估风险水平，从风险监测预警、风险控制、安全管理等方面开展安全设计。庞大复杂的知识体系严重制约了安全设计的应用，综合信息技术手段、人工智能辅助设计等方法，可有效解决安全设计存在的技术阻制。随着社会技术系统日益复杂化和人们对安全需求不断提高，安全设计的内容也会不断扩展，安全设计的理论体系、技术体系也需要更新。

目　录

第一章　安全系统设计分析

安全系统工程设计是一项复杂工程，是安全理论、安全方法技术层面的表现。安全工程师与电气工程师、结构工程师等专业设计师最为不同的地方，即是系统的思维方法和风险控制的视野。一方面，安全工程师必须从一开始即系统地分析研究对象，确保问题分析方案等的必要性与完备性。任何微小的疏漏都可能是潜在的风险或在日后导致重大灾难。另一方面，安全工程师应具备安全的视野，着眼于安全风险控制，并以此为基础，确定设计的原则、方法和思路。

第一节　安全系统设计思路

系统设计是指以系统的整体最优为目标，对系统的各个方面进行定性和定量分析，并通过设计解决已分析得出的相关问题。它是一个有目的、有步骤的探索和分析过程，为决策者提供直接判断和决定最优系统方案所需的信息和资料，是系统工程的一个重要程序和核心组成部分。

安全系统设计继承了系统设计的理念，以系统安全为目标，运用定性和定量的方法辨识系统危险有害因素，评估风险等级水平，对较高风险对象设计风险控制措施，降低其风险水平可接受范围。安全系统设计思路如图 1-1 所示。对一般风险对象，制定风险监测设计方案，及时掌握风险演化情况，制定预警方案。安全设计范畴还应延续至事故救援阶段，优化资源覆盖、救援方案，最大程度降低危害程度。

安全系统设计秉承全周期、全过程的设计理念，任何阶段、环节均应考虑风险控制设计，这也是有别于其他专业设计的地方。危害辨识是安全设计的基础，决定了设计的对象范围；风险评估是安全设计的度量，设计优化的程度、设计效果的评估、设计对象的确定均需风险评估的支撑；风险控制是安全设计最直接的阶段，风险减弱、隔离、屏蔽、警示等方法是安全设计的主要形式，在整个设计阶段，风险控制是改变风险水平的最主要的阶段；监测预警是安全设计的第四阶段，是安全系统的信息感知层，安全设计必须考虑风险的动态变化特征，使得系统自身能自我调整以适应风险的变化；应急救援是安全设计的最后阶段，也是风险防控体系的最后环节。

客观世界不存在绝对安全的系统，也不存在绝对完美的安全设计，任何安全系统都存在“阿克琉斯之踵”，安全工程师必须考虑意外风险发生的情况下应急救援设计，最终完成风险控制闭环设计。

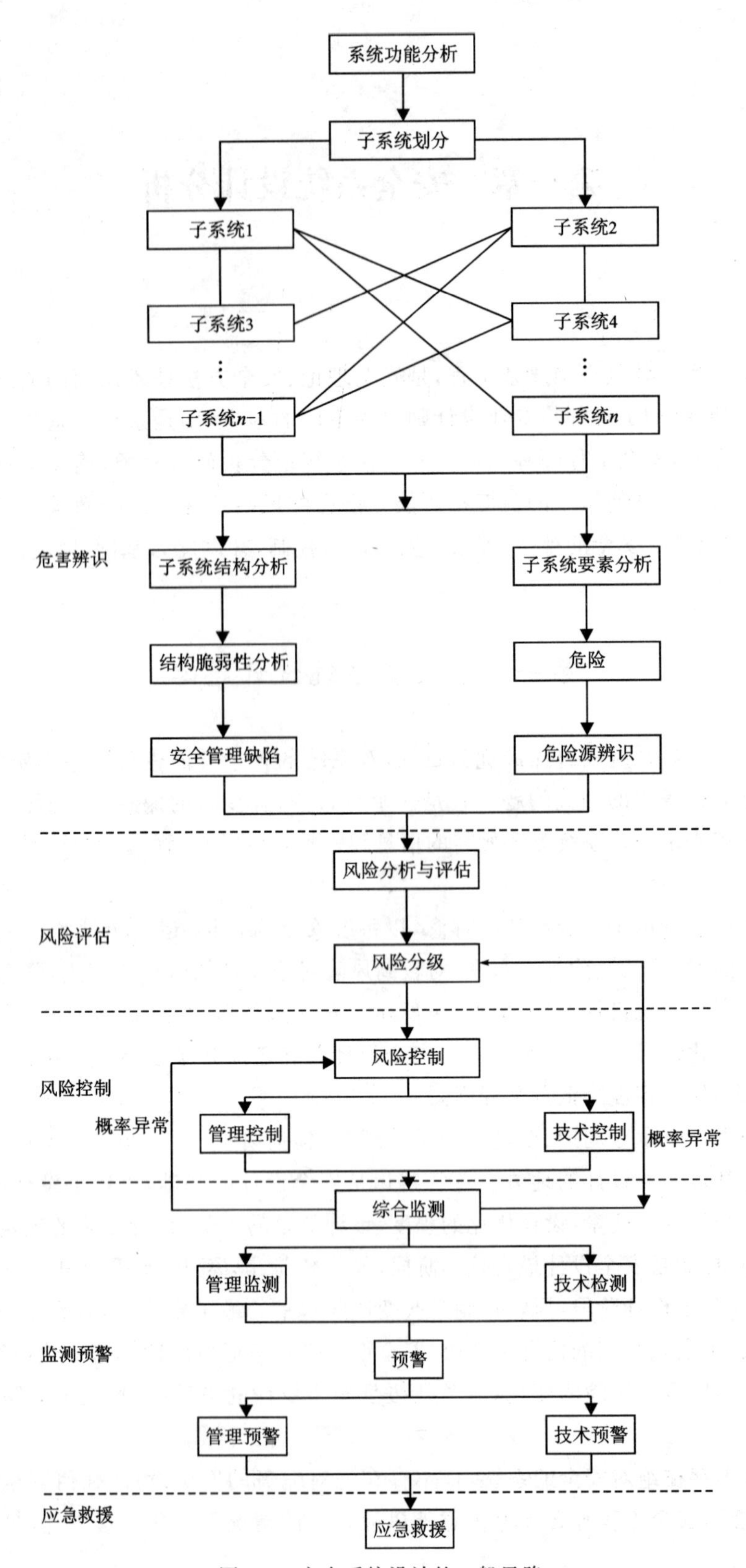

图 1-1　安全系统设计的一般思路

风险控制设计过程是一个动态迭代过程，每一次迭代设计会产生一个新的方案，通过评估对比多个迭代设计方案，确定最优设计。因此，风险辨识—风险评估—风险控制—监测预警—应急救援等设计环节形成了循环迭代设计过程(图 1-2)。

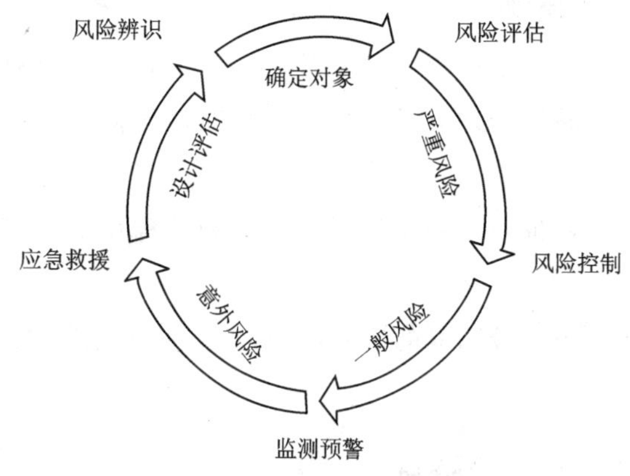

图 1-2　安全迭代设计过程图

一、安全系统功能分析

生产系统是由与生产安全问题有关的相互关联、相互作用、相互制约的若干因素结合成的具有特定功能的有机整体。任何系统都是为完成某种任务或实现某种目的而发挥其特定功能。为达到系统的既定目的，在系统的整个生命周期，采取最优规划、最优设计、最优控制、最优管理等优化措施使系统能够解决某些具体问题，即为系统的功能。例如化工厂有包括加硫、加氢、加气等系统功能装置来实现生产。

系统功能是系统存在的重要前提，任何系统均是以功能为其价值体现，企业的各类系统中，生产系统功能是制造产品、工程建造，企业各类生产元素相互调配、协作，完成产品制造功能。安全系统依附于企业生产系统，服务于生产系统功能。安全系统的主要功能是在企业生产过程中控制风险、预防事故、减少损失。系统实现这些功能，必须由一系列系统子功能构成。子功能的有机组合或协作，实现了更大系统的功能。系统功能分析是安全设计的重要前提，不同的子功能其安全设计内容不一样。

分析问题时，首先需确定系统完成或实现的主要功能，然后将主要功能分解为子功能，即功能分解。可以利用功能上下逻辑之间的关系和并列关系进行功能整理，把各个构成要素的功能相互连接起来，绘制功能系统图，从局部功能和整体功能的相互关系上分析研究问题。

二、子系统划分

系统功能是由子功能构成，子功能则由子系统实现。系统与子系统的关系是由功能与子功能来联系的。子系统是生产系统的基本单元，也是安全设计的主要分析对象。对于一个复杂系统，子系统间相互关联、相互依存度高。因此，子系统的划分并不是简单对大系统物理上的空间(功能)切割，划分子系统的目的不是割裂子系统间联系。相反，划分子系统主要为安全分析提供明确且相对独立的对象，以便更深入了解风险的基本构成、特性，它并不是安全设计的对象。划分后的子系统经安全分析后，必须再整合在一起，从全局角度分析其安全风险。因此，安全设计的对象是子系统及子系统构成的大系统，子系统的切割是为了后期更好地融合。

系统的划分应符合以下原则：

(1)整体性。即经过划分的子系统应保持相应的形态和结构，具有基本的系统特性。

(2)功能性。即每个子系统的划分都应保证其功能性完整，在整个系统中应能正常执行其目标功能。

(3)独立性。即应尽量保证各子系统之间的功能和结构互不干扰，方便后期子系统的功能分析。

(4)有界性。即子系统应有较明显的边界，能明确其使用范围，以便后期能抽取其界限的元素、功能等对象。

三、安全子系统结构与要素分析

所谓结构是指从子系统自身的需要、目的出发，按照一定的规律组织起来的、相互关联的子系统要素的集合，它通常也表现为子系统的要素及各要素之间的基本关系。要素是指不需要再加以分解和追究其内部构造的基本成分。这些要素之间并不是简单的拼凑关系，它们之间相互联系、相互作用，最终以一定的方式和秩序组合，形成子系统的结构。

在子系统中每一个要素的变化，都会引起子系统本身结构的变化。所以，要素决定了结构的形式与状态，而结构又反作用于要素，它影响着要素间的相互联系和作用。子系统各要素之间的基本关系通常表现为相互联系、相互作用、相互依赖的关系。

四、危险有害因素与危险源辨识

从设计角度出发，本书所指危险有害因素是生产系统中能直接导致人员伤亡的物质或能量。危险有害因素的危险性是由因素的理化性质决定的，对人体产生的伤害包括生理、心理上的伤害。危险有害因素多数情况下是以能量形式造成人员伤害，如氯气毒性是化学能，噪声是机械能，静电是电能等。在设计过程中，危险有害因素均需转换为能量形式，有利于各类危险有害因素统一分析处理，从而研究风险的传播、耦合的特性。危险有害因素分类如表 1-1 所示。

表 1-1　危险有害因素分类

来源	危险有害因素说明	危险源
工艺过程	化学因素：易燃易爆性物质、自燃性物质、有毒物质、腐蚀性物质等。物理因素：噪声危害、振动危害、电磁辐射、运动物危害等。生物因素：致病微元物、传染病媒介物、致害动物、致害植物等	氢气、黄磷、还原铁、氯气、硫酸；超声波噪音、吊运货物的塔吊等

续表 1-1

来源	危险有害因素说明	危险源
劳动过程	劳动过程和制度的不合理，如劳动时间过长、工休制度不健全或不合理；劳动中的精神过度紧张，如在生产流水线上的装配作业人员等；劳动强度过大或劳动安排不当；劳动中个别器官或系统过度紧张，如由于光线不足而引起的视力紧张等；长时间处于某种不良的体位或使用不合理的工具、设备等	不健全的管理体制
生产环境	炎热季节高温辐射，寒冷季节因窗门紧闭而通风不良等；厂房建设或布设不合理，如有毒工段和无毒工段安排在一个车间；有不合理生产过程所致环境污染等	高温环境、不通风的环境、易引起扬尘的设备等

危险源是危险有害因素的释放源、发射源和起始源。在安全设计中，危险源是能量存放场所或对象，也是安全设计的主要对象。生产实际中，任意危险有害因素均存在于一定的设备、设施或场所中。因此，危险源是危险有害因素的容纳场所，具有相对完整、固定的边界形态，多以设备、设施和场所形式出现。危险源是一种客观存在，它并非事故的根源，危险源并不一定导致事故，如氯气瓶泄漏事故中，氯气瓶并非事故的根源，它是生产必须的客观存在，事故产生的根源可能是气瓶维护管理的失误。风险控制设计是从危险源开始，遵循能量传播路径分步实施，直至能量接触人群结束。

五、风险分析与评估

安全设计之前，需要对安全生产系统进行准确风险分析，掌握风险类型、风险水平，初次安全设计后仍要对生产系统进行风险评估，确定安全设计是否将系统风险降至可接受范围。风险是事故发生的可能性与事故严重程度的度量，风险评估方法包括事故发生的概率分析和事故后果分析。当前阻碍安全工程师的主要问题是风险的量化度量问题，它严重制约了安全设计推广与应用。

风险量化涉及统计学、概率论、数学物理方法等多个学科知识，由于事故类型特点各异，风险量化方法与手段多样，无法建立统一标准，因此评估方法选择原则、评估标准库的建设十分重要。

六、风险分级

风险分级就是通过某种特定的数值或符号来表示风险级别的高低。风险分级通常是以实现系统安全为目的，在对风险进行分析和评估的基础之上，建立相关的风险级别标准，并通过比较来客观地反映被评估风险的大小。

风险分级按照不同衡量方式可以分为标准分级和数学模型分级。标准分级是指采用标准（如国家标准、行业规范、科学依据等）直接进行分级的风险分级方法；数学模型分级是指通过数学模型计算确定风险等级的分级方法，适合多因素变量的风险分析，是一种定量和半定量的分析方法。

七、风险控制设计

风险控制设计是综合运用事故致因理论、安全工程技术等理论方法，分析事故发生机理，从设计角度制定安全措施和方案，控制事故发生。其途径有两类：一是降低事故发生的概率，根据事故指引理论，事故的发生由多种因素综合作用而导致，可通过控制各因素的发生条件，从而降低事故发生的可能性；二是减少事故后果，事故灾难发生后，减少风险进一步传播，控制灾难影响范围、影响程度是安全设计的重要任务。

风险控制包括管理控制和技术控制。管理控制采用管理方法和手段，构建体系预防机制。技术控制运用工程技术手段，做好事故风险预防和提升风险控制能力。

八、风险监测设计与预警设计

风险监测系统作为安全工程设计的一部分，其设计框架包括基础层、信息处理层及信息分析层，其功能分别为安全信息感知、安全信息量化及安全信息分析。安全预警是指在事故或灾害发生之前或即将发生之时，按照一定的评价指标对危险事件的危险程度进行评价，并采取相应的措施以防止事态恶化，减少或避免人身伤亡和财产损失的一种安全活动。预警设计主要包括指数体系构建和预警区间设计。

九、应急救援设计

应急救援系统设计是安全设计的最后环节，也是安全设计的最后保障，应急救援设计的主要目的是通过资源优化、救援决策的分析等手段，实现救援过程的高效、快速、准确设计。

安全管理系统(HSE、OSH)一般面向日常的安全生产工作，而应急救援系统却处于严峻的战时状态，其环境和条件均极为苛刻。

第二节　安全系统设计维度

安全系统设计维度是安全工程师的思维坐标，也是安全设计的重要方向指引。安全设计的每一维度都应是安全风险控制的重要影响因素。安全系统设计是一项涉及多学科知识、多技术体系方法的融合过程，其安全系统设计维度十分复杂。安全设计的目的是预防、控制风险，设计至少包含两个重要维度：事故维度和设计环节(功能)维度。因设计对象不同、安全设计要求不一样，故设计维度应包含一个设计环节对象系统的维度。因此，安全系统设计维度由3个部分组成：事故类型、系统功能、设计功能。图1-3以地下空间设计为例，说明了安全系统设计的维度内涵。

事故类型、系统功能和功能设计3个维度撑开了安全设计的空间。安全工程的所有安全设计、活动均在此空间中进行。如针对火灾事故，对电气系统制定安全设计措施，包括烟气监测预警、事故应急、消防设计、通风排烟等方面。安全设计空间中可构建整个安全设计框架结构，也可标定某项安全设计的位置。通过对安全设计空间的检查分析，可判断安全设计是否存在缺陷、错误之处。

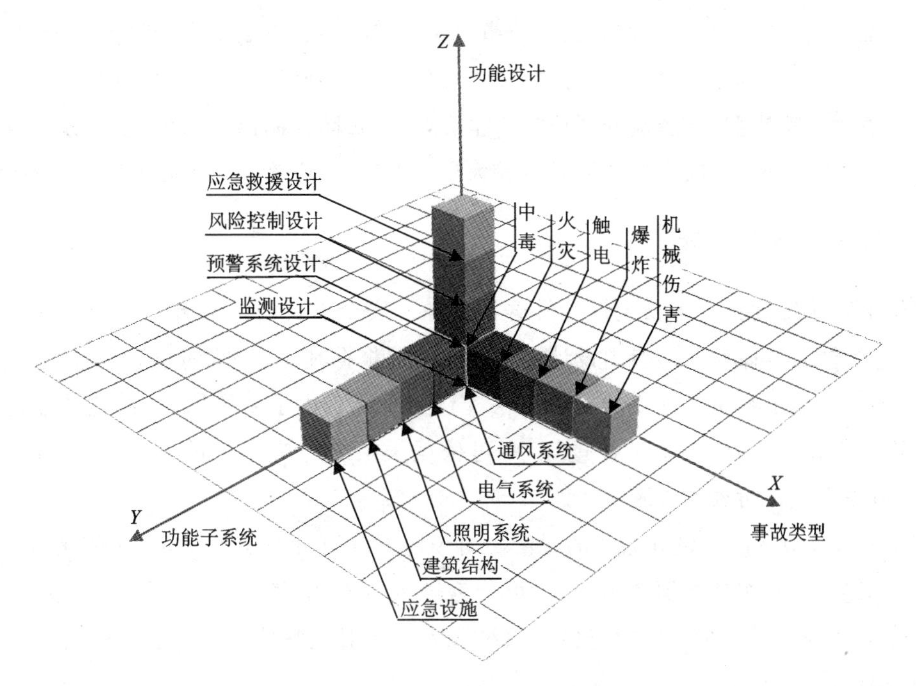

图 1-3　地下空间安全设计维度(案例说明)

一、事故类型维度

安全设计的对象是事故风险。然而,由于安全设计范围广泛,事故类型多样,根据《企业职工伤亡事故分类标准》(GB 6441—86),安全生产事故类型达 20 种(表 1-2),根据事故综合应急救援要求,事故又分为自然灾害、安全生产、社会治安、公共卫生四大类。安全设计应考虑系统可能遭受各种可能事故的影响,因此安全设计时,应进行详细的危险有害因素分析,查找出系统所有相关的事故类型,针对其中风险较大事故对象,制定安全设计措施。

表 1-2　企业职工伤亡事故分类标准

序号	事故类别	序号	事故类别
1	物体打击	11	冒顶片帮
2	车辆伤害	12	透水
3	机械伤害	13	放炮
4	起重伤害	14	火药爆炸
5	触电	15	瓦斯爆炸
6	淹溺	16	锅炉爆炸
7	灼烫	17	容器爆炸
8	火灾	18	其他爆炸
9	高处坠落	19	中毒和窒息
10	坍塌	20	其他伤害

事故维度指引了安全设计的源头——事故预防、控制，它决定了安全设计的方向，即针对哪些是事故风险开展设计分析。一方面，安全工程师后续所有的活动，均围绕事故风险为中心。一旦事故类型错漏，会造成安全设计不全面，风险预防控制出现缺失，生产系统存在重大风险隐患。另一方面，事故类型主要是有较大风险对象，不应该扩大范围，增加设计难度。

二、功能子系统维度

功能子系统维度指明了安全设计的客体对象。安全设计的措施最终需要落实到具体客观对象，它是针对客体对象的专项设计。安全系统可根据其工艺、空间布局、功能等划分子系统单元，其中功能子系统是常见的划分方法。任何系统均由子系统构成，系统功能也由子系统功能协助实现。因此，安全设计过程中，可依据子系统的功能不同，将系统划分为若干单元，并作为安全设计对象。

图 1-3 是以地下空间设计为例的说明。由于地下空间对象与传统的生产系统不同，并无明显生产工艺过程，按功能划分系统时，可分为通风系统、电气系统、照明系统、建筑结构、应急设施等子系统。子系统划分时应保证系统要素的相对完整性，特定条件下，可与其他系统重叠部分要素。

本质上，功能子系统应包含非客体对象，如管理子系统、环境子系统等。可采用不同方式划分子系统。因此，客体、非客体对象并无明显界限。这完全取决于安全设计需要。某种程度上，两种可混合使用。

三、动能设计维度

功能设计维度指明了安全设计的主要环节。由图 1-1 可知安全预防控制事故的措施根据事故风险发生发展过程，可分为监测、设计、预警设计、风险控制设计和应急救援设计。功能设计提供了事故风险预防、控制的系统性解决方案，它运用系统科学、安全科学等学科综合知识，力求系统性解决安全问题，达到整体风险预防控制目标。功能设计维度的特征凸显了安全工程师与其他专业设计师在安全设计上的不同与独立性。

安全设计的主要目的是事故预防和控制，更准确的定义是采取必要的预防措施，降低事故发生的可能性，控制事故发生后的灾害后果(损伤程度)，图 1-4 为安全设计的模式图。

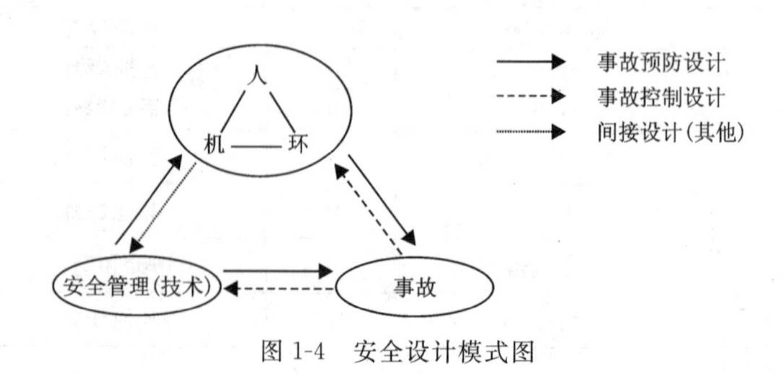

图 1-4 安全设计模式图

从安全设计的对象来看，主要包括人-机-环系统、安全管理（技术）、事故三者。安全管理不当，会导致人-机-环系统出现缺陷（人的不安全行为、物的不安全状态、环境的不安全条件），当致灾对象与承载对象（人-机-环）在时空交叉后将发生事故。

表1-3是以事故演化阶段来划分事故预防设计和事故控制设计。

以事故发生为临界点（ECP，Event Critical Point）来划分，事故预防设计的主要目的是通过体系设计、技术设计手段提高系统的免疫能力，降低事故发生概率；事故控制设计主要通过系统设计、技术设计等手段阻断事故的传播扩大，降低事故后果的严重程度，提高系统承载能力。在事故孕育、发生、发展、破坏等不同阶段，安全设计内容随之变化（图1-5）。

表1-3　事故预防设计和事故控制设计分类表

	预防设计	控制设计
体系设计	系统风险免疫设计 纵深防御设计 事故致因安全设计	系统鲁棒性设计
技术设计	本质安全设计 人机工程设计（阻断） 能量控制设计（屏蔽） 因果控制设计	能量控制设计 （吸收、释放、降低） 风险链式控制设计 应急救援系统设计

四、事故预防设计理论方法

1.体系设计理论与方法

系统设计是通过系统整体的安全设计，提高安全系统自身的安全水平，强化系统结构的稳定性，增强环境风险的免疫能力，运用"壳"安全理论，建立风险预防的逐层纵深防御体系。根据事故致因理论分析的因果关系，建立全要素的风险防控网络。如图1-5所示，在预防设计阶段，安全管理系统的免疫设计是主要对象。通过安全管理系统的优化设计，提高系统对风险的抵抗力，增强免疫机制，保证系统的稳健运行。

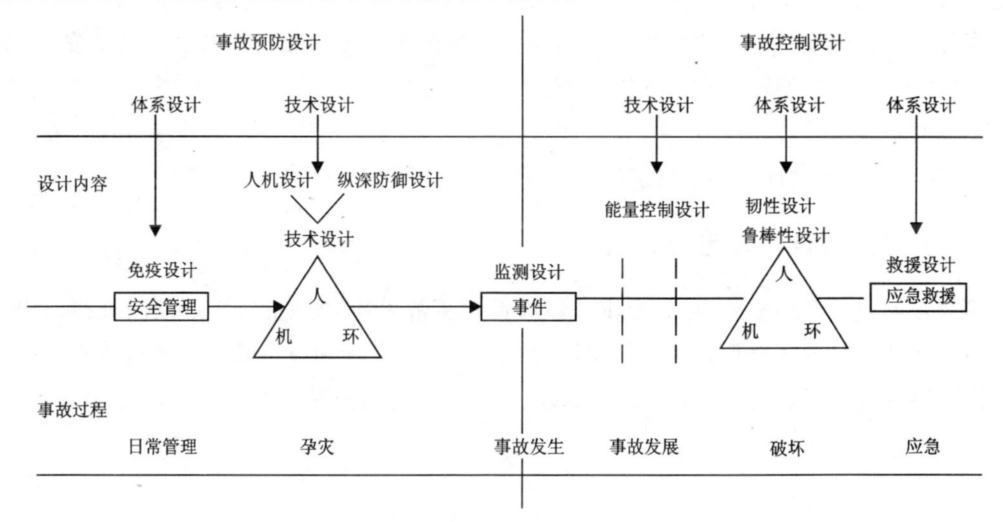

图1-5　安全设计主要阶段示意图

免疫设计是通过事先向“机体”注入无毒、低毒免疫元，促使机体形成针对某类风险的免疫机制。安全管理系统的免疫设计是安全设计的重要部分，安全管理系统的 PDCA 机制已初具免疫的机能，但其十多个要素间作用并无免疫主要功能。

针对安全生产系统的主要事故特点，预测并构建风险类型，形成免疫元，有意识、有计划地注入生产系统，不断测试、观察系统反应，不断优化系统结构与功能，直至其完全具备此类风险应对能力。

传统安全管理系统的 PDCA 机制只具备自发（内生）风险的自我调节能力。此机制形成时间长，对风险制约较弱。而免疫设计是有意的外在干预系统，有目的地训练安全系统对某几类特定风险的防御能力，时间短、效率高、针对性强。因此，免疫设计是传统安全管理系统的升级强化版。

2. 技术设计理论和方法

安全技术设计包括纵深预防设计、人机工程设计等。安全管理系统的不良运行，必然导致人-机-环系统的失误，主要表现为人的不安全行为、机的不安全状态、环境的不良条件。预防阶段的技术设计主要目的是运用技术方法控制人-机-环系统的缺陷。

纵深预防设计是采用梯次递进、逐层防御的方法，从本质安全设计到外部文化、环境设计，不断降低事故发生的可能性。风险分级防控设计采用了纵深预防理论（图 1-6）。

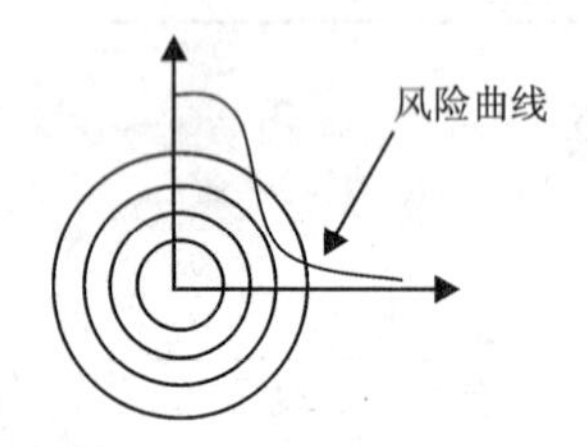

图 1-6　风险纵深预防概念图

人机工程设计是利用人机工程学原理，针对人的生理、心里行为规律特征，设计人机适配的条件，降低人因失误，安全统计事故原因。通常，人的失误占比超过 85%，因此人机工程设计是事故预防的重要手段。

事故致因控制设计是事故预防性技术设计的另一个内容。根据事故致因理论的轨迹交叉论（可能包括其他的致因理论，如能量理论、变化-失误论等），人的不安全行为与物的不安全状态在时空交叉后，事故便产生，在预防性设计阶段，可通过能量屏蔽、轨迹切断、隔离、信息提示 PPE 等方式设计一套事故预防措施。

五、事故控制设计理论与方法

事故控制设计在事故临界点（ECP）之后，针对事故发生、发展、破坏阶段的规律，提出控制事故传播和后果的策略设计，主要包括体系设计、技术设计和应急设计。事故发生后，最大程度降低事故后果，最大可能减少事故影响范围，将灾害损失减低至最小程度是事故控制设计的主要目的。

1. 体系设计的理论和方法

ECP之后，事故经历发生、发展、破坏等阶段，其安全设计理论包括灾害链式传播分析、鲁棒性分析(抗灾能力)、韧性分析和应急理论。

灾害链式传播分析研究事故发生后，灾害的耦合机理，分析事故在传播过程中的发展规律。通过灾害链式分析，在安全设计阶段指定风险控制措施，切断风险传播途径，抑制事故的发展。针对工艺复杂、风险多样的生产风险，设计阶段的风险逻辑图分析(RLDA，Risk Logical Diagram Analysis)十分重要。

与预防阶段的免疫设计不同，事故控制阶段的鲁棒性设计、韧性设计的主要目的是事故发生后，从设计上保证系统的结构稳定性和健壮性，能够承受事故灾害的直接冲击破坏而不丧失其正常功能。如果外在灾害破坏能量超过人-机-环系统的承受能力，系统将崩溃，丧失正常功能。因此必须提高系统的冗余设计和韧性设计。通过冗余设计，提高系统的可靠性和安全水平，为突发事故破坏预留缓冲空间和安全余量。

通过韧性设计，借助外来辅助手段，适当延伸人-机-环系统的承载能力，甚至牺牲部分正常功能，暂时提升系统抗灾能力。例如人员密集场所的安全设计中，必须预留必要的余量，限制通行速度、人员密度，还有复杂系统中重要部件的双备份设计；此外，安全生产系统中，部分应用新材料、新工艺、新方法，适当提高抗灾能力；在化工企业生产中，灾害条件下可关闭部分系统功能，甚至牺牲部分非关键系统，确保核心系统的安全。

冗余设计是在对系统抗灾能力、灾害水平准确分析的前提下，在设计之初提前预留较大的安全余量。而韧性设计是在对已有系统的抗灾能力、灾害水平准确分析的前提下，在后期设计中适当提高系统的抗灾能力。

2. 安全技术设计理论和方法

当事故发展到一定程度后，其灾害能量向人-机-环系统释放，导致系统破坏、人员伤害和财产损失。事故控制阶段的安全技术设计运用能量控制理论，通过技术设计方法吸收、释放、缓冲、降低能量，减少作用于人-机-环系统上的能量大小，在风险传播过程中，设计一套吸收机制，逐渐减弱能量水平；建立事故紧急能量释放的通道，卸载系统过量的能量负载；建立足够容量的时空缓冲，以延长能量作用时间，换取能量破坏范围，或拉伸能量作用空间，换取能量作用时间；在能量向人-机-环系统的传递过程中，通过屏蔽、隔断等安全设计措施，切断能量与人-机-环系统接触的通道。

第三节　主要系统分析方法

一、Petri 网分析方法

1. Petri 网简介

Petri 网(Petri Net，简称 PN)的概念最早由 Carl A. Petri 博士于 1962 年在他的博士论文《用自动机理论通信》中首次提出，文中提出一种自动机网状结构模型——一种有坚实的数学基础，能恰当处理并发现象因果上的不依赖性和非确定性选择现象，用网状图形表示系统模型的方法。经过多年的发展，Petri 网的理论获得了巨大的发展，已经成为具有严密的数学基础、多种抽象层次的通用理论。Petri 网的应用也随之日渐广泛，已应用于线路设计、计算机软件、人工智能、形式语义、数据管理、柔性制造、系统优化、生产调度、智能交通等各个领域，尤其在信息系统的建模中有着广泛的应用。

Petri 网作为一种重要的形式化方法，不仅能分析系统软件、硬件众多方面的特性（如功能性、安全性、可靠性、死锁、实时性等），而且采用了控制流式的结构，简洁直观，使系统设计者、开发者更易于实现对实际问题的分析和模型化，因而得到了广泛的应用。

Petri 网络分析（简称 PNA）是一种综合了定时、状态转换、排序、修复等手段的灾害识别分析技术。PNA 包含绘制 PNA 网络图表、分析图表的定位，并且解析设计问题。尽管 Petri 网有上述的多种特性，但该网最大的优点是在系统中他们可以将硬件、软件和人的元素连接在一起，从而达到有效的安全分析的目的。PNA 技术可以用来评价控制系统软件的安全关键行为。在这种情况下，系统设计及其控制软件被表示为定时 PN，一个 PN 状态子集指定为可能的不安全状态。使用 PN 模型，可以开发出可靠的系统性能，模型的创建也很有保障。PN 是在这些状态不安全的条件下增加的。然后，PN 可视图将确定在软件执行过程中是否能够达到这些状态。

1）Petri 网

1962 年，Carl A. Petri 博士在其论文中首次提出了 Petri 网概念。Petri 网是一种系统建模分析工具，通过描述研究对象中的各种状态变化关系，研究系统的结构组成以及系统的动态运行模式，进而对研究对象进行仿真模型的构造、性能的分析和评价。

定义 1.1：Petri 网

一个三元素 $\Sigma=(P,T;F)$ 是一个 Petri 网 iff（当且仅当）

① $P\cup T\neq\phi$（网非空）；

② $P\cap T=\phi$（二元性）；

③F 表示流关系，$F\subseteq(P\times T)\cup(T\times P)$（仅存在于 P 元素与 T 元素之间）；

④$\mathrm{dom(F)}\cup\mathrm{cod(F)}=P\cup T$（没有孤立元素）。

F 的元素叫作弧，$\mathrm{dom}(F)=\{x\mid\exists y:(x,y)\in F\}$；$\mathrm{cod}(F)=\{x\mid\exists y:(y,x)\in F\}$。集合 $X=P\cup T$ 是网元素的集合。

Petri 网的元素包括库所（Place）、变迁（Transition）和弧（Arc）。库所（P）是用来表示局部系统所处状态的变量；托肯位于库所之中，可以在不同库所之间流动，是用来表示系统动态变化的变量；变迁（T）是用来代表造成系统存在状态改变的变量事件；弧（F）是用来描述库所和变迁两者之间关系的变量。

定义 1.2：库所/变迁（P/T）系统

一个六元组 $\Sigma=(P,T;F,K,W,M_0)$ 为一个 P/T 系统，要满足下列充要条件：

① $(P,T;F)$ 为一个网，P 是库所，T 是变迁；

② $K:P\rightarrow N^{+}\cup\{\infty\}$ 是库所的容量函数；

③ $W: F \to N^+$ 是弧权函数；

④ $M_0: P \to N$ 的初始标识(marking)，满足 $\forall p \in P: M_0(p) \leqslant K(p)$。

在 P/T 系统中，有弧 $f \in F$，当存在 $W(f)>1$ 时，则 $W(f)>1$ 被标注在弧上。当遇到容量有限的库所时，将 $K(s)$ 标记在库所旁。当 $K(s)=\infty$时，可以略去 $K(s)$。有界 P/T 系统中的 K 函数为$K: P \to N^+$，$K(s)=1$ 时，可以略去 $K(s)$，同时选用在库所中的标识来代表。

2)广义随机 Petri 网(GSPN)

使用 Petri 网模型进行系统性能分析时发现，基本的模型中没有时间要素，不能进行时间方面的分析。而在涉及多个领域的研究分析时，均需要时间参数的引入，因此，有学者在模型的变迁使能和触发之间加入了一个时间参数，给模型中的变迁都添加了实施速率参数，从而构建了随机 Petri 网模型(Stochastic Petri Net，SPN)。实际研究过程中，随机 Petri 网在进行性能分析时，随着问题的复杂程度增加，模型相对应的状态空间会呈现指数型的增长，给研究带来困难。在此背景下，Marsan 带领他的科研团队以随机 Petri 网为基础，对其进行了延伸，提出广义随机 Petri 网(GSPN)的概念。GSPN 模型的提出有效缓解了原来模型状态空间过大的问题，为研究提供了一种新的思路。在 GSPN 模型中包含两类变迁：①瞬时变迁——该变迁的实施延迟是 0，并且和随机开关相互连接；②时间变迁——该变迁的实施延迟随指数函数随机分布。

定义 1.3：广义随机 Petri 网(GSPN)

一个七元组 $\Sigma=(P,T;F,V,W,M_0,\lambda)$。其中：

① $(P,T;F,W,M_0)$ 是一个 P/T；

② $V \subseteq P \times T$ 为变迁的禁止弧；

③ $\lambda=\{\lambda_1,\lambda_2,\cdots,\lambda_n\}$代表时间变迁的平均速率，其中，瞬时变迁的延时时间为零。

2. Petri 网建模分析流程

已经证明，如果变迁 T 的发生时间遵循的是指数分布规律，则随机 Petri 网等同于一个连续时间的马尔科夫链(Markov Chain，MC)，Petri 网中的每一个标识，都可以映射为 MC 的一个状态，模型的网络可视图等同于一个 MC 的状态空间。在模型同构的网络可视图中，可以得到 MC 的转移速率参数，根据速率参数可以进一步计算得到 MC 中每一个标识在稳定状态下的稳态概率。在此基础上，便可以对模型进行一系列的性能分析。

根据以上分析，运用广义随机 Petri 网建模工具进行系统分析主要可以分为以下 4 个阶段(图 1-7)。

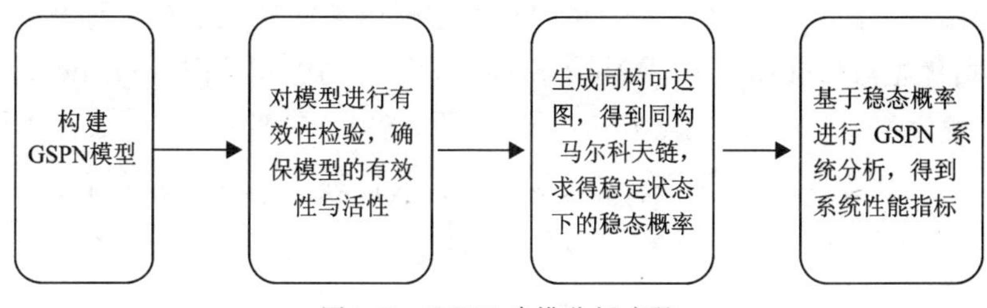

图 1-7　GSPN 建模分析步骤

二、基于 Markov 过程的动态故障树分析方法

故障树分析(FTA)方法是一种经典的系统可靠性分析方法,在发展过程中被广泛应用于很多领域的可靠性建模与分析中。该方法基于 3 个假设:事件是二进制事件、事件是统计独立的、事件之间的关系通过逻辑布尔门来表示。动态故障树在两个步骤中进行:①定性步骤,其中顶点事件的逻辑表达式根据最小割集导出;②定量步骤,基于分配给基本分量的故障事件的概率,计算顶事件的发生概率。

但随着时代的发展,具有与、或等逻辑门的传统静态故障树已经不能捕获越来越复杂的系统故障机制的动态行为,例如序列相关事件、备用和动态冗余管理以及故障事件的优先级等。而动态故障树的特点就是在静态故障树中加入了能够反映时间顺序的逻辑门,在动态逻辑门的帮助下,可以使用紧凑且易于理解的动态故障树来描述复杂系统中时间关系明显的相关故障行为,动态故障树的建模能力已经吸引了许多在安全关键系统上工作的工程师的注意。

相比之下,虽然传统故障树的分析广泛应用于复杂和关键工程系统的可靠性和安全性评估中,但是复杂系统的组件及其相互作用(例如序列和功能相关故障,备件和动态冗余管理以及故障事件的优先级)的行为不能被传统故障树充分捕获。而动态故障树通过定义动态门等模拟这些复杂系统的相互作用来扩展传统故障树,使得时间序列明显的事件解决起来更加方便,这个优势可以使该方法应用于地铁深基坑开挖(表 1-4)。

表 1-4 传统故障树与动态故障树对比表

类型	常用逻辑门	特点
传统故障树	与门、或门、异或门、表决门	逻辑清晰,实现容易,但在时间顺序明显的复杂系统中难以实现
动态故障树	优先与门、顺序强制门、功能相关门	时间顺序明显,具有动态性、非单调性,对于动态系统的建模有很好的处理分析能力

1. 动态故障树简介

常规故障树分析方法的主要不足之处是不能对系统中的顺序相关性进行建模。为解决该问题,美国 Virginia 大学的 J. B. Dugan 教授于 1992 年提出了一种新的可靠性分析方法——动态故障树方法。该方法引入一系列动态逻辑门来描述系统的时序规则和动态失效行为,主要包括优先与门(Priority - AND Gate, PAND)、功能相关门(Functional Dependency Gate, FDG)、顺序相关门(Sequence Enforcing Gate, SEG)和备件门(Spare, SP)等 4 种典型的动态逻辑门。下面主要从动态门的输入事件和失效机理 2 个方面来介绍这 4 种动态逻辑门(表 1-5)。

表 1-5　动态逻辑门

动态逻辑门类型	动态逻辑门符号	说明
优先与门(PAND)	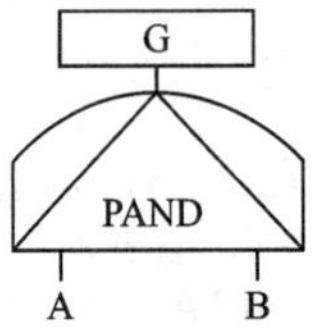	优先与门是 AND 门的拓展，它在 AND 门的基础上增加了一个附加条件，这个条件规定了输入事件的发生顺序。 输入事件：假设优先与门有两个输入事件 A 与 B，这两个输入事件可以是基本事件或者其他逻辑门的输出事件。 失效机理：优先与门的失效机理定义为当基本事件按照从左至右的顺序发生时，输出事件发生。例如，对于具有两输入的优先与门，当 A 先发生 B 后发生时，系统输出事件为失效状态
功能相关门(FDG)	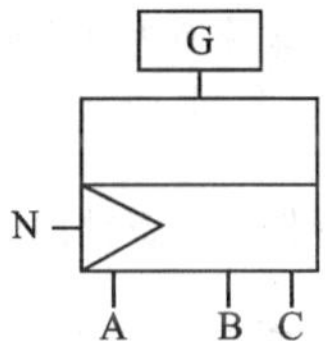	在某些情况下，系统的某个事件的“触发”将会导致一些相关部件变得不可达或者无法使用。换句话说，当触发事件发生后，即使相关部件失效也不会影响系统本身的状态，从而在系统的后续分析中，不再考虑这些相关部件。 输入事件：功能相关门通常包含一个触发事件(为基本事件或者其他逻辑门的输出事件)、一个或者多个相关事件(相关事件在功能上依赖于触发事件的发生，当触发事件发生时，相关基本事件强制发生)以及非相关事件(反应触发事件的状态)。 失效机理：当触发事件发生时，直接产生输出，所有相关事件被强制发生，任何相关基本事件的单个发生并不影响出发事件
顺序相关门(SEG)	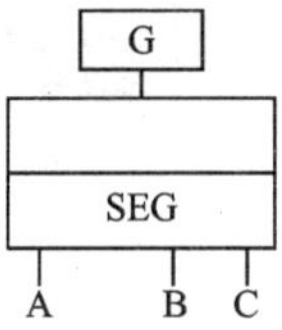	顺序相关门强制其输入事件按照特定的顺序发生，而不会按照其他的顺序发生失效。顺序相关门与优先与门类似，都表示基本事件的时序性，它们的区别在于：顺序相关门中的输入事件不能按照任意顺序失效；而优先与门可以以任意顺序失效，只有特定顺序的失效才会触发其输出事件的失效。 输入事件：顺序相关门的输入事件只能是基本事件，其他逻辑门的输出不能作为顺序门的输入事件，但顺序门的输出事件可以作为其他门的输入事件。 失效机理：顺序相关门有 n 个输入事件，只有当所有事件发生，按照从 A_1 到 A_n 的顺序依次发生时，输出事件才会发生
冷备件门(CSP)	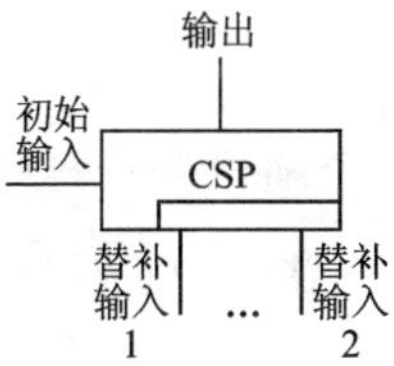	假设系统具有冷备件(在激活工作之前不会失效的备件)。这样的系统无法用静态故障树技术建模，因为这样的故障模式无法在同一个事件框架内用基本事件的组合进行表达。这种情况可以用冷储备部件门来表达。 冷备件门具有两种输入类型：基本输入和可选输入，所有的输入事件都是基本事件。基本输入在系统开始运作时就进入工作状态，而可选输入处于非工作状态；只有当基本输入产生故障后，可选输入(冷备件)才接替工作，直至冷备件也完全失效

续表 1-5

动态逻辑门类型	动态逻辑门符号	说明
温备件门/热备件门(WSP/HSP)	输出 初始输入 WSP 替补输入1 … 替补输入2	温备件门具有一个初始输入和若干替补输入。初始输入是指在系统开始工作时就处于工作状态的部件,替补输入作为温储备,在工作部件失效前,替补储备属于温储备状态(此时输入部件的失效率为正常工作的 α 倍,$0\leqslant\alpha\leqslant1$),工作部件失效后,逐个依次替补。WSP 门具有一个输出事件,仅当所有输入事件(初始输入和替补输入)发生后,输出事件才会发生。温备件门不同于冷备件门的是,冷备件门在进入工作状态前视为无失效,而温备件门却有可能失效,但其失效率与工作状态失效率不同,为贮备失效率。因此系统具有两种失效过程:①是温备件门保持贮备状态,当基本输入失效,备件转为工作状态;②是温备件门先于基本输入失效,此时当基本输入失效,整个冗余系统就失效。 热备件门是在基本输入工作的同时,备件也处于工作状态。当基本输入失效时,备件立即转换为基本输入,以保证系统处于正常工作状态。热备件门是 WSP 门的特例,热储备状态对应于温储备状态时 $\alpha=1$。 事实上,冷备件门也可作为温备件门的特例,即冷储备状态时 $\alpha=0$

动态故障树的构建流程如图 1-8 所示,主要包括了解背景、确定顶事件、确定基本事件、建树、规范和简化等。

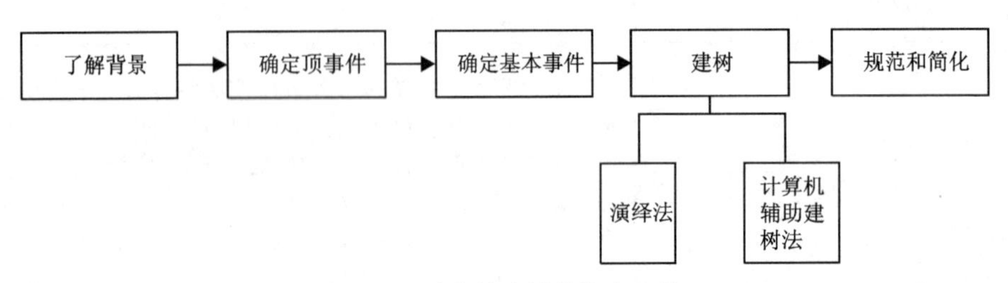

图 1-8 动态故障树的构建流程

动态故障树分析方法对具有动态失效逻辑的系统具有较强的建模与分析能力,并且得到了较为广泛的应用。然而,对于一些实际的项目工程,由于系统更为复杂、失效数据难以处理等原因,很难获得事件精确的失效率,本章基于马尔科夫模型和模糊数学理论,对动态故障树分析方法进行研究。

2. 马尔科夫链的基本概念

假设$\{S(t),t\in T\}$的参数集 T 是无限实数集,$S(t)$是一个随机变量,则称$\{S(t),t\in T\}$为随机过程。当该随机过程满足如下条件概率时,则称$\{S(t),t\in T\}$为马尔科夫(Markov)过程。

$$\begin{aligned}P\{S(t_n)=S_n\,|\,S(t_1)=S_1,S(t_2)=S_2,\cdots,S(t_{n-1})=S_{n-1}\}\\=P\{S(t_n)=S_n\,|\,S(t_{n-1})=S_{n-1}\}\end{aligned}$$

其中 $S_i\in S$,S 是随机过程的状态空间,且

$$t_1 < t_2 < \cdots < t_{n-1} < t_n$$

式中充分体现了 Markov 过程的无记忆性，而这种特征可以充分结合动态系统中的失效过程，因此，马尔科夫模型可以作为动态系统的建模基础。

1)离散时间与马尔科夫模型

(1)定义

假设马尔科夫过程 $\{X_n, n \in T\}$ 的参数集 T 是离散时间集合，X_n 取值的状态空间是离散状态集 $I = \{i^0, i^1, i^2, \cdots\}$ 。若随机过程 $\{X_n, n \in T\}$ 对于任意非负整数 $n \in T$ 和任意 $i^0, i^1, \cdots, i^{n+1} \in I$，其条件概率满足

$$Pr\{X_{n+1} = i_{n+1} \mid X_0 = i_0, X_1 = i_1, \cdots, X_n = i_n\} = Pr\{X_{n+1} = i_{n+1} \mid X_n = i_n\}$$

则称 $\{X_n, n \in T\}$ 为马尔科夫模型。

由定义知

$$\begin{aligned} & Pr\{X_0 = i_0, X_1 = i_1, \cdots, X_n = i_n\} \\ & = Pr\{X_n = i_n \mid X_0 = i_0, X_1 = i_1, \cdots, X_{n-1} = i_{n-1}\} \cdot Pr\{X_0 = i_0, X_1 = i_1, \cdots, X_{n-1} = i_{n-1}\} \\ & = Pr\{X_n = i_n \mid X_{n-1} = i_{n-1}\} \cdot Pr\{X_0 = i_0, X_1 = i_1, \cdots, X_{n-1} = i_{n-1}\} \\ & = \cdots \\ & = Pr\{X_n = i_n \mid X_{n-1} = i_{n-1}\} \cdot \Pr\{X_{n-1} = i_{n-1} \mid X_{n-2} = i_{n-2}\} \cdots \cdot Pr\{X_1 = i_1 \mid X_0 = i_0\} \Pr\{X_0 = i_0\} \end{aligned}$$

可见，马尔科夫模型的统计特征完全由条件概率 $Pr\{X_{n+1} = i_{n+1} \mid X_n = i_n\}$ 决定。

条件概率的确定，是马尔科夫理论及应用的重要问题之一。

(2)转移概率

转移概率 $Pr\{X_{n+1} = j \mid X_n = i\}$ 的直观意义是：系统在时刻 n 处于状态 i 的条件下，在时刻 $n+1$ 系统处于 j 的概率。它等价于随机游动的质点在时刻 n 处于状态 i 的条件下，下一步转移到状态 j 的概率，记为 $p_{ij}(n)$ ：

称条件概率 $p_{ij}(n) = Pr\{X_{n+1} = j \mid X_n = i\}$ 为马尔科夫模型 $\{X_n, n \in T\}$ 在时刻 n 的一步转移概率，简称转移概率。对于马尔科夫模型(转移概率与 n 无关)的转移概率，常简写为 p_{ij} ：

设 $\boldsymbol{P}$ 为转移概率 p_{ij} 组成的矩阵，且状态空间 $I = \{1, 2, \cdots\}$，称

$$\boldsymbol{P} = \begin{vmatrix} p_{11} & p_{12} & \cdots & p_{1n} & \cdots \\ p_{21} & p_{22} & \cdots & p_{2n} & \cdots \\ \cdots & \cdots & \cdots & \cdots & \cdots \end{vmatrix}$$

为系统状态的一步转移概率矩阵。具有以下性质：

$$p_{ij} \geqslant 0 ;$$

$$\sum_{j \in I} p_{ij} = 1 。$$

满足上述两个性质的矩阵为随机矩阵。

一般称条件概率 $P_{ij}^{(n)} = Pr\{X_{m+n} = j \mid X_m = i\} (i, j \in I; m, n \geqslant 0)$ 为马尔科夫模型的 n 步转移概率，并称

$$\boldsymbol{P}^{(n)} = p_{ij}^{(n)}$$

为马尔科夫模型的 n 步转移矩阵，其中 $p_{ij}^{(n)} \geqslant 0$ ，$\sum_{j\in I} p_{ij}^{(n)} = 1$。显然 $\boldsymbol{P}^{(n)}$ 也是随机矩阵。

当 $n=0$ 时，规定

$$p_{ij}^{(0)} = \begin{cases} 0, i \neq j \\ 1, i = j \end{cases}$$

设 $0 \leqslant l < n$，$p_{ij}^{(n)}$ 具有如下性质：

(1) $p_{ij}^{(n)} = \sum_{k\in I} p_{ik}^{(l)} p_{kj}^{(n-l)}$ ；

(2) $p_{ij}^{(n)} = \sum_{k_1\in I} \cdots \sum_{k_{n-1}\in I} p_{ik_1} p_{ik_1k_2} \cdots p_{k_{n-1}j}$ ；

(3) $\boldsymbol{P}^{(n)} = \boldsymbol{P}\boldsymbol{P}^{(n-1)}$ ；

(4) $\boldsymbol{P}^{(n)} = \boldsymbol{P}^n$ 。

把性质(1)称为切普曼-柯尔莫哥洛夫方程，简称 C－K 方程。它在马尔科夫链转移概率的计算中起着重要的作用。

由性质(4)可推得：

$$\boldsymbol{P}^{(k+l)} = \boldsymbol{P}^k \boldsymbol{P}^l$$

是 C－K 方程的另一种表示形式。

设

$$p_j = Pr\{X_0 = j\}$$

$$p_j(n) = Pr\{X_n = j\}, j \in I$$

分别为初始概率和绝对概率，并称 $\{p_j\}$，$\{p_j(n)\}$ 为初始分布和绝对分布。概率向量

$$\boldsymbol{P}^{\mathrm{T}}(n) = \{p_1(n), p_2(n), \cdots\}, n > 0$$

为 n 时刻的绝对概率向量，而称

$$\boldsymbol{P}^{\mathrm{T}}(0) = (p_1, p_2, \cdots), n > 0$$

为初始概率向量。

绝对概率 $p_j(n)$ 具有如下性质：

(1) $p_j(n) = \sum_{i\in I} p_i p_{ij}^{(n)}$ ；

(2) $p_j(n) = \sum_{i\in I} p_i(n-1) p_{ij}$ ；

(3) $p^{\mathrm{T}}(n) = p^{\mathrm{T}}(n) P^{(n)}$ ；

(4) $p^{\mathrm{T}}(n) = p^{\mathrm{T}}(n-1)\boldsymbol{P}$ 。

2) 连续时间马尔科夫模型

(1)定义

考虑取整数值的连续时间随机过程 $\{X(t), t \geqslant 0\}$。

设随机过程 $\{X(t), t \geqslant 0\}$，状态空间 $I = \{\mathrm{in}, n \geqslant 0\}$，若对任意值 $0 \leqslant t_1 \leqslant t_2 \leqslant \cdots \leqslant t_{n+1}$ 及 $i_1, i_2, \cdots, i_{n+1} \in I$，有

$Pr\{X(t_{n+1})=i_{n+1}\mid X(t_1)=i_1,X(t_2)=i_2,\cdots,X(t_{n+1})=i_{n+1}\mid X(t_n)=i_n\}$

称$\{X(t),t\geqslant 0\}$为连续时间马尔科夫模型。其一般形式为：

$$Pr\{X(s+t)=j\mid X(s)=i\}=p_{ij}(s,t)$$

它表示系统在 s 时刻处于状态 i，经过时间 t 转移到状态 j 的转移概率。若 $p_{ij}(s,t)=p_{ij}(t)$，即转移概率与 s 无关，则称连续时间马尔科夫模型具有平稳或齐次的转移概率，其转移概率矩阵为 $\boldsymbol{P}(t)=[p_{ij}(t)](i,j\in I,t\geqslant 0)$。

若记 τ_i 为过程在转移到另一状态之前停留在状态 i 的时间，则由马尔科夫性，对一切 s，$t\geqslant 0$有

$$Pr\{\tau_i>s+t\mid \tau_i>s\}=Pr\{\tau_i>t\}$$

(2)转移概率

齐次马尔科夫过程的转移概率具有性质：

$$p_{ij}(t\geqslant 0)$$

$$\sum_{j=I}p_{ij}(t)=1$$

$$p_{ij}(s+t)=\sum_{K\in I}p_{ik}(t)\,p_{kj}(s)$$

$$\lim_{t\to 0}p_{ij}(t)=\begin{cases}1,i=j\\0,i\neq j\end{cases}$$

(3)概率矩阵和 C－K 方程

转移概率 $p_{ij}(t)$ 的求解方法如下。

在状态 $I=\{0,1,2,\cdots,n\}$有限的齐次马尔科夫过程中，有

$$q_{ii}=\sum_{i\neq j}q_{ij}$$

转移矩阵为

$$\boldsymbol{Q}=\begin{vmatrix}-q_{00} & q_{01} & \cdots & q_{0n}\\ q_{10} & -q_{11} & \cdots & q_{1n}\\ \vdots & \vdots & \ddots & \vdots\\ q_{n0} & -q_{n1} & \cdots & -q_{nn}\end{vmatrix}$$

$p_{ij}(t)$ 满足的向前 C－K 方程和向后 C－K 方程分别为

$$\begin{cases}p'_{ij}(t)=-q_{ii}\,p_{ij}(t)+\sum\limits_{k\neq i}q_{ik}\,p_{kj}(t)\\ p'_{ij}(t)=-q_{jj}\,p_{ij}(t)+\sum\limits_{k\neq j}q_{kj}\,p_{ik}(t)\end{cases}$$

矩阵形式为

$$\begin{cases}\boldsymbol{P}'(t)=\boldsymbol{QP}(t)\\ \boldsymbol{P}'(t)=\boldsymbol{P}(t)\boldsymbol{Q}\end{cases}$$

当 $\boldsymbol{Q}$ 为有限维矩阵时，有

$$P(t)=e^{Qt}=\sum_{j=0}^{\infty}\frac{(Qt)^j}{j!}$$

若 $Q=\lim\limits_{t\to\infty}Q(t)$ 存在，记 $(\pi_1,\pi_2,\cdots,\pi_r)$。此刻可证明 $\lim\limits_{t\to\infty}Q'(t)$ 为 0 向量。因此，稳态下的状态概率方程满足

$$\begin{cases}QP(t)=0\\ \sum\limits_{j=1}^{r}\pi_j=1\end{cases}$$

3）动态故障树向马尔科夫模型的转化

当故障树中具有动态逻辑门时，这种故障树就被称为动态故障树（Dynamic Fault Tree，DFT）。针对 Markov 模型的图解优势，将动态逻辑门转换为 Markov 模型，以便解决动态系统的建模问题。下面介绍动态逻辑门向 Markov 的转换。

（1）优先与门

两输入的优先与门转化成 Markov 模型如图 1-9 所示：

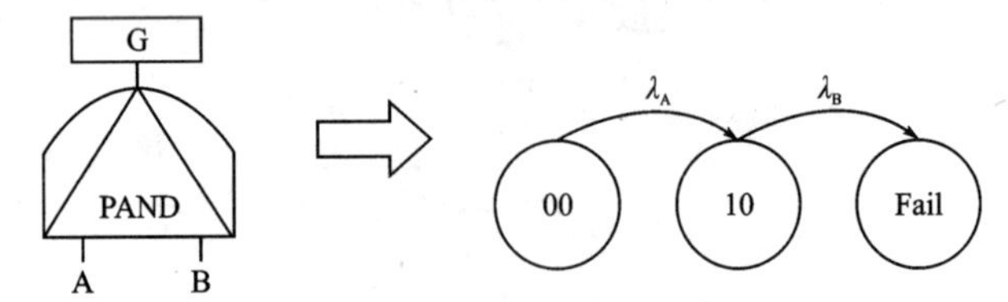

图 1-9 优先与门转换为 Markov 模型

图中“00”代表正常状态，“10”代表 A 故障而 B 正常，“Fail”表示系统失效，λ_A 和 λ_B 分别表示 A 与 B 的失效率，分别对应图中两个状态的转移率。

（2）功能相关门

功能相关门向 Markov 模型的转化如图 1-10 所示，其中 λ_A、λ_B、λ_N 分别对应事件 A、B、N 的失效率。“000”为正常状态，“001”为只有 B 故障的状态，“010”为只有 A 故障的状态，“Fail”为系统失效。

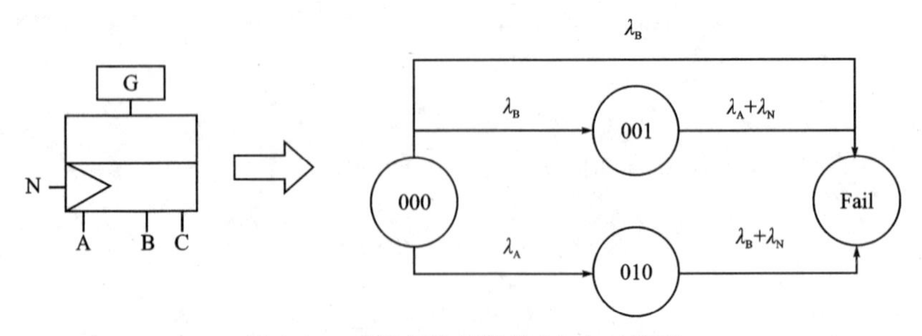

图 1-10 功能相关门换为 Markov 模型

（3）顺序相关门

与前两种动态逻辑门类似，用 λ_A、λ_B、λ_C 分别表示输入事件 A、B、C 的失效率。转换过程如图 1-11 所示。

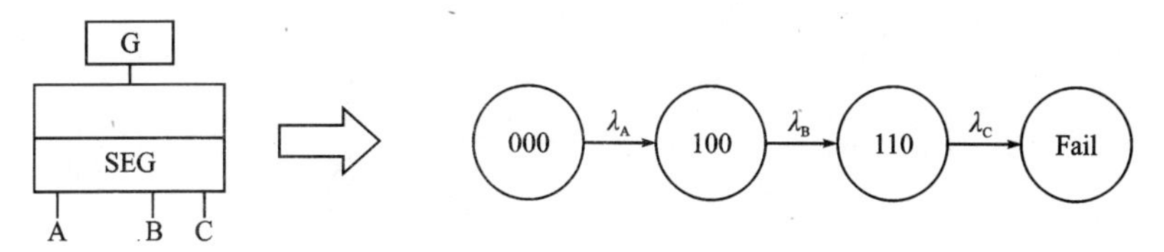

图 1-11 顺序相关门换为 Markov 模型

三、时间序列模型及其分析方法(ARMA)

时间序列预测是动态数据分析处理及控制的重要内容之一。在科学、经济、工程等诸多社会领域都存在时间序列数据，在这些领域的许多应用中也都存在基于历史数据预测未来的问题。时间序列能显示出很多社会现象的发展变化过程和趋势，通过对比分析时间序列数据，可以揭示其中的共同规律并预测现象的未来发展方向及前景。时间序列预测研究对于金融市场分析、医疗诊断分析、科学与工程数据分析等都有重要意义。

作为按照时间顺序排列而成的统计数据，时间序列表示的是具有等时间间隔的各种社会和自然现象的数据指标。时间序列模型的建立是基于被分析的随机变量以往的变化规律来建立模型进而分析数据发展变化对模型稳定性的影响。运用时间序列分析模型能够有效地针对一些系统动态性强、影响变量的决定性因素少的问题进行分析，找出系统内部的变化规律，建立起能反映变量规律性变化的动态模型。

从统计学的角度上讲，时间序列就是按照发生的时间先后顺序将一种事物或现象的发展变化状况排列而成的数列。人们生活、生产的过程中发生的各种事件都是相互联系的，都可能受到发生的过程中的各种因素影响，因此时间序列常常会表现出某种规律特性，并且从统计学意义上讲，各个点之间也存在着依赖关系。

时间序列的特点有：①时间序列中数据的位置跟时间是一一对应的关系，即数据根据时间的变化进行取值，时间维度通常用 t 来表示，一般是年、月、日以及其他时间单位；②时间序列是根据相关因素变量在不同时间所得到的结果；③时间序列中的数据可以是一个时间点上的数据也可以是一段时间内的数据；④时间序列在一段时间前后通常存在一定程度相依赖性，从整体上看，时间序列往往表现出某种趋势或周期性变化，而这种相依赖性会反映出系统的动态规律。

1. 时间序列 ARMA 模型介绍

一个观察值序列经过平稳性检验和纯随机性检验后被识别为平稳非白噪声序列，就能够建立线性模型来拟合该序列的发展，挖掘出平稳序列中蕴含的相关信息。

自回归移动平均(ARMA)模型是目前最常用的提取序列中有效信息的平稳序列拟合模型。ARMA(auto regression moving average)模型可以细分为自回归 AR(auto regression model)模型、移动平均 MA(moving average model)模型和自回归移动平均 ARMA(auto regression moving average model)模型三大类。

(1)自回归(AR)模型

p 阶自回归模型即 AR(p)模型的结构如式(1-1)。

$$\begin{cases} x_t = \varphi_0 + \varphi_1 x_{t-1} + \varphi_2 x_{t-2} + \cdots + \varphi_p x_{t-p} + \varepsilon_t \\ \varphi_p \neq 0 \\ E(\varepsilon_t) = 0, \mathrm{Var}(\varepsilon_t) = \sigma_\varepsilon^2, E(\varepsilon_t \varepsilon_s) = 0, s \neq t \\ E(\varepsilon_t \varepsilon_s) = 0, \forall s < t \end{cases} \tag{1-1}$$

AR(p)模型在缺少上式的限制条件下,可简记为:

$$x_t = \varphi_0 + \varphi_1 x_{t-1} + \varphi_2 x_{t-2} + \cdots + \varphi_p x_{t-p} + \varepsilon_t \tag{1-2}$$

在进行自回归模型的相关分析时,当式(1-1)中的 $\varphi_p = 0$ 时,自回归 AR(p)模型就简化为中心化 AR(p)模型。对其中心化模型进行分析,只要将非中心化的序列整体平移一个常数单位,对观察值序列的相关关系不会产生影响。自回归模型中一般采用偏自相关函数来进行模型阶数的判别,当偏自相关函数图像呈现出阻尼振荡或者单侧递减,即从 p 阶开始的所有偏自相关函数均为 0 时,可以判定此时自回归模型的阶数为 p。

(2)移动平均(MA)模型

q 阶移动平均模型即 MA(q)模型的结构如式(1-3)。

$$\begin{cases} x_t = \mu + \varepsilon_t - \theta_1 \varepsilon_{t-1} - \theta_2 \varepsilon_{t-2} - \cdots - \theta_q \varepsilon_{t-q} \\ \theta_q \neq 0 \\ E(\varepsilon_t) = 0, \mathrm{Var}(\varepsilon_t) = \sigma_\varepsilon^2, E(\varepsilon_t \varepsilon_s) = 0, s \neq t \end{cases} \tag{1-3}$$

MA(q)模型在缺少上式的限制条件下,可简记为:

$$x_t = \mu + \varepsilon_t - \theta_1 \varepsilon_{t-1} - \theta_2 \varepsilon_{t-2} - \cdots - \theta_q \varepsilon_{t-q} \tag{1-4}$$

类似于自回归模型的中心化处理,通过整体位移 $y_t = x_t - \mu$ 将非中心化的移动平均模型转化为中心化移动平均模型。同样,这种中心化运算不会对观察值的相关关系产生影响,所以在分析移动平均模型的相关关系时,也常常简化为对其中心化模型进行分析。类似于 AR(p)模型,当 $\mu = 0$ 时,通过引进延迟算子可以将模型简化,中心化 MA(q)模型可以简记为:

$$x_t = \Theta(B)\varepsilon_t \tag{1-5}$$

式中,$\Theta(B)$ 是 q 阶移动平均系数多项式,$\Theta(B) = 1 - \theta_1 B - \theta_2 B^2 - \cdots - \theta_q B^q$ 。

(3)自回归移动平均(ARMA)模型

自回归移动平均模型即 ARMA(p,q)模型的结构如式(1-6)。

$$\begin{cases} x_t = \varphi_0 + \varphi_1 x_{t-1} + \cdots + \varphi_p x_{t-p} + \varepsilon_t - \theta_1 \varepsilon_{t-1} - \cdots - \theta_q \varepsilon_{t-q} \\ \varphi_p \neq 0, \theta_q \neq 0 \\ E(\varepsilon_t) = 0, \mathrm{Var}(\varepsilon_t) = \sigma_\varepsilon^2, E(\varepsilon_t \varepsilon_s) = 0, s \neq t \\ E(\varepsilon_t x_s) = 0, \forall s < t \end{cases} \tag{1-6}$$

与自回归模型一样,当 $\theta_q = 0$ 时,称此时的模型为中心化 ARMA(p,q)模型。缺少式(1-6)的限制条件,中心化 ARMA(p,q)模型可以简写为:

$$x_t = \varphi_0 + \varphi_1 x_{t-1} + \cdots + \varphi_p x_{t-p} + \varepsilon_t - \theta_1 \varepsilon_{t-1} - \cdots - \theta_q \varepsilon_{t-q} \tag{1-7}$$

引入延迟算子后,ARMA(p,q)模型可表示为:

$$\Phi(B)x_t = \Theta(B)\varepsilon_t \tag{1-8}$$

通过观察可以看出，自回归模型和移动平均模型是 ARMA(p,q)模型中当 p 和 q 分别为零时，由 ARMA(p,q)模型退化而成的。所以，这两种模型实际上都是 ARMA(p,q)模型的特例，因此将两者都称为 ARMA 模型。

2. ARMA 模型分析

对于时间序列 $\{X_t, t \in T\}$ ，任取 $t,s \in T$ ，定义 $\varphi(t,s)$ 为序列 $\{X_t\}$ 的自协方差函数，其数学表达式为：

$$\varphi(t,s) = E(X_t - \mu_t)(X_s - \mu_s) \tag{1-9}$$

根据限制条件的严苛程度不同，结合自协方差函数及其他的特征统计量，将平稳时间序列分为严平稳时间序列和宽平稳时间序列。

严平稳(strictly stationary)时间序列要求序列平稳的前提是序列的所有统计性质都不会随着时间的推移而发生变化。若 $\{X_t\}$ 为一严平稳时间序列，它必须满足如下条件：对任意正整数 m，任取 $t_1, t_2, t_3, \cdots, t_m \in T$ ，对于任意整数 γ，都有：

$$F_{t_1,t_2,t_3,\cdots,t_m}(x_1,x_2,\cdots,x_m) = F_{t_{1+\gamma},t_{2+\gamma},t_{3+\gamma},\cdots,t_{m+\gamma}}(x_1,x_2,\cdots,x_m) \tag{1-10}$$

宽平稳(week stationary)时间序列的限制条件较为宽松，其平稳性是用序列的特征统计量来定义的。低阶矩就能够反映序列的主要统计性质，只有当序列的低阶矩平稳时，才能保证序列近似稳定。满足如下两个条件的时间序列$\{X_t\}$：

①任取 $t \in T$，有 $EX_t^2 < \infty, EX_t = \mu$($\mu$ 为常数)；

②任取 $t,s,k \in T$，且 $k+s-t \in T$，有 $\varphi(t,s) = \varphi(k,k+s-t)$ 是宽平稳序列。

作为常规的时间序列 ARMA 模型分析都是建立在平稳性的基础上。

时间序列的相关特性是时间序列存在的意义，正是根据相关特性对事物的发展规律进行研究。

①ARMA 模型的自相关函数特性。MA(q)时间序列的自相关函数具有 q 步“截尾”特征，即当 $k<q$ 时，其自相关函数全部为 0。

②ARMA 模型的偏相关函数特性。假设 v_t 的 k 个时刻的值 $v_{t-1}, v_{t-2}, \cdots, v_{t-k}$ ，确定 w_{k1}，$w_{k2}, \cdots, w_{kk}$ 使得 $\alpha = E\{[v_t - (w_{k1}v_{t-1} + w_{k2}v_{t-2} + \cdots + w_{kk}v_{t-k})]^2\}$ 达到最小值，其中 k 的系数 w_{kk} 就称为序列$\{v_t\}$的偏相关函数。

AR(p)序列的偏相关函数是 p 步“截尾”的。

3. ARMA 模型分析流程

1)时间序列检验

一个观察值序列的预处理过程就是对它进行平稳性检验和纯随机性检验，根据两者检验得到的结果将该序列分为不同的类型，依据不同类型的序列特征采用相应的分析方法进行后续处理。

(1)平稳性检验

观察值序列的统计性质皆可由概率分布族推导出来，时间序列的统计特征——平稳性，同样可以通过概率分布族来描述。在实践中描述时间序列统计特征较为简便可靠的方法是利用观察值序列的低阶矩，常用的特征统计量还包括均值、方差、自协方差、自相关函数和偏自相关函数。其中自协方差函数(autocovariance function)区别于一般的协方差函数度量的是两个不同事件彼此之间的相互影响程度，自协方差函数度量的是同一随机事件在不同阶段的相关程度。

另一种可以直观地帮助我们掌握观察值序列的平稳性的方法是借助时序图显示出的特征做出判断的图检验方法。在时序图中，平稳时间序列显示出该序列始终在一个常数值附近随机振荡且振荡的范围有界，而非平稳时间序列则能够看出明显的周期性和趋势性。

(2)纯随机性检验

纯随机序列是指观察值序列彼此之间没有任何相关性，数据之间的发展没有丝毫影响。我们可以通过白噪声对序列进行检验。

白噪声(white noise)序列的定义是：如果已知观察值 $y_{t-k} = (k = 1,2,\cdots,n)$，但这些观察值对于 t 时刻的值 y_t 不能提供任何时间序列，并且对 y_{n+b} 的最优的预测值或期望[E]都等于 0，这样的时间序列称为白噪声序列，简记为 ε_t。它满足如下条件：

$E(\varepsilon_t) = 0, t = 1,2,\cdots,n$；

$E(\varepsilon_t\varepsilon_s) = 0, t,s = 1,2$；

$E(\varepsilon_t{}^2) = 0, t = 1,2,\cdots n$。

通过白噪声序列的定义不难发现纯随机性是判断相关信息是否提取充分的重要判别标准。根据纯随机序列各项之间不存在任何相关关系的特性，当某个随机序列呈现出完全无序的纯随机波动的特征时，就认为该随机序列没有包含任何值得提取的有效信息，对其进行的分析就可以终止。

2)ARMA 模型建立

利用 ARMA 模型对观察值序列进行建模的前提是该观察值序列在预处理后判定为平稳的非白噪声序列。建模的基本步骤如图 1-12 所示。

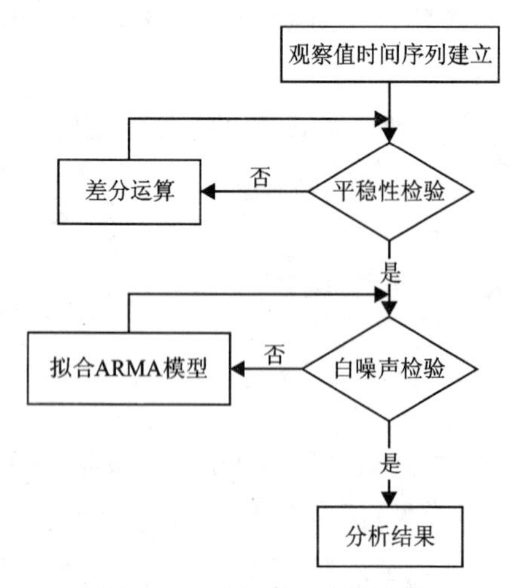

图 1-12 时间序列建模步骤

由时间序列模型的建立步骤可知，通过对时间序列 $\{X_t\}(t = 1,2,3,\cdots,n)$ 进行相关分析,能够得到该观察值序列 $\{X_t\}$ 的自相关和偏自相关函数值;根据两者拖尾性和截尾性判断模型的类别,进而选择适合阶数的 ARMA 模型拟合该序列,对模型进行参数估计和有效性进行检验,并对模型进行优化,在充分考虑各种情况后建立拟合模型,从通过检验的拟合模型中筛选出最优模型。

3)序列 ARMA 模型识别

模型识别的过程是根据样本自相关函数和偏自相关函数的性质估计自回归阶数 $\hat{p}$ 和移动平均阶数 $\hat{q}$,进而选取适当的 ARMA 模型拟合观察值序列。但是由于目前选取的模型参数是待考的,在以后的分析过程中将不断予以修正。模型识别的目的就是从时间序列模型中选择适合观察值序列的模型。这一步我们可以观察该序列的自相关图,通过自相关图能很好地了解样本自相关函数和偏自相关函数的截尾性和拖尾性。从数据出发计算一些不同的统计量,利用生成该序列的背景知识,对模型进行定阶,ARMA 模型定阶的基本原则如表 1-6 所示。

表 1-6 ARMA 模型定阶条件

类别	模型		
	AR(p)	MA(q)	ARMA(p,q)
模型方程	$\varphi(B)X_t = a_t$	$X_t = \theta(B)a_t$	$\varphi(B)X_t = \theta(B)a_t$
平稳条件	$\varphi(B) = 0$ 的根在单位圆外	平稳	$\varphi(B) = 0$ 的根在单位圆外
自相关函数 $\hat{p}_k$	拖尾	截尾	拖尾
偏相关函数 $\hat{\varphi}_{kk}$	截尾	拖尾	拖尾

根据平稳时间序列短期的相关性,当延迟阶数 k 增大而且无限接近无穷时,自相关函数与偏相关函数值将会在零值附近,并以零值为中心呈现出小幅波动状态。但是由于样本数据存在的随机性,相关系数并不会呈现出理想状态的截尾情况,即样本应该截尾时,却出现小幅波动的现象。判断样本自相关函数和偏自相关函数的截尾性和拖尾性很大程度上依赖分析人员的主观经验。在延迟若干阶后的小幅振荡,在判定相关系数截尾还是正常衰减到零值附近作拖尾波动时,主要依靠人员的主观经验进行判断,并没有绝对的标准。但是我们可以通过样本自相关函数和偏自相关函数的近似分布做出尽可能合理的决策。

Jenkins 和 Watts 已经于 20 世纪 70 年代证明了样本自相关函数是总体自相关函数的有偏估计值,其表达式为:

$$E(\hat{p}_k) = (1-\frac{k}{n})\hat{p}_k \tag{1-11}$$

当延迟阶数 k 足够大时,平稳序列的自相关函数呈负指数衰减,且自相函数值趋近于零。此时,样本自相关函数的方差是:

$$\mathrm{Var}(\hat{p}_k) \approx \frac{1}{n}\sum_{m=-j}^{j}\hat{p}_k^2 = \frac{1}{n}(1+2\sum_{m=-j}^{j}\hat{p}_k^2),k>j \tag{1-12}$$

当样本容量 n 充分大时，样本自相关函数（ACF）和偏自相关函数（PACF）近似服从正态分布，即：

$$\hat{p}_k \sim N\left(0,\frac{1}{n}\right);\hat{\varphi}_{kk} \sim N\left(0,\frac{1}{n}\right) \tag{1-13}$$

那么，根据正态分布的性质可知：

$$\Pr\left(-\frac{2}{\sqrt{n}} \leqslant \hat{p}_k \leqslant \frac{2}{\sqrt{n}}\right) \geqslant 0.95, \Pr\left(-\frac{2}{\sqrt{n}} \leqslant \hat{\varphi}_{kk} \leqslant \frac{2}{\sqrt{n}}\right) \geqslant 0.95 \tag{1-14}$$

故可以利用 2 倍标准差的范围辅助判断自相关函数和偏自相关函数的截尾性和拖尾性。

通常自相关函数截尾性的判断是依据在序列最初的 d 阶相关函数明显超过 2 倍标准差范围，而之后由非零衰减为在某一常数附近作小幅波动的过程较为突兀，同时几乎 95％的自相关函数都落在 2 倍标准差的范围以内，此时认为截尾阶数为 d。自相关函数拖尾性是依据显著非零的自相关函数逐渐减小幅度并且过程比较平缓或连续进行判断的，同时有超过 5％的样本自相关函数落入 2 倍标准差范围之外，此时可以判断自相关函数出现拖尾特征。

4）模型阶数估计

模型阶数估计是根据平稳时间序列的自相关和偏相关函数，并且对模型阶数进行灵活性识别，同一时间序列可以选择不同的拟合模型。但是，在时间序列大小一定时，模型阶数应当尽可能选择低的，继而得到精度高的模型参数。

在对时间序列选取不同模型中，常用的是根据赤池的 AIC 准则来对时间序列模型的阶数进行确定。AIC 准则的定义如下：

$$\mathrm{AIC}(k) = \ln\hat{\sigma}_a^2 + 2k/N,\ k = 0,1,\cdots,L \tag{1-15}$$

其中，$\hat{\sigma}_a^2 = \hat{\gamma}_0 - \sum_{j=1}^{k}\hat{\varphi}_j\hat{\gamma}_j$，$N$ 为样本大小，L 为预先给定的最高阶数。

若 $\mathrm{AIC}(p) = \min\mathrm{AIC}(k), 0 \leqslant k \leqslant L$，则给定 AR 模型的阶数为 p。同理对于 ARMA 序列的 AIC 准则，定义为：

$$\mathrm{AIC}(n,m) = \ln\hat{\sigma}_a^2 + 2(n+m+1)/N \tag{1-16}$$

$\mathrm{AIC}(p,q) = \min\mathrm{AIC}(n,m), 0 \leqslant n \leqslant L, 0 \leqslant m \leqslant L$，则给定 ARMA 模型的阶数为（$p$，$q$）。其中 $\hat{\sigma}_a^2$ 是与其对应 ARMA 序列 σ_a^2 的极大似然估计值。

5）模型检验

在确定拟合模型后，就要对该拟合模型进行检验，检验过程包括模型的显著性检验与参数的显著性检验。

（1）模型显著性检验

模型的有效性是模型显著性检验的主要判别标准。模型提取的信息充分与否是模型是否显著有效的关键。拟合充分的模型其拟合残差序列是白噪声序列，这样的模型显著有效，因为残差序列中不含有任何相关信息。若残差序列为非白噪声序列，就说明残差序列中还蕴含着有待挖掘的尚未被提取的相关信息，需要选择其他模型重新拟合，以弥补原拟合模型有效性不足的缺陷。

(2)参数显著性检验

参数显著性检验的目的就是使模型精简,判别的依据是要检验每一个未知参数是否显著非零。判断参数是否显著非零的标准是某个参数对应的自变量对因变量的影响是否明显,不明显即该参数不显著,该自变量就应该从拟合模型中剔除,以参数显著非零的自变量表示模型的最终形式。

四、基于 CLIPS 信息化系统方法

1. 专家系统(CLIPS)简介

专家系统是一种基于知识的人工智能诊断系统,其实质是应用大量人类专家的知识和推理方法求解复杂的实际问题的一种人工智能计算机程序,是人工智能应用研究中的重要分支之一。由于它能在有关学科和行业中逐步取代部分非重复性的脑力劳动,并在多个领域中具有广泛的应用空间,获取了巨大的经济效益和社会效益,受到了国内外学者的广泛关注。尤其是对机械设备故障诊断而言,专家系统比较适用于复杂的、规范化的大型动态系统。

专家系统可以看作为拥有大量的专业知识并与人工智能技术相结合的计算机程序系统,它能依据专家所提供的某一领域知识完成推理和判断功能,实现领域专家决策过程的模拟,解决那些只有领域专家才能处理的复杂问题。它是以符号推理为基础的知识处理系统,主要依据知识进行推理、判断和决策。专家系统注重知识表示和推理方法。专家系统的结构规则可表示为知识+推理=专家系统。

CLIPS 作为一种很成熟且功能非常强大的专家系统工具,最初是美国航空航天局约翰太空中心于 1985 年用 C 语言开发的一种用于编写基于规则的通用专家系统开发工具。基于规则的 CLIPS 编程语言的推理和表达能力与 OPS5 相似,但功能更为强大。而在语法方面,CLIPS 规则与 ART、ART - IM、Eclipse、LISP 等语言的规则极为相似。其推理算法采用先进的 Rete 算法,并用 C 语言实现,使之具有很高的推理效率和很好的可移植性。它不但支持基于规则的知识表达方式,而且支持面向对象的知识表达方式,从而非常有利于大型专家系统的开发。CLIPS 的优点包括兼容性好、运行效率高、集成性好、知识表达方式灵活、可靠性高、开发成本低等特点。

2. CLIPS 基本组成及其推理结构

1)CLIPS 的基本组成

CLIPS 基本结构是产生式系统,与一般的产生式系统的不同之处在于其推理过程中独特的 Rete 模式匹配算法,极大地提高了系统的反应速度。

由 CLIPS 的基本组成框图 1-13 可知,CLIPS 结构简洁,程序设计具有模块化的特点。其中事实列表(Fact List)用于存储事实数据,即数据库;推理机(Inference Engine)则是按一定推理机制进行推理并控制规则的执行,对运行进行总体控制;知识库(Knowledge Base)中包含了专家系统的所有规则,也称为规则库;待议事件表又称为工作存储器(Agenda),用于存放被激活的规则集合,或叫触发规则的集合。

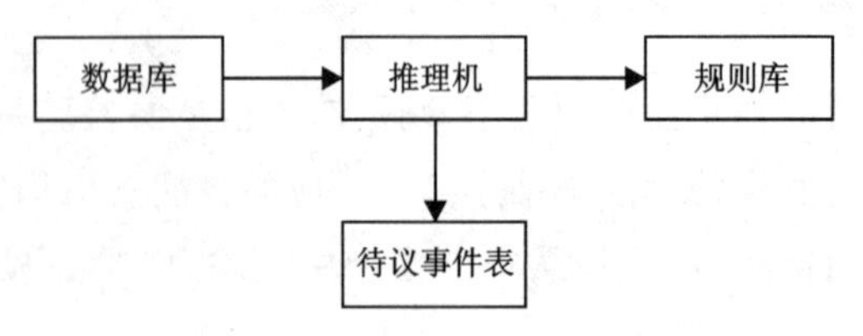

图 1-13　CLIPS 基本组成框图

2)CLIPS 的推理结构

CLIPS 是 C 语言集成产生式系统，它的推理结构包括工作存储器、产生式规则库、匹配器、冲突消解器和解释器 5 部分，如图 1-14 所示。

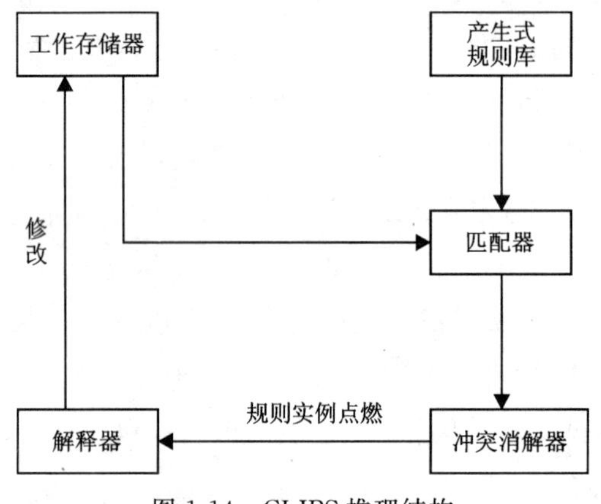

图 1-14　CLIPS 推理结构

其中产生式规则(简称规则)由条件部分和条件满足时执行动作部分组成，条件部分由一系列待匹配的模式组成。工作存储器存放反映推理中各问题状态的数据信息，在 CLIPS 中又称事实列表，由多条事实组成。匹配器用工作存储器当前状态匹配所有规则的条件部分。基于事实列表和知识库推理的推理机在一般基于规则的系统中，采用所谓规则寻找事实的算法，即推理机检查每一条规则并寻找一组事实来判定规则的条件部分是否满足，当某条规则的所有条件均被匹配时，该规则被激活，并被加入到日程表，日程表中的规则经冲突消解器选中后被解释器执行，执行的主要动作是在事实表中插入或删除事实，即更改事实库中的部分事实，还可以利用动作输出一些必要的信息如对推理的解释及对所出现问题的解决办法等。

CLIPS 推理机的推理是基于正向推理的控制策略，它是在事实的基础上通过设定的规则对事实进行模式匹配，从而实现推理。若一条规则前件的每一模式可与事实库(数据库)的事实相匹配，则这条规则就是一条触发规则。若有多条触发规则，需要通过冲突消解策略确定其中的一条为启用规则，执行这条启用规则后，则其后件给出一组动作。这样便以正向推理的方式实现推理，得出结论。

3. CLIPS 语法构成

CLIPS 程序一般包含自定义模板、自定义事实和自定义规则 3 个主要组成部分。事实模块用于设置事实表初始状态，由多条事实组成。模板用于定义事实的显式结构，由一个模板名和多个域定义组成。含模板的事实由模板名和一系列含域名的域组成，与规则匹配时，以域名为标准，域位置可以交换；不含模板的普通事实与规则匹配时，以域位置为标准，域位置不能变动。

4. CLIPS 函数

为了方便用户编程，CLIPS 提供了大量的应用函数，功能极为丰富，尤其接口函数的功能非常完善。CLIPS 中所有运行方式均为函数，其中 Load 和 Bload 函数都可以在一次运行中多次调用，使程序的功能得到加强。对于采用面向对象知识表示的 CLIPS 专家系统，其 I/O 函数更加丰富，操作起来更加方便，另外用户还可以编写自己的 I/O 函数。以下列举几种常用的函数。

(1)I/O 函数。I/O 函数包括 read、open、close、format、readline、printout 函数。read 函数是从键盘读入信息，在读或写文件之前，必须先用 open 函数打开该文件，一旦文件存取操作不再需要之后，应该用 close 将文件关闭。CLIPS 不会提示用户关闭一个已打开的文件。CLIPS 程序经常使用格式输出，例如，排列表格数据，虽然可用 printout 函数，但有一个专用于格式化的函数 format 函数，提供众多格式化风格。readline 函数用于读入整行输入信息。printout 函数可以输出到终端的文件。

(2)过程化函数。CLIPS 提供了一些函数以控制执行流程。while、if、switch、break 函数提供了与现代高级程序语言，如 C 语言类似的功能和控制结构。while 函数和 if 函数可以同时使用以实现在规则的 RHS 进行输入错误检查。break 函数中止并结束 while 等函数的执行。halt 函数可用在规则的 RHS 以停止执行议程中的规则，它不需要任何参数。

(3)自定义函数。CLIPS 允许像在其他过程化语言中一样定义新的函数。对于规则来说，这将有助于减少 LHS 和 RHS 中的重复表达式。新的函数使用自定义函数(deffunction)来定义。

(4)字符串函数。就是为字符串操作提供的函数，常见的有 sub－string、str－cat、str－assert 等。

(5)多字段函数。常用的有 mv－subseq、str－explode、str－implode 等，用来操作多字段变量。

(6)调试函数。在调试 CLIPS 程序时，我们采用 CLIPS 自带的调试工具 CLIPSDOS 或 CLIPSWIN。

5. CLIPS 推理机制

CLIPS 采用正向推理方法，利用独特的 Rete 模式匹配算法进行推理，减少了事实与规则匹配所需要的时间，从而提高了推理效率。CLIPS 推理机制如图 1-15 所示，具体过程如下。

(1)将初始事实或已知的事实存储在事实库即综合数据库，推理机根据事实库里面的事实和规则库中规则的所有前件模式用 Rete 模式匹配算法进行匹配。

(2)如果匹配成功，则激活的规则被放入议程表，也称为待议事件表。

(3)如果议程表里有多条规则，CLIPS 一般按照优先级的冲突消解策略来选择优先级最高的规则执行,如果优先级相同由 CLIPS 自行调度。如果议程表里没有规则,程序结束。

(4)顺序执行规则右部的行为,一条规则的执行可能会修改事实表中的内容,如增加新的事实或删除已有的事实,也就是修正或更新已有的事实库。

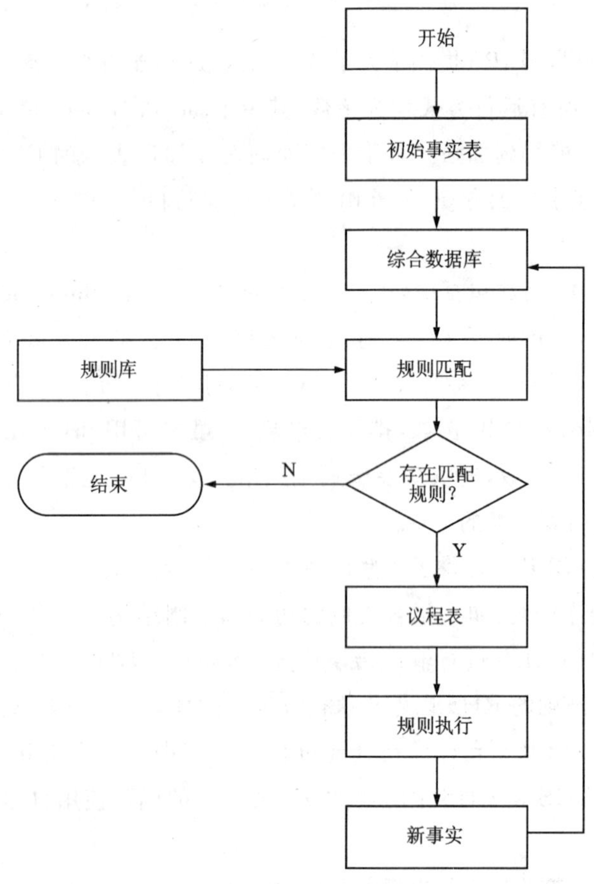

图 1-15　CLIPS 推理机制

6. Rete 模式匹配算法

Rete 模式匹配算法(Rete pattern－matching algorithm)(Forgy 79,Forgy 85,Brownston 85)是一种基于产生式规则语言最常用且非常有效的算法,该算法是通过将事实和规则的前件模式进行匹配来确定满足它们条件的规则。常见的一些基于规则的语言如 CLIPS、Jess、0PS5 等都使用了该算法。其缺点是需要较多的存储空间,但在今天这已不成问题,因为存储器已非常便宜。

Rete 算法利用时间冗余性和结构相似性两个经验总结并与数据结构相结合提高推理速度。时间冗余性是指一条规则激发只改动了少部分事实,每个改动也只影响少部分规则。结构相似性是指相同的规则前件模式不只在一条规则的左部出现。Rete 算法对一个基于规则且包含较多规则的专家系统的快速执行非常重要,大大改善了时间冗余性。在每个识别动作的循环过程中,Rete 算法只考虑有变化的匹配,而不是用事实去匹配所有的规则。在每个动作循环中没有变化的数据，也就是已经匹配成功不再参与推理循环的规则完全可忽略，只考虑添加或删除的事实引起的变化，因而事实与规则的匹配速度就大大提高了。如图 1-16 所示的事实搜索规则的算法就是 Rete 模式匹配算法。

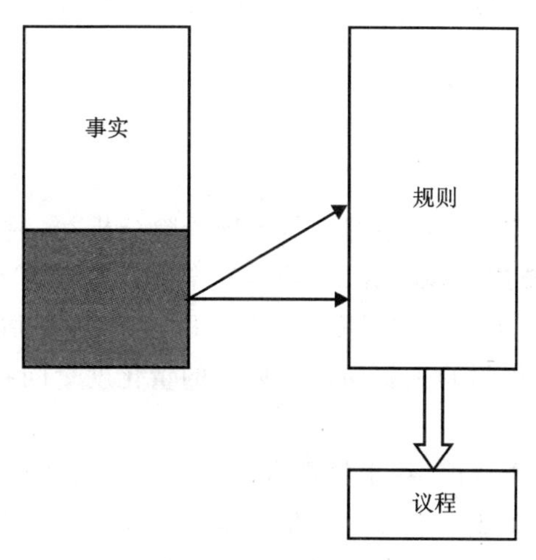

图 1-16 Rete 算法图

第二章　风险评估方法

安全设计之前，需要对安全生产系统进行准确风险分析，掌握风险类型、风险水平，初次安全设计后仍要对生产系统进行风险评估，确定安全设计是否将系统风险降至可接受范围，风险是事故发生的可能性与事故严重程度的度量。因此，风险评估方法包括概率分析和事故后果分析，当前阻碍安全工程师的主要问题是风险的量化度量问题，它严重制约了安全设计推广与应用。

风险量化涉及统计学、概率论、数学物理方法等多个学科知识，由于事故类型特点各异，风险量化方法与手段多样，无法建立统一标准，因此评估方法选择原则、评估标准库的建设十分重要。

第一节　安全设计中风险评估作用

安全评估常用于企业风险度量，让管理人员、政府监管部门、保险公司对企业安全状态全面了解，其作用是方便决策者制定安全管理方案，而安全设计中的风险评估是度量某类风险对象的安全水平和风险控制程度，主要供设计人员计算分析使用，该类评估具有明显针对性、重复性、可操作性。

由于受设计阶段的风险评估特性影响，传统风险评估方法并不适用。图 2-1 说明了安全设计中风险评估、控制的相互关系，其核心是事故概率模型库、事故后果模型库和事故控制模型库构建，事故数据库是计算分析数据的唯一来源，通过对多个模型库的工具化开发，形成可操作的、可重复分析的模块，有助于安全工程师设计能力的提升。

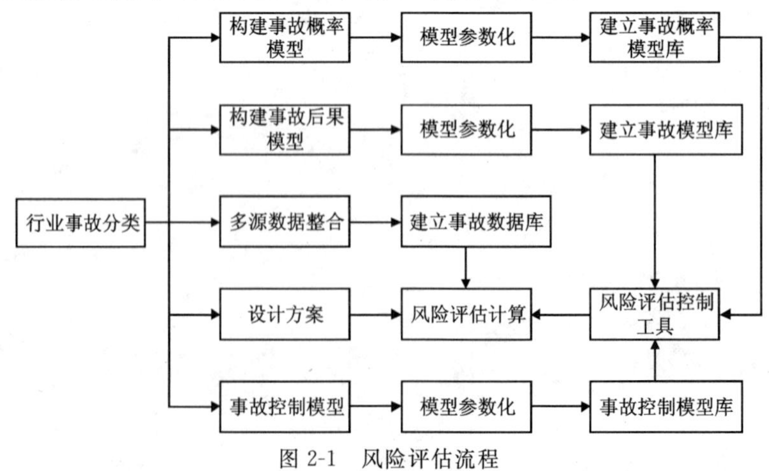

图 2-1　风险评估流程

第二节 概率分析方法

一、动态故障树分析方法

事故概率分析是将事故致因理论与概率统计相结合，研究基本事件发生概率与事故发生之间的相互关系，获取事故发生概率的准确表达。当前，传统概率分析存在两大难题，一是基本事件概率的统计与构建，二是忽略时空关系的单一逻辑分析的缺陷。基本事件概率构建仍采用了经典概率统计，但受样本空间大小限制，以及采样难度高、概率误差大等因素影响。随着信息技术发展，大数据分析、云计算等工具运用，基本事件模型不断改进，概率抽取精度也得到提高。

传统 FTA 等概率与分析方法只关注到事件的因果逻辑关系，忽略了事件之间的时空关系，导致分析结果出现偏差，动态故障树等方法补充了事件的时空关系，兼顾事件间的逻辑关系。

二、基于贝叶斯网络的分析方法

1. 基本定义

(1)先验概率。先验概率是指根据历史数据(存在历史数据)或主观判断(不存在历史数据)所确定的各事件发生的概率，该类概率未经过实验证实，属于检验前的概率，所以称之为先验概率。先验概率一般分为两类：一是客观先验概率，是指利用过去的历史资料计算得到的概率；二是主观先验概率，是指在无历史资料或历史资料不全的时候，只凭借人们的主观经验来判断取得的概率。

(2)后验概率。后验概率是根据实际情况对先验概率进行修正后得到的概率，一般是利用贝叶斯公式，结合调查等方式获取了新的附加信息，对先验概率进行修正后得到的更符合实际的概率。

(3)联合概率。也称之为乘法公式，是指两个任意事件的乘积的概率，或称之为交事件概率。概率函数 $P(X)$ 可以描述单个随机变量 X 各个状态的概率。而联合概率分布 $P(X_1, X_2, \cdots, X_n)$ 可以用来描述多个随机变量 $X_1, X_2, \cdots, X_n$ 所有可能的状态组合的概率。

(4)条件概率。设有 A、B 是两个事件，且 $P(A)>0$，称 $P(B|A) = P(B)/P(A)$ 为在事件 A 发生的条件下事件 B 发生的条件概率。

(5)相互独立事件。设有 $A_1, A_2, \cdots, A_n$ 是 n 个事件，如果对于 $\forall k(1<k\leqslant n)$，$1\leqslant i_1 < i_2 < \cdots i_k \leqslant n$，有 $P(A_{i_1}, A_{i_2}, \cdots, A_{i_k}) = P(A_{i_1})P(A_{i_2})\cdots P(A_{i_k})$，则称 $A_1, A_2, \cdots, A_n$ 为相互独立事件。

(6)贝叶斯定理。贝叶斯公式也称后验概率公式，也称逆概率公式，其用途很广。设 X 和 Y 为两个随机变量

$$P(X|Y) = \frac{P(X)P(Y|X)}{P(Y)} \tag{2-1}$$

称为贝叶斯定理。

2. 贝叶斯网络的结构及建模方法

关于一组变量 $X=\{X_1,X_2,\cdots,X_n\}$ 的贝叶斯网络由以下两个部分组成:一个标识 X 中的变量的条件独立断言的网络结构 S;与每一个变量相联系的局部概率分布集合 P。

两者定义了 X 的联合概率分布。S 是一个有向无环图,S 中的结点一对一地对应于 X 中的变量,以 X_i 表示变量结点,P_{a_i} 表示 S 中的 X_i 的父结点。S 的节点之间默认弧线则表示条件独立。X 的联合概率分布表示为

$$p(x)=\prod_{i=1}^{n}p(x_i \mid pa_i) \tag{2-2}$$

以 P 表示式中的局部概率分布,即乘积中的项 $p(x_i \mid pa_i)(i=1,2,\cdots,n)$,则二元组 (S,P) 表示了联合概率分布 $p(X)$。当仅从先验信息出发建立贝叶斯网络时,该概率分布是贝叶斯的(主观的);当从数据出发,进而建立贝叶斯网络时,该概率是客观的。具体建模方法如下:

(1)为了建立贝叶斯网络,必须确定与建立模型有关的变量及其解释。为此需要:①确定模型的目标,即确定问题相关的解释;②确定与问题有关的许多可能的观测值,并确定其中值得建立模型的子集;③将这些观测值组织成互不相容的,而且穷尽所有状态的变量,这样做的结果不是唯一的。

(2)建立一个表示条件独立的有向无环图。根据概率,乘法公式有

$$\begin{aligned}p(x)&=\prod_{i=1}^{n}p(x_i \mid x_1,x_2,\cdots,x_n)\\&=p(x_1)p(x_2 \mid x_1)\cdots p(x_n \mid x_1,x_2,\cdots,x_{n-1})\end{aligned} \tag{2-3}$$

对于每个变量 X_i,如果有某个子集 $\prod_i \subseteq \{X_1,X_2,\cdots,X_{n-1}\}$,使得 X_i 与其所有变量都是条件独立的,即对任何 X,有

$$p(x_i \mid x_1,x_2,\cdots,x_{i-1})=p(x_i \mid \pi_i)(i=1,2,\cdots,n) \tag{2-4}$$

则由式(2-3)和式(2-4)可得

$$p(x)=\prod_{i=1}^{n}p(x_i \mid \pi_i) \tag{2-5}$$

变量集合($\prod_1,\cdots,\prod_n$)对应于父结点($pa_1,\cdots,pa_n$),故而又可写为:

$$p(x)=\prod_{i=1}^{n}p(x_i \mid pa_i) \tag{2-6}$$

于是,为了决定贝叶斯的结构,需要将变量 $X_1,X_2,\cdots,X_i$ 按某种次序排列;决定满足式(2-6)的变量集 $\prod_i(i=1,2,\cdots,n)$。

从原理上讲,如何从 n 个变量中找出适合条件独立的顺序,是一个组合爆炸问题,因为要比较 $n!$ 种变量顺序。但是,通常可以在现实问题中决定因果关系,并且因果关系一般都对应于条件独立的断言。因此,可以从原因变量到结果变量画一个带箭头的弧来直观表示变量之

间的因果关系。

(3)指派局部概率分布 $p(x_i \mid pa_i)$。在离散的情形下,需要为每一个变量 X_i 的各个父节点的状态指派一个分布。

3. 基于贝叶斯网络的动态故障树构建

根据动态故障树法描述的逻辑关系转化在贝叶斯网络中的表现形式,可以构建基于贝叶斯网络的动态故障树,算法如下:

(1)将动态故障树的所有底事件相应表示为贝叶斯网络的根节点,建议对该根节点进行命名,倘若动态故障树的底事件重复多次出现,则在贝叶斯网络中只需用一个根节点表示即可。

(2)将动态故障树的各个底事件的先验概率值直接作为贝叶斯网络中相应根节点的先验概率值。

(3)将动态故障树的每个逻辑门都表示为贝叶斯网络中相应的节点,网络图中节点的命名和状态取值与动态故障树中逻辑门的输出事件相同。

(4)根据动态故障树描述的逻辑门与连接底事件的关系来处理贝叶斯网络中的节点关系,网络图中连接节点的有向方向与动态故障树里逻辑门的输入输出关系一一对应。

(5)将动态故障树里所有逻辑门的逻辑关系对应表达为贝叶斯网络中相应节点的条件概率表。

以某地铁段标大型基坑换乘站航海路站的工程概况为例,运用贝叶斯网络理论对地铁深基坑的涌水事故的动态故障树进行分析。

根据动态故障树构建程序,首先找到顶事件 T,即为发生涌水事故,引起基坑涌水的中间事件又包含基坑开挖出现问题、降水失效、连续墙失效 3 个。

在基坑开挖阶段,若是施工人员的施工经验不足,则有可能导致在施工过程中出现重大失误,再加上监测信息反馈不及时,在这种情况下,若是不采取合理的措施,则很有可能引起严重的基坑涌水事故,这种逻辑关系可以采用顺序相关门来表示。同理,当基坑开挖遭遇不良地质或勘察资料不全的情况,未采取合理措施,亦会引起基坑开挖出现问题,从而导致基坑涌水事故,此时采用优先与门来表达这种逻辑关系比较合适。

在降水阶段,若出现承压水突涌的同时封底灌浆也失效的情况,则降水出现问题,直接导致基坑涌水事故,因此这里宜采用功能相关门来表述这种逻辑关系。当出现上层滞水或潜水压力过大等问题,若是不采取合理措施,则很有可能引起严重的基坑涌水事故,这里宜采用优先与门来表述逻辑关系。

在连续墙维护阶段,一旦出现接头渗漏、接驳器处渗漏、墙体渗漏等突发情况,若是不采用合理措施进行维护,则很容易就导致连续墙出现问题,从而引起涌水事故,此时采用优先与门来表达这种逻辑关系比较合适。

根据上述分析,结合深基坑诱发涌水事故影响因素表(表 2-1),可以建立如图 2-2 所示的基坑涌水事故动态故障树模型图。

表 2-1 深基坑诱发涌水事故影响因素表

事件名称	事件类型	编号
基坑涌水事故	顶事件	T
基坑开挖出现问题	中间事件	Y1
降水失效	中间事件	Y2
连续墙失效	中间事件	Y3
施工人员经验不足	底事件	X1
遭遇不良地质	底事件	X2
勘察资料不齐全	底事件	X3
监控测量信息反馈不及时	底事件	X4
未采取合理措施	底事件	X5
封底灌浆失效	底事件	X6
承压水突涌	底事件	X7
上层滞水或潜水压力过大	底事件	X8
接头渗漏	底事件	X9
接驳器处渗漏	底事件	X10
墙体渗漏	底事件	X11

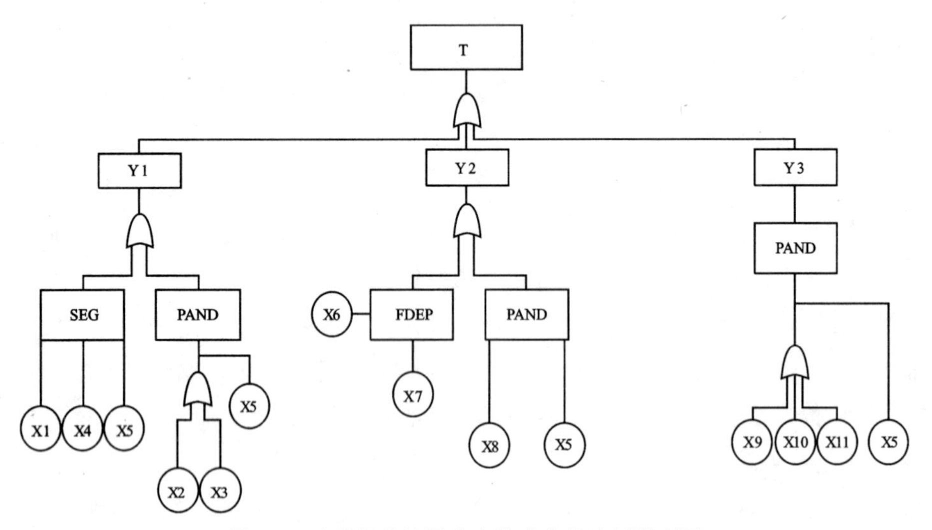

图 2-2 地铁深基坑涌水事故动态故障树模型图

根据得到的基坑涌水动态故障树，以此为基础，基于故障树模型向贝叶斯网络转化的基本算法，可以将故障树模型转化为如图 2-3 所示的贝叶斯网络模型。其中 M1、M2、M3、M4、M5、M6 为动态故障树中事件的过渡状态。

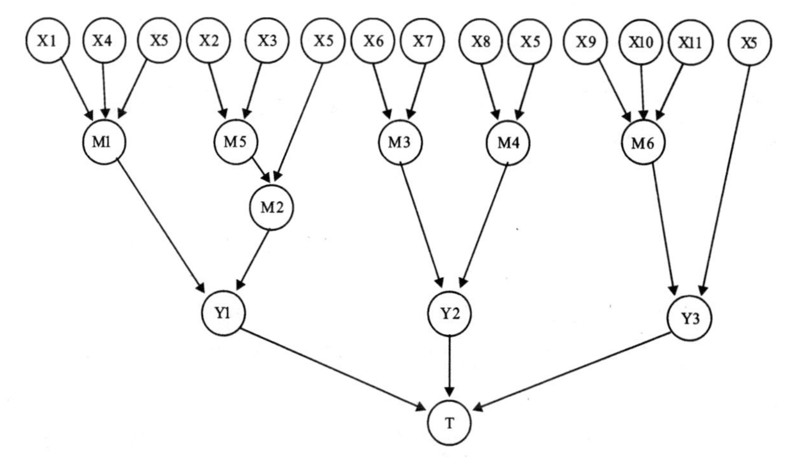

图 2-3　涌水事故贝叶斯网络模型图

4. 动态逻辑门向贝叶斯网络的转化

研究动态逻辑门向动态贝叶斯网络的转化，假定 E=0 表示事件 E 不发生，E=1 表示事件 E 发生，f_E(t)为事件 E 发生的概率密度函数，通常可以通过统计或查阅相关资料，可以得到动态故障树及其对应的贝叶斯网络，如图 2-4～图 2-6 所示。

1)优先与门

优先与门包括若干个输入事件，当最左边的事件最先发生时，输出事件才会发生。如果事件 A 发生，并且在事件 B 和 C 之前发生，输出事件才会发生。如果 3 个输入事件都没有发生，或事件 B 在 A 之前发生了，或事件 C 在 A 之前发生了，输出事件不会发生。本书假设另一事件与事件 A 同时发生，则认为事件 A 在其之前发生。根据优先或门的时序逻辑关系，需要添加 1 个二态节点 FO，其中 FO=1 表示事件 A 在 B、C 之前发生，FO=0 表示事件 B 或 C 在 A 之前发生。如图 2-4 所示，分析优先与门可以建立相应的动态贝叶斯网络。

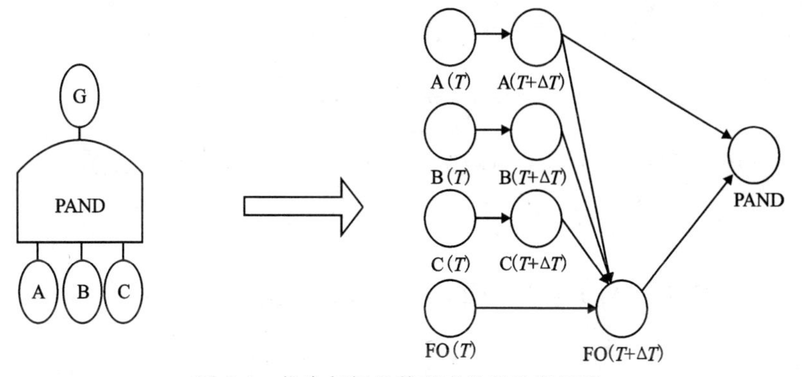

图 2-4　优先与门及其对应的贝叶斯网络

其中各节点的条件概率分布为

$$P(A(T+\Delta T)=1\,|\,A(T)=0)=\int_{T}^{T+\Delta T} f_A(t)\mathrm{d}t$$

$$P(A(T+\Delta T)=1\,|\,A(T)=1)=1$$

$$P(B(T+\Delta T)=1|B(T)=0)=\int_{T}^{T+\Delta T} f_B(t)\mathrm{d}t$$
$$P(B(T+\Delta T)=1|B(T)=1)=1$$
$$P(C(T+\Delta T)=1|C(T)=0)=\int_{T}^{T+\Delta T} f_C(t)\mathrm{d}t$$
$$P(C(T+\Delta T)=1|C(T)=1)=1$$
$$P(FO(T+\Delta T)=1|FO(T)=1)=1$$
$$P(FO(T+\Delta T)=1|A(A+\Delta T)=1,FO(T)=0)=1$$
$$P(POR=1|A(T+\Delta T)=1,FO(T+\Delta T)=1)=1$$

2）顺序相关门

顺序相关门包括若干个输入事件，它要求输入事件以特定的顺序（从左到右）依次发生。与优先与门相比，优先与门的输入事件可能以任何顺序发生，而顺序相关门强制其输入事件只能以特定的顺序发生。根据顺序相关门的时序逻辑关系，分析包含 3 个基本事件的顺序相关门，可以得到与之相对应的动态贝叶斯网络，如图 2-5 所示。

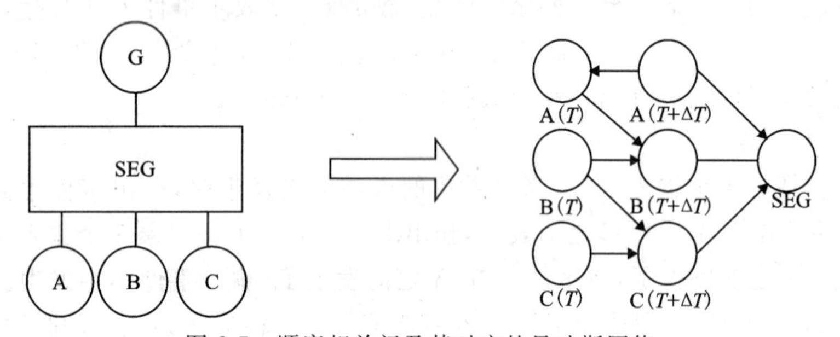

图 2-5　顺序相关门及其对应的贝叶斯网络

其中各节点的条件概率分布为

$$P(A(T+\Delta T)=1|A(T)=0)=\int_{T}^{T+\Delta T} f_A(t)\mathrm{d}t$$
$$P(A(T+\Delta T)=1|A(T)=1)=1$$
$$P(B(T+\Delta T)=1|A(T)=1,B(T)=0)=\int_{T}^{T+\Delta T} f_B(t)\mathrm{d}t$$
$$P(B(T+\Delta T)=1|B(T)=1)=1$$
$$P(C(T+\Delta T)=1|B(T)=1,C(T)=0)=\int_{T}^{T+\Delta T} f_C(t)\mathrm{d}t$$
$$P(C(T+\Delta T)=1|C(T)=1)=1$$
$$P(SEQ=1|A(A+\Delta T)=1,B(T+\Delta T)=1,C(T+\Delta T)=1)=1$$

3）功能相关门

功能相关门包括一个触发事件（既可以是一个基本事件，也可以是动态故障树中其他门的输出事件）和若干个相关基本事件。相关基本事件与触发事件功能相关，当触发事件发生时，相关基本事件被迫全部发生，输出事件同时发生。根据触发事件和相关基本事件的关系，分析包含一个触发事件和两个相关基本事件的功能相关门，可以得到与之相对应的动态贝叶斯网络，如图 2-6 所示。

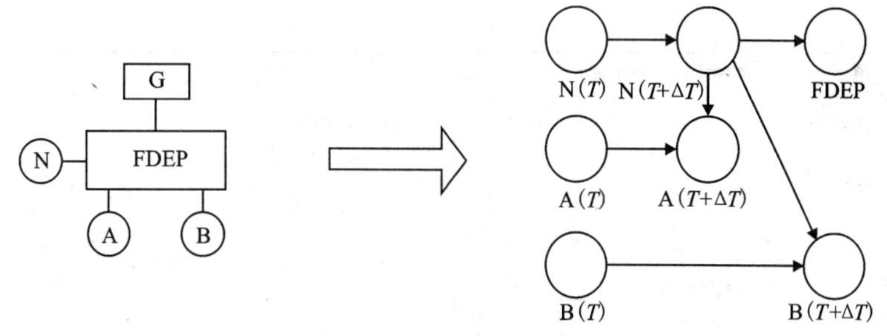

图 2-6　功能相关门及其对应的动态贝叶斯网络

其中各节点的条件概率分布为

$$P(N(T+\Delta T)=1|N(T)=0)=\int_{T}^{T+\Delta T} f_N(t)\mathrm{d}t$$

$$P(N(T+\Delta T)=1|N(T)=1)=1$$

$$P(A(T+\Delta T)=1|A(T)=0,N(T+\Delta T)=0)=\int_{T}^{T+\Delta T} f_A(t)\mathrm{d}t$$

$$P(A(T+\Delta T)=1|N(T+\Delta T)=1)=1$$

$$P(A(T+\Delta T)=1|A(T)=1)=1$$

$$P(B(T+\Delta T)=1|N(T+\Delta T)=0,B(T)=0)=\int_{T}^{T+\Delta T} f_B(t)\mathrm{d}t$$

$$P(B(T+\Delta T)=1|N(T+\Delta T)=1)=1$$

$$P(B(T+\Delta T)=1|B(T)=1)=1$$

$$P(FDEP=1|N(T+\Delta T)=1)=1$$

5. 贝叶斯网络构建及参数设定

由于贝叶斯网络模型的计算量大，因此在对建立的模型进行计算时，考虑到计算工具的精确性，本书选择美国匹兹堡大学决策系统实验室开发的 GeNIe2.0 仿真软件作为计算工具。在软件平台基础上，首先依据（图 2-3）中涌水事故贝叶斯网络模型在软件中进行建模，如图 2-7 所示。然后根据各个逻辑门的功能，以及故障树逻辑门向贝叶斯网络转化的算法，确定各个节点的条件概率。

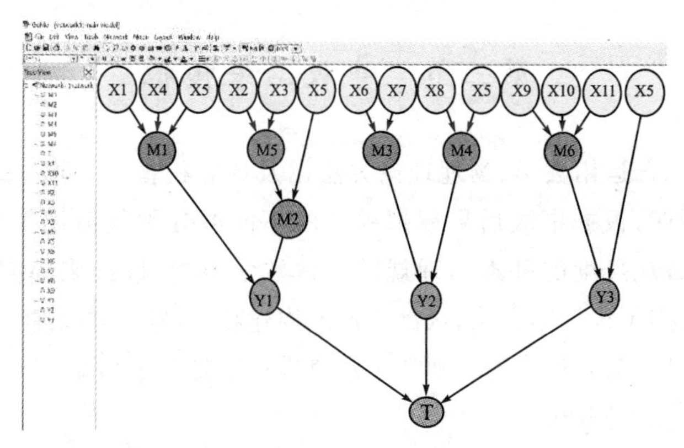

图 2-7　贝叶斯网络的构建

根据各个节点的概率分布表，选择贝叶斯网络模型中所有的非根节点，输入其条件概率，如图 2-8 所示。

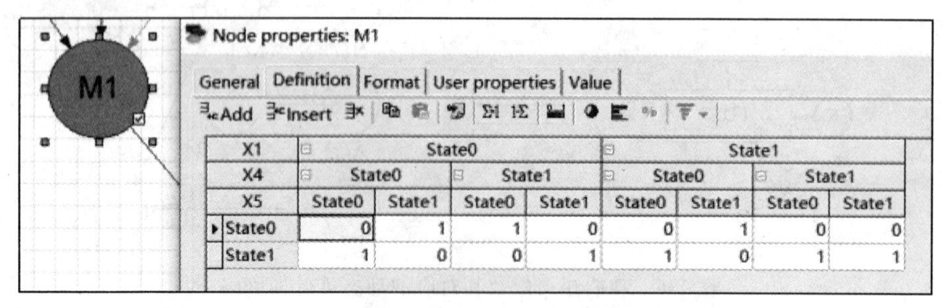

图 2-8　GeNIe2.0 中条件概率的设定

最后通过 GeNIe2.0 软件进行涌水事故的概率计算，部分结果如表 2-2 所示。

表 2-2　贝叶斯网络模型部分计算结果

事件编号	时间/天	事件	事件属性	输出失效率
Y1	100	基坑开挖出现问题	中间事件	1.15×10^{-3}
Y2	100	降水失效	中间事件	1.90×10^{-4}
Y3	100	连续墙失效	中间事件	3.00×10^{-3}
T	100	涌水事故	顶事件	4.34×10^{-3}
Y1	200	基坑开挖出现问题	中间事件	5.00×10^{-3}
Y2	200	降水失效	中间事件	4.00×10^{-4}
Y3	200	连续墙失效	中间事件	6.10×10^{-3}
T	200	涌水事故	顶事件	1.15×10^{-2}
Y1	300	基坑开挖出现问题	中间事件	1.04×10^{-2}
Y2	300	降水失效	中间事件	2.59×10^{-3}
Y3	300	连续墙失效	中间事件	8.60×10^{-3}
T	300	涌水事故	顶事件	2.16×10^{-2}

从结果可以看出，涌水事故的发生概率随着时间的推移依然呈现逐渐增大的趋势。

第三节　事故后果模拟

事故后果模拟综合运用数学、物理理论方法以及计算机技术，重构事故灾害致灾过程模型，分析灾害破坏规律，根据事故后果模拟模型的不同可分为数值模拟方法和数学物理法。数值模拟方法基于微观尺度的基本物理规律构建数学方程，以此来模拟事故灾害的宏观行为；数学物理法则利用了统计学方法，从微观尺度构建粒子(或基本元素)的真实物理行为，以获得宏观的观察结果。两者最大的区别在于数值模拟法是基于微观单元分析，而数学物理法则是基于微观粒子(元素)分析。

一、数值模拟方法

数值模拟法(数学建模法)是依靠电子计算机,结合有限元或有限容积的概念,通过数值计算和图像显示的方法,达到对工程问题和物理问题乃至自然界各类问题研究的目的。随着计算机模拟软件的发展,在风险评价过程中常用数值模拟技术作为一种手段对事故发生的后果进行预测。本节以某地铁站为研究对象,风险评估过程中,使用数值建模方法进行事故灾害后果的预测评估。

某地铁的岛岛换乘站,呈十字形布置。车站主体长度为 227.8m。有效站台中心处基坑深度为 25.7m,基坑边长为 227.8m,宽 30m,深 24m。在基坑开挖过程中,由于对象较大,可将对象视为连续介质,构建数学物理模型,以研究涌水事故对基坑周边发生的位移形变规律。

1. 数学模型

1)柯西(Cauchy)应力张量与柯西公式

对于一个具有体积 V 的封闭曲面 s 的物体,在其上取一表面元素Δs,这个表面元素的单位外法向矢量为 n,在某一时刻 t,对于表面元素连续介质中一点,作用对称的应力张量σ_{ij},根据Δs 上作用有力ΔP,则极限

$$T = \lim_{\Delta s \to 0} \frac{\Delta P}{\Delta s} = \frac{\mathrm{d}P}{\mathrm{d}s}$$

称为表面力。

若用 t_i表示 T 的分量,则在三维直角坐标系中可有关系式

$$t_i = n_i \sigma_{ij} \tag{2-7}$$

这个关系式称为柯西公式,其中,σ_{ij} 称为柯西应力张量。

2)应变速率和旋转速率

如果介质质点具有运动速度矢量$[v]$,则在一个无限小的时间 $\mathrm{d}t$ 内,介质会产生一个由 $v_i \mathrm{d}t$ 决定的无限小应变,对应的应变速率分量ξ_{ij}为

$$\xi_{ij} = \frac{1}{2}\left(\frac{\partial v_i}{\partial x_j} + \frac{\partial v_j}{\partial x_i}\right) \tag{2-8}$$

而其旋转速率分量ω_{ij}为

$$\omega_{ij} = \frac{1}{2}\left(\frac{\partial v_i}{\partial x_j} - \frac{\partial v_j}{\partial x_i}\right) \tag{2-9}$$

3)运动及平衡方程

根据牛顿运动定律与柯西应力原理,如果质点作用着应力σ_{ij}与体力 b_i,且具有速度 v_i,则在无限小时间段 $\mathrm{d}t$ 内,它们之间的关系为

$$\frac{\partial \sigma_{ij}}{\partial x_j} + \rho b_i = \rho \frac{\mathrm{d}v_i}{\mathrm{d}t} \tag{2-10}$$

式中,ρ 为质点密度。

式(2-10)称为柯西运动方程。

当质点的加速度为零时,上式变为静力平衡方程

$$\frac{\partial \sigma_{ij}}{\partial x_j} + \rho b_i = 0 \tag{2-11}$$

4)本构方程

式(2-10)与式(2-11)组成的方程组中含有 9 个方程,15 个未知量,其中 12 个是应力与应变速率分量,3 个是速度分量。其余 6 个关系式则由本构方程提供,本构方程一般具有如下形式

$$[\hat{\sigma}]_{ij} = H_{ij}(\sigma_{ij}, \xi_{ij}, \kappa) \tag{2-12}$$

式中,$[\hat{\sigma}]$ 为应力变化速率;H 表示一个特定的函数关系;κ 为与荷载历史有关的参数。

2. 基坑三维模型建立

建立基坑模型时,上方边界取至水平地面,下方边界取至基坑底部以下 76m 处,以基坑位于水平地面处左下角点为原点,X 方向沿主体结构走向,Y 方向垂直主体结构走向,Z 方向为竖直方向,由于基坑呈对称分布,且支撑结构分布具有连续性,故在建立模型时取长 55m 的基坑区域进行计算分析,为了考虑其影响范围,X 方向延展 49m,Y 方向两侧各延展 49m,所以模型的尺寸为 104m(X 方向)×128m(Y 方向)×100m(Z 方向)。模型四侧和底面约束为位移约束,上侧为自由边界。土体采用实体单元进行模拟,本构模型采用摩尔库仑模型;地下连续墙采用实体单元,本构模型采用弹性模型;钢支撑和混凝土支撑采用梁单元。唐家墩车站基坑由上而下依次是杂填土 2m,淤泥质黏土 6m,泥质粉质黏土 2m,粉细砂 20m,细砂 6m,底层为中风化砾岩。三维模型如图 2-9 所示。

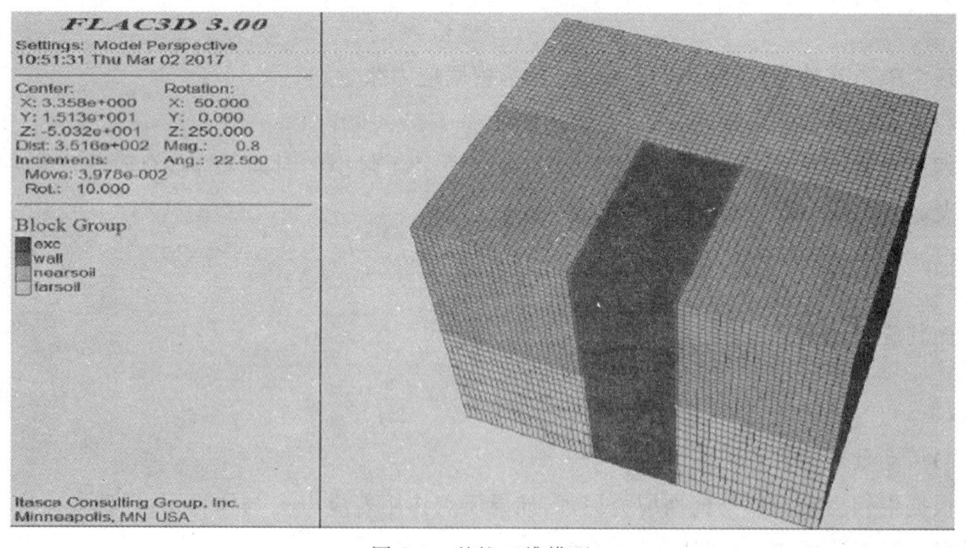

图 2-9　基坑三维模型

在土木工程领域中,应该清楚地认识到初始应力场带来的影响。初始应力场不仅对岩体的力学性质有着重要的影响,而且当岩体所处的外界环境发生改变时,岩体产生的变形和破坏也受到了不可忽视的影响。因此,只有保证初始应力场的准确有效,得到模拟之前土体就已存在的应力场情况,才有可能使数值模拟的结果符合工程实际,得到正确的结论。

本模型取土体的自重应力场为初始应力场，各点的初始应力状态如图 2-9 所示。从图 2-9 中可以看出，初始地应力分布具有明显的分层特性，并且由于地下连续墙自重的影响，在地下连续墙处具有一定的应力集中。

3. 数值模拟结果应用

地铁车站深基坑开挖过程是一个不断卸掉载荷的过程，坑内的土体不断被挖出，其自重应力不断地被释放，导致基坑底部土体隆起、地表沉降、墙体侧移、墙体水平变位等。而涌水事故的发生将会加剧这种变形。

为了探究涌水事故的发生对基坑周边变形的影响，考虑涌水事故发生和涌水事故未发生两种不同的状态下，基坑周围变形的情况。通过 FLAC3D 软件进行有限差分模拟，其中基坑周边沉降结果如图 2-10、图 2-11 所示。

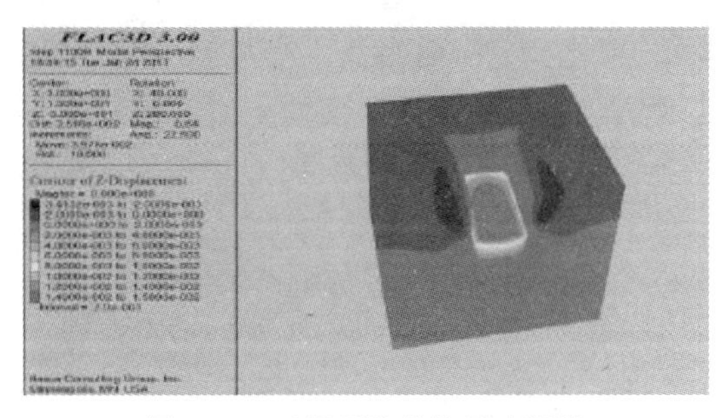

图 2-10　正常开挖基坑周边沉降

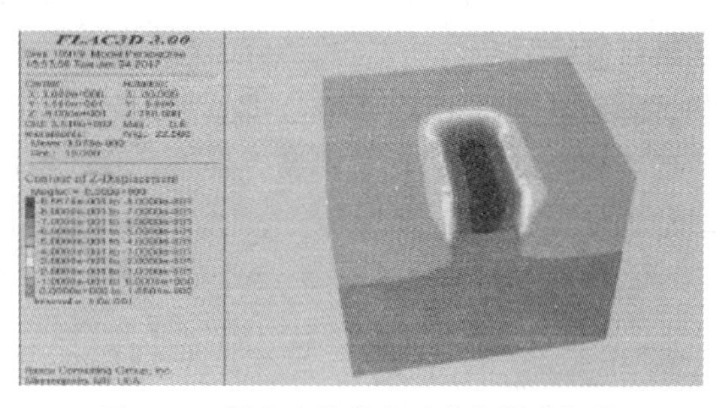

图 2-11　涌水事故发生后基坑周边沉降

从图 2-10 与图 2-11 中可以看出，涌水事故未发生前，在基坑正常开挖条件下，基坑底部有一定的隆起，但由于及时稳固地进行了支撑，基坑周边沉降较小，基坑开挖施工对周边环境的影响较小；但当涌水事故发生后，可以看到基坑周边沉降增大，并且基坑底部也出现了明显沉降，此时如果未及时进行有效控制，基坑可能失稳坍塌。

为进一步分析涌水事故带来的影响，在 FLAC3D 中设置监测点，观察其沉降变化，结果如图 2-12、图 2-13 所示。

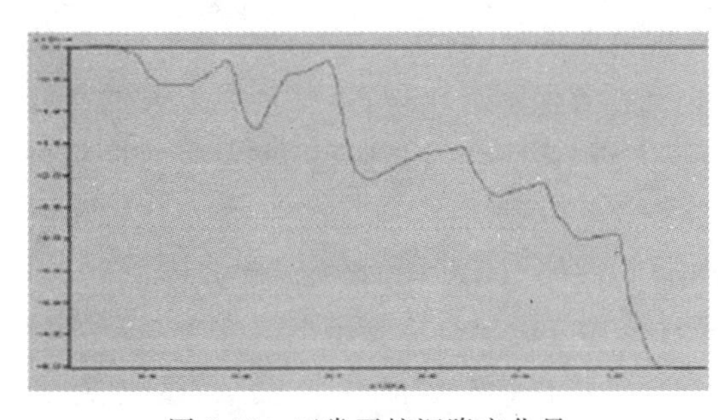
图 2-12　正常开挖沉降变化量

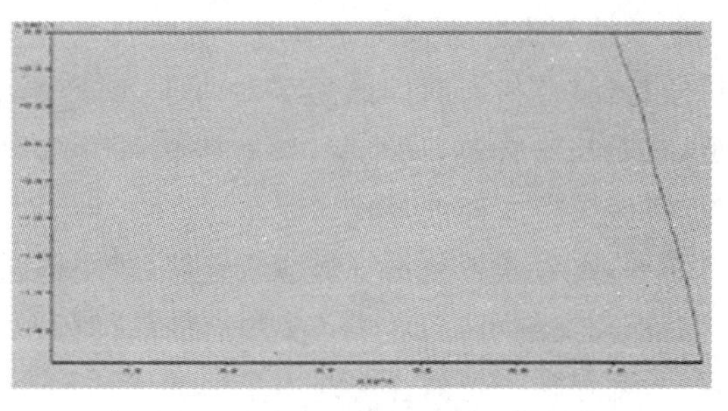
图 2-13　涌水事故发生后沉降变化

从图 2-12 中可以看出，正常开挖条件下，随着每一阶段的开挖，地面沉降不断增长，但整体沉降量较小，基坑整体较稳定；而当涌水事故发生后(图 2-13)，沉降明显增大，相比于正常开挖，累积沉降量呈数量级的增长。为探究基坑涌水事故发生对实际周边环境的影响，将涌水前后沉降模拟结果与基坑实际环境相叠加，如图 2-14、图 2-15 所示。

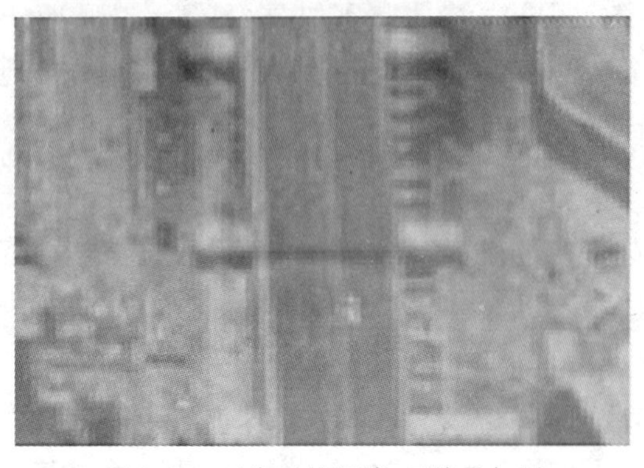

图 2-14 正常开挖沉降-环境叠加图

图 2-15 涌水事故后沉降-环境叠加图

从图 2-14 可以看出，正常开挖时，由于及时地进行支撑，基坑周边沉降小，受基坑开挖引起的沉降区域也较小，道路沉降、建筑物沉降基本处于安全水平，而当涌水事故发生后，受影响沉降区域范围扩大，沉降程度也更深(图 2-15)。综合来看，涌水事故的发生对基坑周边环境的影响是巨大的，如果不及时采取有效的控制措施，将会导致基坑坍塌、周边建筑物变形等事故的发生，带来巨大的财产损失和社会影响。

二、数学物理法

数学物理法是以研究物理问题为目标的数学理论和数学方法。它探讨物理现象的数学模型，并针对模型已确立的物理问题研究其数学解法，以此解释和预见物理现象，或者根据物理事实来修正原有模型。微观的物理对象往往有随机性，在经典的统计物理学中需要对各种随机过程的统计规律进行有深入的研究。随着电子计算机的发展，数学物理里的许多问题能通过数值计算来解决。由此发展起来的计算力学、计算物理都发挥着越来越大的作用。

蒙特卡罗(Mnote－Carlo)方法就是一种典型的数学物理方法，本节以长输管道灾害模拟为实例，运用蒙特卡罗法进行事故后果灾害模拟。

1. 蒙特卡罗(Monte－Carlo)长输管道气体扩散模型

长输管道灾害模拟是运用计算机技术，结合灾害机理模型，研究天然气的管道泄漏、气体扩散特性，分析泄漏扩散后果对人员、财产影响的一种方法。近年来，不管是城市天然气管道，或是长输管道，其泄漏、扩散机理研究已取得很大进展。从长输管道灾害发生的过程来说，灾害模拟主要涉及气体泄漏、气体扩散、危险致害 3 个阶段。针对长输管道应急指挥与决策需要，灾害模拟包括管道泄漏计算，风场预测，气体扩散模拟，爆炸和毒害风险分析。

查阅文献可知，对于各类现有的气体扩散模型，尤其应用于长输管道事故应急决策领域内时，都存在一定的优势与不足。为了达到应急指挥决策机构过程的科学、高效、迅速，综合考虑地形因素、气象因素等复杂条件的影响，本书采用了基于 Monte－Carlo(M－C)模型的气体扩散模拟。另外，针对 Monte－Carlo 在过去应用过程中存在的随机数“伪随机”的问题，下面将研究基于计算机硬件信息的随机数产生。

2. 随机数产生

作为大气扩散过程模拟手段之一的 Monte－Carlo 法具有在复杂地形条件下的有效性和

能回避平流扩散方程所固有的“假扩散”计算问题的优点，近20年来被广泛研究。Monte - Carlo模拟的最重要的思想是通过计算机产生特定分布的随机数来模拟现实世界中的随机现象。事实上，随机数在Monte - Carlo方法中居中心地位，Monte - Carl法模拟的结果正确与否，关键在于随机数的质量。

以往计算机最常用的产生均匀分布的随机数的算法是线性同余法，然而在大多数情况下，计算机是不能生成真正的随机数的。事实上，计算机能做的只是产生一些看上去很像完全随机数的数字，这些数字称为“伪随机”数。理论上说，完全通过数学计算的方式是不可能得到理想的随机数，必须要依靠独立的外部随机事件。

HAVEGE(HArdware Volatile Entropy Gathering and Expansion)通过收集计算的相关硬件信息熵(鼠标、键盘、硬盘、内存、网络等)，这些硬件的状态信息在计算机运行的过程中是随时变动的，它们成为HAVEGE的随机源。这些随机源的信息量十分巨大，至少达到100kb/s，而由此产生的随机数可达100Mb/s。图2-16是HAVEGE所产生的均匀分布随机数二维填充的结果，所产生的随机数(大约32kb)几乎完全分布在二维点格上，可见点的分布非常均匀。图2-17显示了HAVEGE所产生的随机数据量与时间的关系，32M数据所耗时钟周期为891,770,260，在一台CPU速度为1.66G的电脑计算时间不到1s。

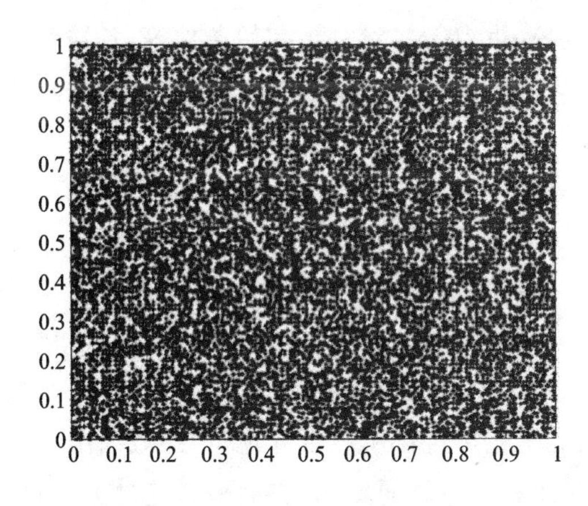

图2-16　HAVEGE产生的均匀分布随机数

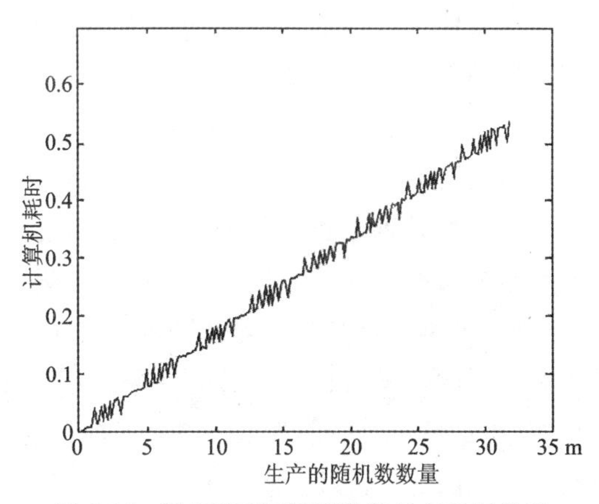

图2-17　HAVEGE随机数数量与时间关系

根据混沌理论可知，无效分布的随机序列具有无限维。一个杂乱的序列如果是混沌的，则可在某个重构的高维相空间中将其扩展为有序的结构，并可利用统计的方法求出时间延时和空间维数；如果是独立均匀分布的“白噪声”，则不可能在几何空间将其结构展开。通过运用改进的CC混沌方法计算，从图2-18(a)中看出“最佳”时延t很小，接近于零，而通过2-18(b)求得的时间窗t_w很大，时间序列的空间维数$m=1+t_w/t$将是一个很大值，说明序列具有无限维，也证明了通过HAVEGE方法求得的随机数是均匀分布的。

高斯分布随机数的产生利用Box - Muller转换，通过HAVEGE算法选取两个均匀分布的随机数v_1、v_2，利用Box - Muller转换式(2-13)可得到两个符合高斯正态分布的随机数。

$$\begin{aligned} & r^2=v_1^2+v_2^2 \\ & x_1=v_1\sqrt{-2\lg r^2/r^2} \qquad (r^2<1) \\ & x_2=v_2\sqrt{-2\lg r^2/r^2} \qquad (r^2<1) \end{aligned} \tag{2-13}$$

图 2-19 为使用高斯型随机数序列填充的结果，可见点集中分布在均值 0 附近，2 倍方差内集中了大部分点，3 倍方差内集中了几乎所有的点，因此 HAVEGE 方法产生的高斯分布随机数可以达到 Monte－Carlo 模拟的要求。

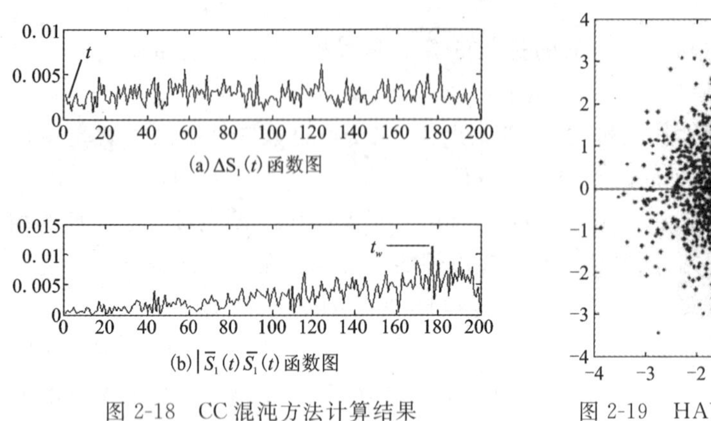

(a) $\Delta S_1(t)$ 函数图

(b) $|\bar{S}_1(t)\bar{S}_1(t)$ 函数图

图 2-18　CC 混沌方法计算结果

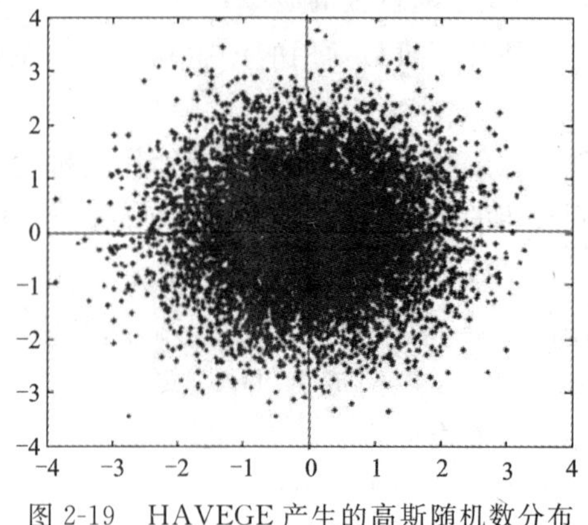

图 2-19　HAVEGE 产生的高斯随机数分布

3. M－C 模型计算分析

影响气体扩散的因素很多，包括风场、地形、气象、重力、气体性质、初始条件等，长输管道气体扩散模型计算分析主要包括在复杂条件下的扩散过程模拟，针对应急决策过程的需求特点，重点分析复杂风场和复杂地形中管道气体的扩散机理。

1）风场影响

风场主要是风速和风向，风场对天然气的扩散有非常明显的输送和稀释作用，因此，泄漏物质总是分布在泄漏点下风方向。风速对天然气扩散的影响是复杂的，不同高度的风速是不断变化的，风速的影响会加剧空气和天然气之间的传热和传质，使得天然气的扩散加剧，风速对扩散气团的迎风面和背风面的影响也不一样。无风时，扩散以泄漏点为中心，向各方向均匀扩散，质量输送以扩散为主。在有风时，主风向的平流输送作用占主导地位，一方面由于风对天然气气团的平流输送作用加剧，使得天然气气团有往下风向输送的趋势，风速越大，输送作用越显著，由于气流卷吸混合作用加强，造成下风向处的气体浓度降低；另一方面由于风速增大，引起脉动速度增大，紊流运动加剧，紊流扩散作用增大，使天然气团浓度下降，同时紊流运动的加剧也使得天然气团与周围环境的热交换变得剧烈，使扩散的过冷气体温度迅速上升，天然气团密度下降，在风的作用下更容易扩散，从而导致天然气团浓度下降。

为清楚说明风场对气体扩散的影响，模拟工具采用了 HYSPLIT 软件。泄漏事故区域初始风场分布如图 2-20 所示，受地形、大气湍流等因素的影响，风场（风速、风向）分布并不均匀。图 2-21 是发生泄漏事故后 1 小时气体浓度分布图。Monte－Carlo 通过计算单元栅格内所有的粒子以及它们所代表的气体质量，可以得出气体的浓度分布。从开始泄漏到事后 1 小时，区域内风场并无多大变化，所以预测模型与 ALOHA 模型基本一致。由于 RAMS 采用的地形跟随坐标，所以风场也包含了地形变化对扩散的影响，这也是 Monte－Carlo 粒子随机行走方法优于 ALOHA 模型的重要原因之一。泄漏事故发生 7 小时后，RAMS 预测风场如图 2-22 所示。此时风向与开始泄漏初期状况相比发生了很大变化。受此影响，以及以后未来几小时风场变化，12 小时后气体浓度分布如图 2-23 所示。由于受湍流、地形等因素的影响，气体浓度开始不连续，气体浓度不断稀释，在边界部分出现的浓度随机集中分布。

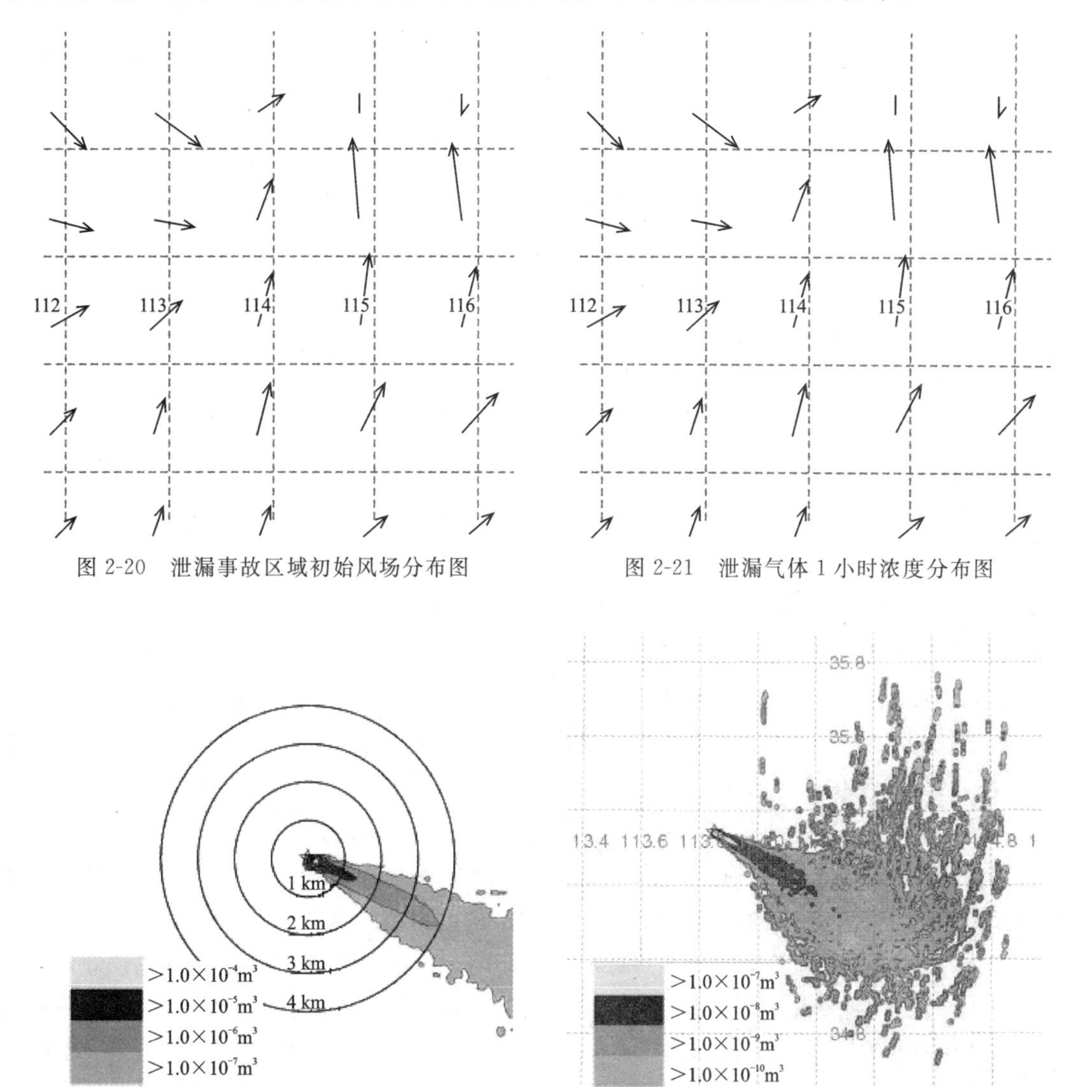

图 2-20　泄漏事故区域初始风场分布图

图 2-21　泄漏气体 1 小时浓度分布图

图 2-22　泄漏气体 7 小时后事故区域风场图

图 2-23　泄漏气体 12 小时后浓度分布图

与 ALOHA 相比较，Monte - Carlo 考虑了风场变化对气体扩散的影响。为更进一步说明此影响，HYSPLIT 软件可模拟某单个粒子随风场运动的轨迹，如图 2-24 所示。图中每个节点代表事故发生后 1 小时粒子的新位置。开始阶段粒子随机运动方向随风向变化并不大，风场初始分布如图 2-20 所示，这与浓度分布图的结果是一致的，但 12 小时后，风场中风速和风向发生很大变化，粒子新位置风向改变为向北，如图 2-24 所示，由此造成粒子轨迹也开始变化。

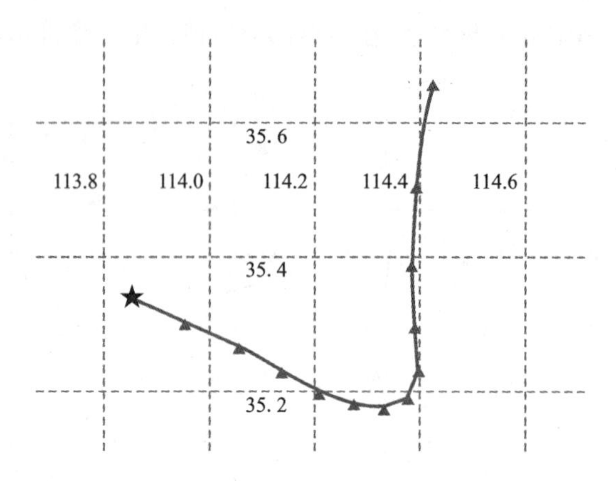

图 2-24 泄漏气体粒子 12 小时轨迹图

2)地形条件影响

地形和下垫面的非均匀性,对气流运动和气象条件产生动力和热力的影响,尤其是当下垫面不均匀时加剧湍流运动,如山谷风、过山气流(迎坡风抬升,下坡风下沉)、海陆风、城市热岛效应等,均会改变气体的扩散条件。实际上,复杂地形与局部气象技术条件有密切关系,在起伏和不均匀的地形上,低层大气受下垫面特性的强烈影响,在水平和铅直两个方向上形成特殊的风场和温度场,加上地形的限制和阻塞,平原气体的输送和扩散规律复杂得多。

由于长输管道跨越空间尺度大,一般都在上千千米的范围,所以管道经常会经过地形变化很大的区域。变化较大的地形会对气体的扩散范围、空间浓度分布、扩散时间等数据产生很大的影响,达不到应急决策的精度要求,造成决策指挥的失误。用 ALOHA 模型对穿越这些区域的管道泄漏进行模拟时,可能会忽视这些地形的影响,而 Monte - Carlo 粒子随机游走模型充分结合了三维地形的特点,可满足应急决策的数据精度要求。

图 2-25 是模拟某管道泄漏事故点区域内风场的近地面分布图,受地形的影响,近地面风场会发生变化,这种变化大小由地形及地物复杂程度决定,从图中可以看出,该区域内山脊地区风速比山谷要高,同时受山体坡面法向的影响,风速方向也发生了改变。Monte - Carlo 模型通过计算粒子在单位时间间隔内三维空间的位移来模拟气体的扩散,因此,受地形起伏的影响,粒子在空间运动的过程中会感受到这种地形的“强迫作用”。图 2-26 是该区域(图 2-25)内气体泄漏后粒子的空间分布图。泄漏点地面高度 10m 处风速 4m/s,泄漏强度为50kg/s,Monte - Carlo 模型运用 3000 粒子模拟气体泄漏 1 小时后气体的空间分布。深色阴影是近地面粒子,浅色阴影是高空粒子,中间粒子采用两种颜色的线性插值。从图 2-26 可看出,粒子在源点附近受地形影响较小,u、v、w3 个方向上的扩散受到的干扰小,但随着扩散进行,近地面粒子受地形“强迫作用”“滞留”在与源点较短的范围内,这部分粒子占总粒子数的大部分;只有那些高空粒子受地形影响小,能扩散到较远距离,到达扩散区域的前锋。图 2-27 显示的是泄漏粒子在近地面的空间分布,图 2-28 为近地面泄漏气体危险区域的分布。受地形影响,危险区域并不连续,主要集中在山谷地区和泄漏点附近。

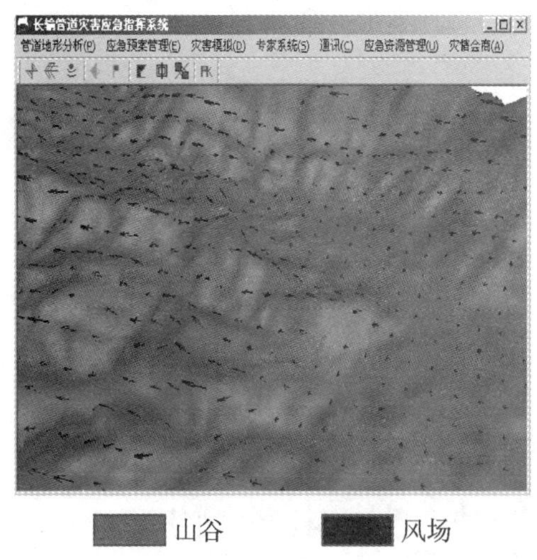

图 2-25　近地面风场分布三维显示图

图 2-26　粒子模拟气体泄漏后三维空间分布

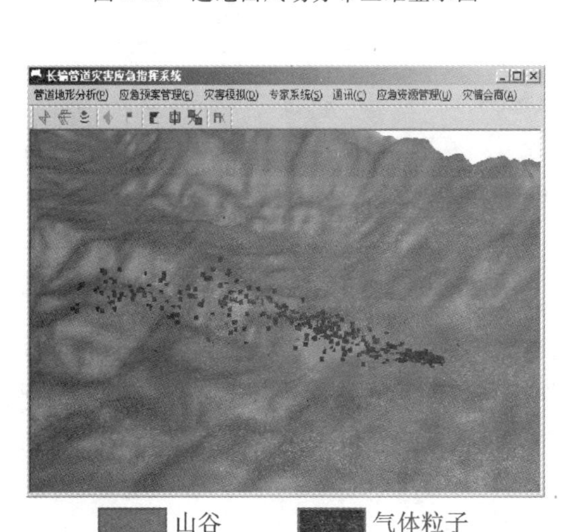

图 2-27　地面高度 10m 处粒子分布(1 小时)

图 2-28　地面高度 10m 处危险区域分布

4. 长输管道灾害模拟过程

天然气管道灾害模拟主要分析气体泄漏后在复杂气象条件、复杂地形等影响下气体的扩散浓度分布，以及分析爆炸、中毒等危险因素对人员造成的可能伤害。其模拟过程主要包括 3 个阶段：前处理阶段、模拟阶段、风险评估阶段，其模拟流程如图 2-29 所示。

前处理阶段主要是收集、分析、处理模拟过程可能需要的信息。这些信息包括事故区域内的气象信息(风场分布)、栅格化的地形信息、事故段管线信息(位置、压力、直径、流量等)、区域内人员分布。Monte－Carlo 模拟可接收最初的现场观察气象信息，如平均风速、风向，初步计算风险范围。通过与气象单位的网络连接，直接获取未来 24 小时的气象预测信息是最精确、最有效的信息来源，另外，RAMS 预测也可能提供区域内一段时间的风场分布。前处理阶段的另一个重要内容是地形的网格化，形成可被 RAMS 模型和 Monte－Carlo 模型利用的结构形式。并且 RAMS 模型使用三层风格嵌套技术，必须要将 3D 信息平台的 DEM 数据进行转换。前处理阶段还要收集管线信息和人口分布信息，这些信息是 Monte - Carlo 模拟计算的重要参数也是风险评估输入参数之一。

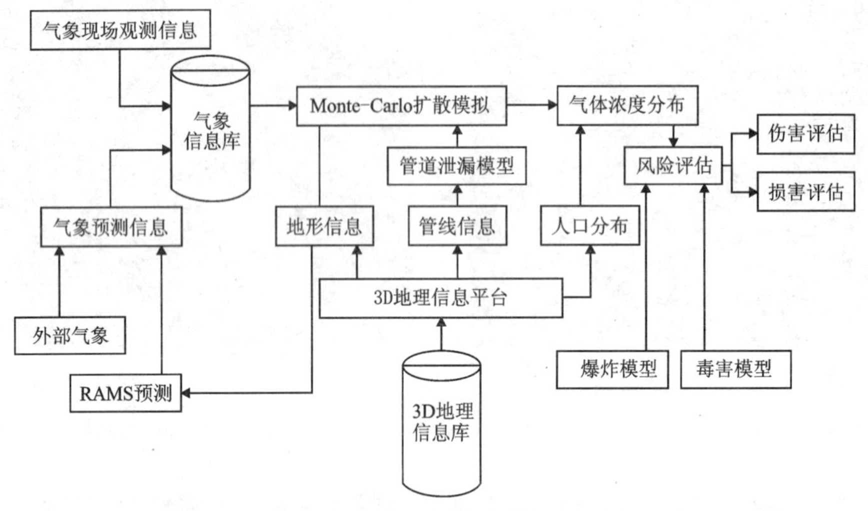

图 2-29　天然气管道灾害模拟流程图

模拟阶段利用前面收集的信息资料，利用 Monte - Carlo 模型计算泄漏气体的扩散范围以及危险浓度区域分布。Monte - Carlo 模型利用前处理阶段气象信息，主要是风速、风向，计算在平均风速的输送条件下，粒子的随机游走状态。通过分析单元格内粒子数量以及它们所代表的气体质量，最终计算出气体的浓度分布。

风险评估阶段主要分析气体的浓度及危险区域分布，结合危险区域内人口分布资料，评估人员伤害程度。人口分布信息主要是危险区域中单位面积内人口数量，运用爆炸模型或硫化氢毒害模型所计算出的伤害范围，可以分析区域内最终的人员伤亡程度。此外，在长输管线经过的不同地区，人口分布会有很大变化，造成的伤害程度也会有差异。

第三章　监测与预警

第一节　监测与信息

监测通常是指采用某种手段对某个对象进行持续的监督，并借助一些技术手段及时地获取被检测对象的各种信息要素。而对于一个安全管理系统而言，其系统内核是“PDCA 循环”(图 3-1)，PDCA 循环也称戴明循环，“P”代表“Plan”，即计划；“D”代表“Do”，即执行；“C”代表“Check”，即检查；“A”代表“Action”即行动。计划、执行、检查、行动各环节相辅相成，其中检查环节就是信息的监测方式，是信息的重要获取手段。对于生产技术系统而言，比如液氨储罐的泄露监测，传感器与物联网技术是安全信息的重要监测手段。

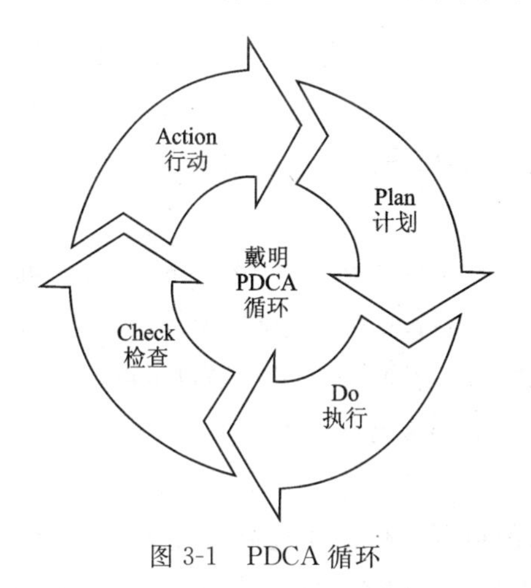

图 3-1　PDCA 循环

一、信息的概念

耗散结构理论认为，耗散系统与外界环境产生能量信息交换，最后走向平衡态，而开放系统与外界环境随时保持着能量信息的交换(图 3-2)。

对于一个生物圈系统而言，能量主要表现为生物系统生存而需从环境中获取的食物、水、光等能量来源，以维持系统的正常运行；而对于一个组织结构系统而言，能量主要是以信息的形式表达，信息是系统生命维持的主要来源。组织系统需要从环境中获取信息维持组织结构、系统功能等，而环境也会利用系统反馈的信息做出相应的调整。因而信息是组织系统的生命之源。

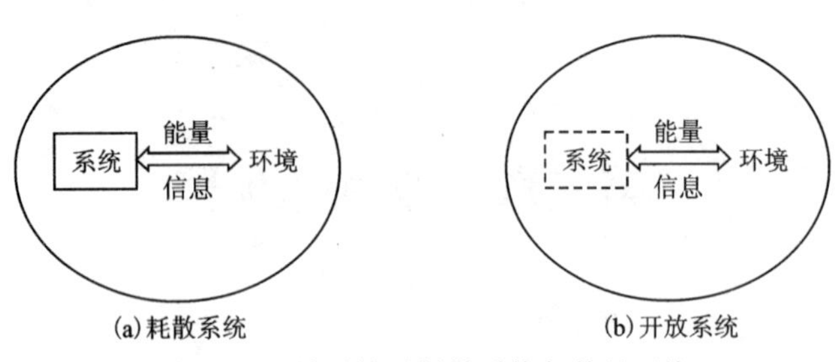

图 3-2　开放系统及耗散系统与外界环境

信息的概念最初是由美国数学家香农在 1948 年的一篇论文中提出，他指出："信息是用来消除随机不定性的东西。"因此，信息便具有消除随机不定性的属性，不具备这一属性的均不能称为信息。信息是指运动变化的客观事物所蕴含的内容，信息只是客观事物的一种属性。现在，信息是指音讯、消息、通讯系统传输和处理的对象，泛指人类社会传播的一切内容。

二、信息的特征

信息具有许多不同的特征，比如依附性、传递性、时效性、可加工性等。

(1)依附性

信息的获取必须经过一定的载体实现，它本身不是一种物质，而是一种客观事物的属性，必须依附于某种载体进行传递。同一种信息可以经过不同的载体表现出来，比如文字、声音、图像、视频等。根据载体的不同，所表达的信息程度也是不相同的。

(2)传递性

信息具有传递性，既能够在空间中进行传递，也能够在时间上进行传递。比如新闻现场直播，记者通过现场的实时报道，将现场的信息传递给电视机前的观众，实现了空间地域之间的信息传递。又比如对于错过的新闻直播，可以通过重放或者回看的方式获取已经发生过的信息，这便实现了信息在时间上的传递。

(3)时效性

随着时间的推移，信息的可利用价值也会随之发生变化，其消除不确定性的程度可能会降低甚至消失。比如说线上的银行转账申请，其发送的验证码往往在一定的时限内有效，过了期限就无法再继续使用，因此信息具有时效性的特征。

(4)可加工性

信息的功能属性决定了信息本身是可加工和可处理的，信息在产生、传递、处理的过程中会产生多次形态变化。因此它需要多次加工从而适应这种变形。此外，信息的内容必须以可处理的形式被系统接收并解析，由于信息的类型繁多，在信息化处理的过程中存在很多技术障碍，这也是当前安全生产信息化的障碍。

三、安全生产信息分类

在安全生产系统中，人的意识、行为、动作都呈现出一定程度的不确定性；对于复杂工艺系统，设备、物质的运行状态及损伤情况等信息具有不确定性；受技术条件、认识能力限制，环境的状态信息也呈现出不确定性(表 3-1)。安全监测的主要目的是获取安全生产系统更全面的信息，以减少人、机、环等多方不确定性因素所造成的风险。

表 3-1　安全生产信息不确定性举例(以地铁基坑施工为例)

类型	不确定性形式	不确定性原因
人	施工人员安全意识	社会、家庭受教育影响
	施工人员行为	情绪、意识、习惯等影响
	施工人员精神状态	人际关系、家庭生活等影响
	施工人员身体素质	个人癖好、嗜好等影响
机	龙门吊的状态	损伤、破坏难以模拟评估
	旋挖钻机的状态	钻头磨损程度难以评估
	挖掘机的状态	动臂受损程度难以评估
环	地下水存储状态	地质条件复杂、探测手段限制
	沉降情况	建筑物荷载差异和地基不均匀
	天气情况	极端天气影响

安全生产信息是信息的一种特殊类型，其功能在于消除系统安全状态的不确定性。安全生产信息的分类可以从不同的角度来划分，表 3-2 为安全生产信息分类表，其分类依据总体按照人、机、料、法、环、管的角度来进行。

表 3-2　安全生产信息分类表

分类类别	说明	形式	载体
人	工人性格信息：性格调查分析表	问卷、资料、证明等	文字、图片
	工人、管理者从业经验信息：从业简历表		
	工人健康状况信息：健康证明		
	工人行为表现信息：日常表现记录		
	工人素质教育信息：学历证明与受培训情况表		
机	机械属性信息：机械说明书与铭牌	铭牌、手册、问卷等	文字、图片
	设备规范信息：设备出厂合格证明书		
	安全操作信息：设备的安全操作规程说明		
	人机界面复杂程度信息：机械操作反馈表		
料	物料属性信息：物料理化性质及特征资料	资料、规范、标准等	文字、图片
	物料安全信息：物料生产厂家资料及合格证明		
	物料基本信息：物料规格及用法用量资料		

续表 3-2

分类类别	说明	形式	载体
法	工艺流程信息:流程步骤资料,工艺原理资料	资料、证明、案例、总结等	文字、图片、视频
	工艺安全信息:工艺评估合格证明,类似工艺事故案例,或工艺事故经验总结		
环	环境安全信息:照明、温度、湿度、辐射、噪声等测量报告;与环境有关的国标与行规;	报告、标准、资料等	文字、图片
	环境概况信息:地理位置、人员规模等资料		
管	政府监管信息:政府监管与行业监管数据资料,安全生产检查报告;	报告、资料、法律、总结等	文字、图片、视频
	国家法律信息:安全生产法等;		
	企业管理信息:企业制度条例,培训资料,隐患排查数据,安全评估报告,应急管理数据,实时监控视频,经验总结等		

第二节　安全监测系统

安全监测系统是利用传感器技术、物联技术、管理方法对安全生产系统的运行情况“拍照”,记录其安全信息数据,以便掌握系统的安全状态。安全生产系统是一个复杂系统,要素、种类、数量众多,且系统时刻处于动态变化中,准确获取安全状态信息,是安全决策、风险预测控制的重要前提。

当前,安全监测系统大多采用物联网技术,框架如图 3-3 所示。物联网可实现物体与物体之间环境和状态信息实时共享,以及智能化的收集、传递、处理、执行。

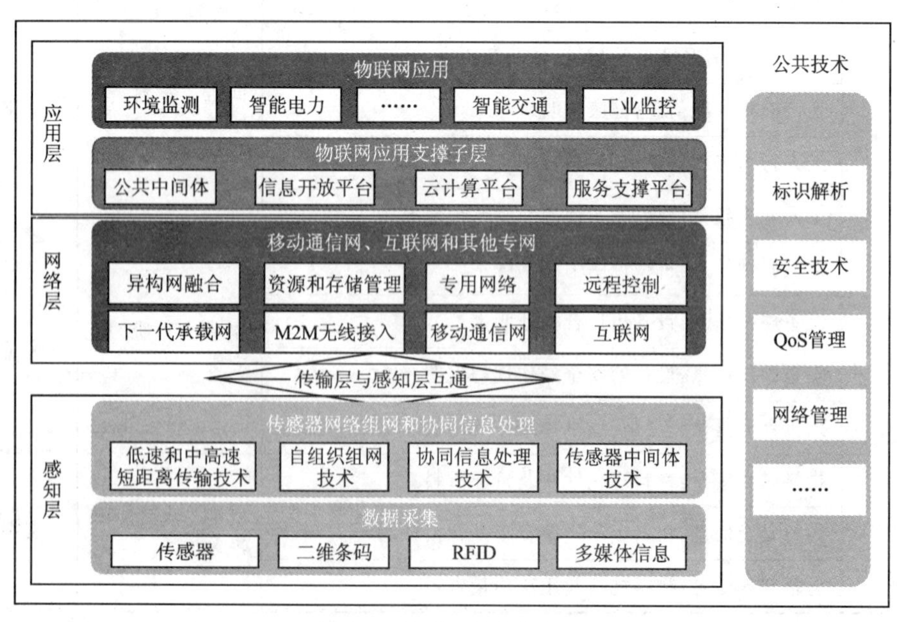

图 3-3　物联网技术框架图

物联网架构可分为3层：感知层、网络层和应用层。感知层由各种传感器构成，包括温湿度传感器、二维码标签、RFID标签和读写器、摄像头、红外线、GPS等感知终端。感知层是物联网识别物体、采集信息的来源。网络层由各种网络，包括互联网、广电网、网络管理系统等组成，是整个物联网的中枢，负责传递和处理感知层获取的信息。应用层是物联网和用户的接口，它与行业需求结合，实现物联网的智能应用。

物联网用途广泛，遍及智能交通、环境保护、政府工作、公共安全、平安家居、智能消防、工业监测、环境监测、路灯照明管控、景观照明管控、楼宇照明管控、广场照明管控、老人护理、个人健康、花卉栽培、水系监测、食品溯源、敌情侦查和情报搜集等多个领域。

监测系统分为技术性监测与管理性监测两种。技术性监测主要是对人、机、物料、环境的行为状态等用拍照、录音、视频监控等技术进行监测；管理性监测则是对安全检查表、隐患排查表以及台账等无法用技术性监测手段进行监测的因素用管理类的方法进行监测。

一、技术性监测

1. 人员监测

在安全生产中，一般除了用安全教育、班前检查等管理手段对人的行为进行限制，还使用摄像头等传感器对人的行为、状态等进行监测，识别出现场工作人员是否正确使用安全防护用具、完整穿戴劳动防护用品。还能对工作人员的行为动作进行分析，判断出不安全行为进行反馈然后进行整改，及时消除隐患。

2. 机器设备监测

在安全生产中，对机械设备进场前进行检查，有些设备需由检测机构检验合格后方能投入使用，还需按照标准规范定期进行检查、维修和保养。在使用中需对机械设备的实时状态进行监测，利用相关传感器则可以对设备的实时状态及损耗情况进行掌控，一旦发生异常，可及时进行修复和补救，最大限度地保证施工质量。

3. 环境监测

由于安全生产环境的复杂性，往往需要对整个安全生产环境进行监测。但在不同的生产场所环境下所需要的传感器类型也有所差异，例如在施工场所则需对现场的温度、湿度、噪声等进行监测；化学品生产车间或煤矿等则需对相关气体等的浓度进行实时监测。用相关传感器能够对现场环境所需要了解的信息用照片、视频、数字显示等方式进行实时掌握，再及时进行相关调整。

二、安全管理的监测

安全生产是企业发展的重要保障，安全管理的缺陷易导致人的不安全行为、物的不安全状态、环境的不安全因素。根据PDCA管理理论，实时监测、跟踪、评估安全管理的水平、状态，及时调整管理对象、管理方法和管理模式，有效预防事故发生。对人员、机器设备、环境等客体因素进行监控可以采取拍照、录音、视频监控等技术手段，然而对于安全检查表、隐患排查表以及台账等属于管理类因素的监控就无法采用一般技术手段。安全管理可分为基础安全管理和现场安全管理两部分。

1. 基础安全管理的监测

企业的安全管理机构及部门会存放大量的纸质资料档案，针对这些资料进行监测时，主要采取人工查阅、评价的手段。表 3-3 为基础安全管理监测指标。

表 3-3　基础安全管理监测指标

一级指标	二级指标
资质证件	有无营业执照
安全生产管理机构及人员	是否设置专门的安全生产管理机构
	是否按要求配备专职安全生产管理人员
安全生产责任制	有无安全生产责任制度
	安全生产责任制度是否齐全
	安全生产责任制度的内容是否符合有关要求
安全生产管理制度	安全培训教育制度
	防火防爆管理制度
	安全设备设施管理制度
	劳动防护用品配备、管理和使用制度
	安全检查和隐患排查治理制度
	事故预案及事故管理制度
	安全生产费用管理制度
	建设“三同时”管理制度
	安全生产考核奖惩制度
	安全会议制度、从业人员安全资格管理制度
	电气安全管理制度
	重大危险源管理制度
	特种设备管理制度
	危险化学品安全管理制度
安全操作规程	岗位安全操作规程是否齐全
	岗位操作规程是否符合相关要求
安全生产教育培训	生产经营单位主要负责人有无安全管理证书
	安全管理人员有无安全管理资格证书
	从业人员有无培训合格证书
	特种作业人员有无特种作业操作证

续表 3-3

一级指标	二级指标
安全生产管理基础档案	有无安全生产教育培训记录
	有无安全检查及事故隐患排查记录
	有无劳动防护用品档案
	有无安全生产奖惩记录
	有无事故管理档案
	有无安全生产管理协议
	有无工伤社会保险缴费记录
安全生产投入	安全生产资金投入有无保障
	安全生产资金的使用范围是否符合相关规定
应急管理	有无应急机构和队伍
	有无应急救援设施设备及物资
	有无应急救援预案或应急措施
	有无进行应急救援演练
	是否按规定进行应急救援预案报备
特种设备基础管理	有无机构与人员
	有无管理制度
	有无应急救援措施及演练记录
	有无方案记录
	有无检验报告
	有无保养记录
	有无特种作业人员证件
	有无特种作业人员培训记录
职业卫生基础管理	有无职业卫生管理机构及人员
	职业病防治计划及方案
	职业卫生管理制度
	职业卫生操作规范
	职业病危害因素检测、评价
	职业病危害项目申报
	职业卫生监护档案
	设备和物品的中文说明书
	职业病危害事故应急救援预案
	职业卫生档案
相关方基础管理	经营项目、场所、设备是否发包或出租给不具备安全生产条件或者相应资质的单位或个人
	有无对承包、承租单位的安全生产工作进行统一协调、管理

2. 现场安全管理的监测

除了在企业安全管理部门存放的大量纸质资料外，在现场仍然存在警示标志、设备检查记录以及公告栏等无法采用技术手段监测的内容，因此依然需要采用人工查阅、评价的手段。表 3-4 为现场安全管理监测指标，表 3-5 为监测系统的量化手段。

表 3-4 现场安全管理监测指标

一级指标	二级指标
特种设备现场管理	有无产品合格证
	有无定期检验合格标志
	有无使用登记证
设备设施及工艺	车辆有无营运证件
场所环境	进厂道路有无交通标志线
消防安全	建筑消防设施有无定期检测
	有无消防安全标志
电气安全	电工是否持证上岗
职业卫生现场管理	职业危害警示标示内容是否符合规定
	是否有职业危害公告栏
	职业危害公告栏的内容是否全面或准确
	是否有设备和物品的警示标志和中文警示说明
相关方现场管理	是否有安全生产值班计划值班、值班制度
	现场安全生产管理职责是否明确
	是否有操作规程
	设备管理职责是否明确
其他现场管理	有无危险化学品存放标志

表 3-5 监测系统量化手段

载体	形式	加工手段	信息技术
文字	报告、安全检查表、会议记录等	安全信息提取	人工阅读、分析
图片	现场拍摄照片等	动作提取	基于深度学习的图像识别技术
视频	监控视频等	行为提取	基于视频的行为学研究
音频	录音等	语言提取	利用人工智能进行语音分析

三、监测系统的量化分析

1. 监测系统的量化手段

在对现场人员、设备、环境等进行技术手段监测以及对管理进行非技术手段监测之后，还需要对监测系统进行量化,监测的载体主要分为文字、图片、视频以及音频四大类。

(1)文字的量化。为了研究、分析和解决企业重大安全生产问题,确保安全生产工作的顺利开展,企业安全管理机构会产生大量的文字资料,包括安全检查表、档案、报告等。由于这些文字资料具有较强的专业性且表达清晰,因此已经具有矢量化的特征,人工进行阅读和评价即可,无需专门采用其他技术手段进行量化。

(2)图片的量化。结合建筑、汽车制造、机械加工、石油化工多个行业的实际管理经验,对发现的隐患问题场景实施拍照已经成为一种常用的安全管理方式,因为大量现场隐患及违章照片记录了事件的发生时刻、主体行为过程及事物状态,是对发生事件的简单回放,其中也反映出现场人的不安全行为或物的不安全状态,包含丰富的场景数据信息。因此,分析、挖掘不安全行为和不安全物态场景数据价值,对于发现其内在规律特征以及探究多变量多维度交互效应具有重要意义。

深度学习是通过模拟人脑的视觉机理,通过组合低层特征形成更加抽象的高层特征或属性类别,实现复杂函数逼近、表征输入数据的分布式表示。现有的深度学习模型主要有卷积神经网络(Convolutional Neural Networks,CNN)、限制玻尔兹曼机(Restricted Boltzmann Machines,RBM)、深度信念网(Deep Belief Network,DBN)等。深度学习广泛应用于图像识别和行为识别等方面,尤其是在计算机视觉领域,可实现图像场景的自动化识别、分类以及动作姿态的提取。应用深度学习的理论和方法可以从人工智能的角度实现场景的处理,从而有效提高处理效率。

(3)视频的量化。与对图片进行监测类似,为了能准确自动检测施工现场工人的不安全行为,有学者提出了一种混合深度模型(CNN+LSTM),可从视频中自动识别工人的不安全行为。相比于已有的研究方法,该深度混合模型能自动从视频中提取工人的空间特征和时间序列特征,不需要人为设计特征描述对图像进行特征提取,从而能够更准确对工人的不安全行为进行识别,并可用案例验证模型的正确性和有效性。

(4)音频的量化。在传统的音频标注研究中,研究者将语音大致划分为 3 种类别:语音、人工声音、非人工/自然声音。深度学习在语音识别、计算机视觉、自然语言处理任务上有出色的表现,证明了深度学习模型的强大建模能力。复杂场景下的音频标注问题恰好需要这样的建模能力来描述多样化的、不稳定的音频数据。当前各种音频标注领域已经开始使用一些基于卷积神经网络和循环神经网络设计的深度学习模型,并且在相关的评测上取得了较大的性能提升,但是使用深度学习模型对于复杂场景下的音频序列标注的研究还处于探索阶段。对于复杂场景下的音频序列标注的方法,包括数据处理流程和模型的研究都有很大的价值。但是由于语音存在一词多义的情况,人工智能对于现场音频的理解会出现偏差导致监测预警异常。因此对于音频的监测量化仍处于初期阶段。

2. 监测系统框架图

监测系统作为安全工程设计的一部分,需要通过构建相应的框架图来初步实现安全设计的目标,需要借助于框架结构图为宏观导向,进一步完善监测系统的设计。监测系统框架图如图 3-4 所示。

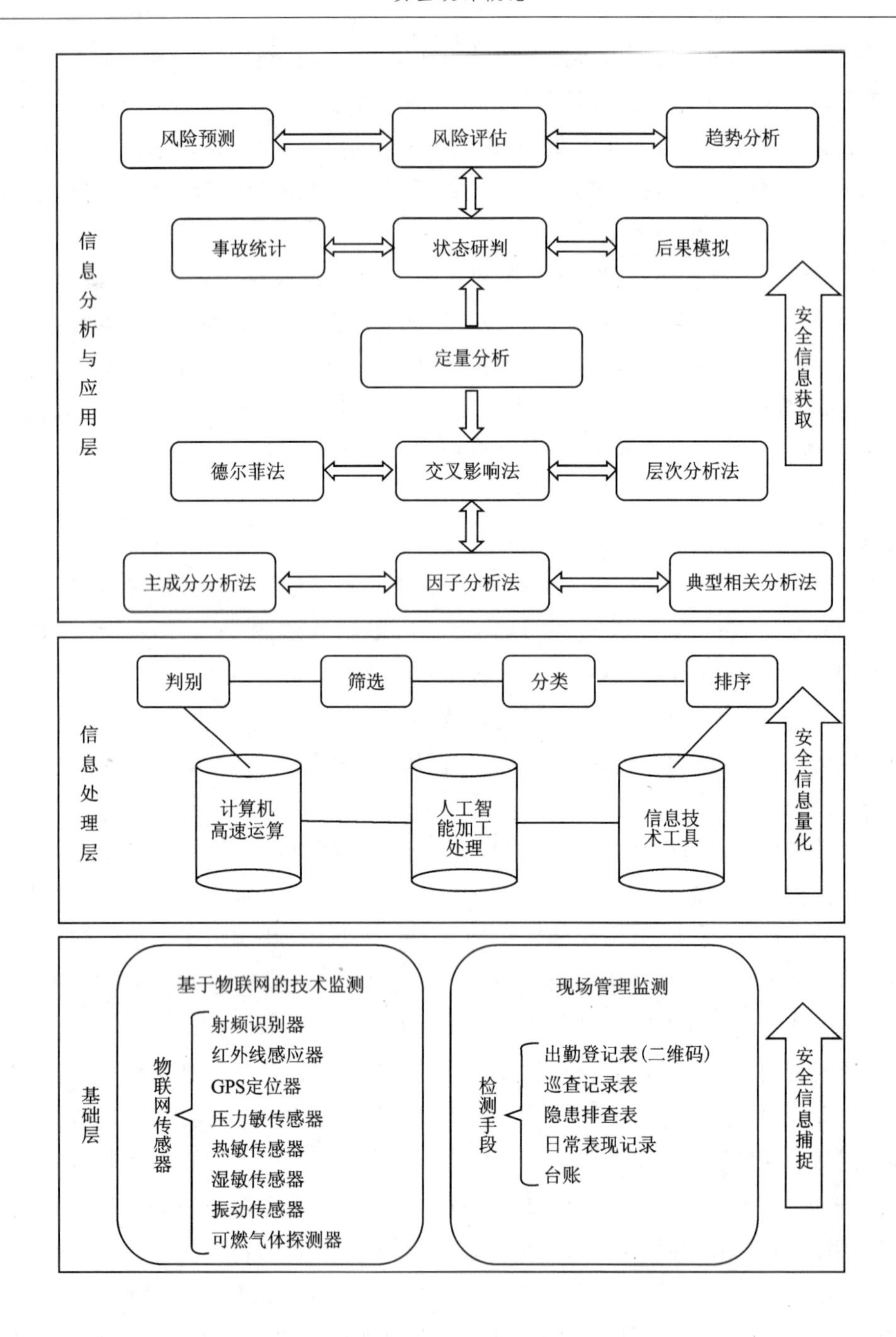

图 3-4 监测系统框架图

1)基础层

基础层是监测系统的技术底层,是信息获取的直接来源。其技术上的应用包括基于物联网的技术监测以及现场的管理监测。其中,基于物联网的技术监测包括射频识别、红外感应、GPS、振动传感等,而管理上的监测则包括隐患排查、各项检查表等。安全风险监控应达到风险的全覆盖、信息全收集的目的。因此,基础层的监控技术应针对生产的各类危险源,掌握危险源的安全状态。

2）信息处理层

基础层所采集的数据为原始数据格式，如图片、视频、报告等，除少数技术性监测的数据（如温度、压力、浓度等）为结构化信息外，大多数数据为非结构化数据，无法直接用于安全信息的加工处理，也无法直接提取安全信息。因此，必须对基础层采集的数据进行“预处理”。信息处理层利用现代高速计算机运算、人工智能算法对原始信息进行加工处理，从中提取有价值的数据，再利用信息技术提取语言信息、逻辑信息等非结构化数据。信息处理包括判别、筛选、分类、排序等过程，如图 3-5 所示。

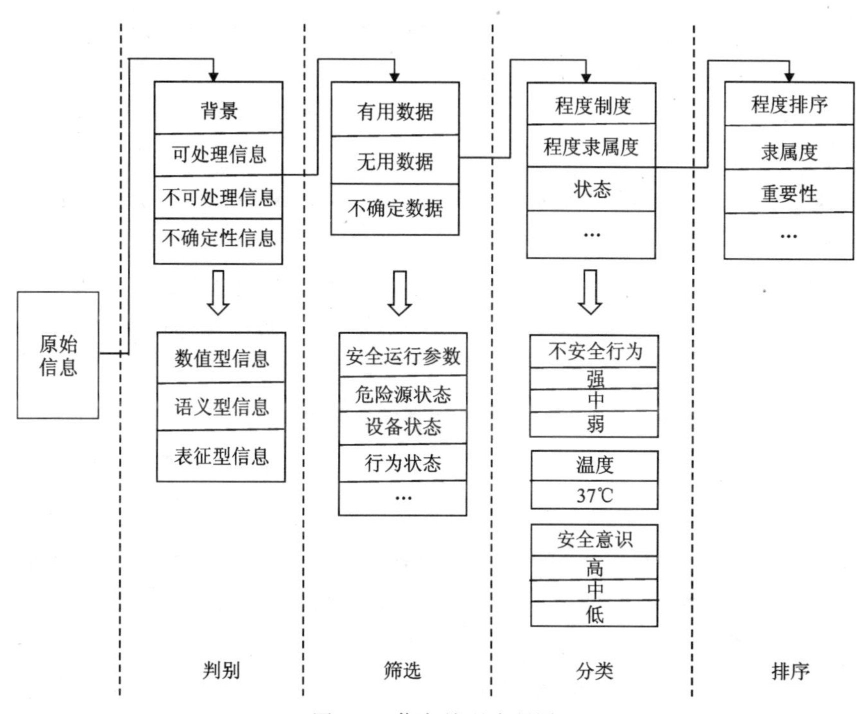

图 3-5　信息处理流程图

（1）判别。利用高速计算机的运算能力，对非结构化数据做分析处理，判别其中的背景噪声、可处理信息、不可处理信息、不确定性信息。可处理信息是指当前技术条件下可被加工分析的信息，不可处理信息是指无法用现阶段技术处理的信息，不确定信息指需进一步分析确定的信息。判别过程是信息的前处理过程，涉及大量的信息处理、数据分析计算，与技术的成熟度有直接的关系。判别过程所产生的不可处理和不确定性信息将进入下一个阶段，这些信息可分为数值型（温度、压力、浓度等），语义型（文字、音频等），表征型（图片、视频等）。语义型需要利用信息技术提取语言中的安全内涵、逻辑关系等。表征型的图片、视频是安全信息的最常见形式，需利用人工智能识别图片对象并利用信息技术判断安全状态。

（2）筛选。根据安全信息的属性，将可利用信息做进一步处理，构建企业安全风险逻辑关系网络，列出各类安全信息，包括安全运行参数、危险源状态、设备状态、行为状态等，与安全信息无关的数据可作无用信息处理，不确定信息需作进一步分析。

（3）分类。监测数据的量化工作的重要内容是信息的分类，以确定所属类别及其程度，原始监测数据经判别、筛选后还不具备可测量属性，应对其进行赋值。分类依据包括程度刻度、程度隶属度、状态等。例如信息经分类处理之后，人的不安全行为可隶属于强、中、弱中的一项，温度可刻度为37℃，安全意识可分为高、中、低3种状态。

(4)排序。可用信息经赋值量化之后，即可具备加工、运算处理的属性，根据对安全信息的贡献率、程度、隶属度、重要性对数据进行排序，删除信息量低、重要性差的数据。对不确定性数据可尽量保留，以便后期分析其蕴含的安全信息。

3)信息分析与应用层

在信息经过判别、筛选、分类、排序等一系列量化工作后，信息的量化处理已经完成，而在信息分析与应用层，通过借助定量分析的各种方法(如层次分析法、德尔菲法、因子分析法等)来对已被量化的安全信息进行充分的系统分析，通过分析各种方法得到的数据结果(如相对权重、隶属度等)可以实现对一个生产系统在某一安全领域的实际应用。

(1)状态研判。通过分类处理得到的数据，可以对生产系统中各类危险源以及危险程度进行明确分类，综合分析各项分类数据，可以判断该生产系统当前的安全状态处在何种等级，以便因地制宜地规划该生产系统的各项安全管理工作。

(2)事故统计。对于在筛选处理过程中得到的事故信息，可以借助分类手段对生产系统中发生过的事故按其严重程度或事故类型等进行分类统计，以便于厘清各类事故诱发因素以及事故的特点。

(3)后果模拟。通过分类、排序处理过程得到的高风险数据信息，可以通过建立相关模型(如氨气泄漏模型、火灾模型、化学爆炸模型等)并经由相关算法公式模拟计算出事故后果的严重程度。

(4)风险预测。对于在分类和排序处理过程中得出的危险程度高的数据信息，它们对于实现安全目标的贡献率是最高的，因此可以针对这些信息的特点科学预测其潜在的风险，并预先研究制定此类风险的防控手段，做到防患于未然。

(5)趋势分析。在状态研判的基础之上，通过对不同时间段内生产系统安全状态的分析，归纳总结生产企业在某一时间段内安全状态的发展趋势，找出生产企业安全状态与公司相关工作(如安全管理工作、生产任务与目标等)之间的潜在联系，同时科学预测生产企业在下一个生产季度内的总体安全状态。

(6)风险评估。通过将信息处理层中信息量化手段得到的各项量化数据与事故统计、状态研判、趋势分析、后果模拟等应用结果相结合，综合分析出生产系统所面临的威胁、存在的弱点、受到的影响，以及三者综合作用所带来风险的可能性大小，实现对生产企业安全状态的全面评价。

第三节　预警系统

预警系统是指在事故或灾害发生之前或即将发生之时，按照一定的评价指标对危险事件的危险程度进行评价，依危险临近程度及危险大小给出预警信息，并采取相应的措施以防止事态恶化，减少或避免人身伤亡和财产损失的一种安全活动。

预警过程主要包括：①确定预警对象；②收集预警指标；③分析预警指标；④评价预警对

象；⑤采取对策措施。

一、事故演化机理

安全生产系统在全生命周期的发展过程中，系统内各要素间存在信息传递、交换，系统与环境也存在信息的交换。在正常条件下，这些信息均遵循系统的内在演化规律，在状态空间中均处于正常运行轨道。然而，在异常情况下，这些信息的部分或全部表现出不正常特征，脱离原运行轨道。因此，通过监测事故发生前系统信息的异常特征，分析事故规律，提前预警。图 3-6 为生产安全系统事故风险演化过程及预警阶段。

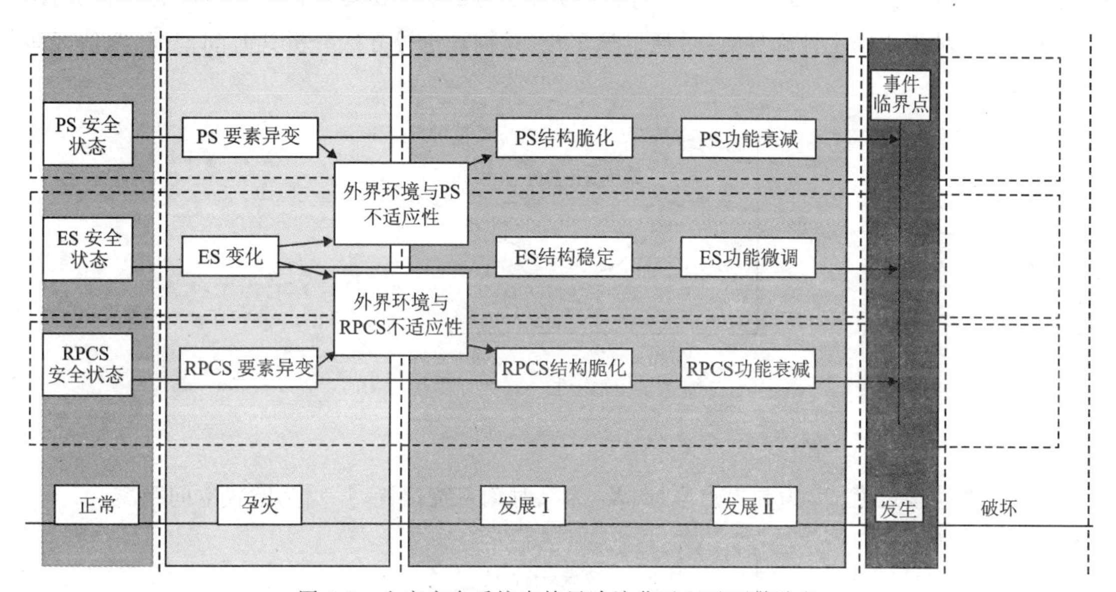

图 3-6　生产安全系统事故风险演化过程及预警阶段

从灾害的演化过程来看，灾害的致灾过程经历了孕灾、发展、发生、破坏 4 个阶段，对应着预警的不同阶段，每个阶段都呈现不同的信息表征。从系统科学的角度来看，灾害的发生也是生产系统（Production System，PS）与环境系统（Environment System，ES）及风险防控系统（Risk Prevention and Control System，RPCS）三者相互作用的结果。

系统在上一次安全状态中，表现出远离平衡态特征，RPCS、PS 等系统结构稳定，PS 生产功能正常，人、机状态良好，对异常状态变化有一定的冗余承受空间，RPCS 系统能正常发挥风险防控能力，ES、RPCS、PS 三者良性互动，呈正反馈向前演化趋势。

在孕灾阶段，外部环境系统发生了部分变化（如政策、技术等）或者系统内部要素发生异变（随机性），这些变化导致 ES－RPCS、ES－PS 之间出现不适应性现象，根据耗散结构理论、自组织理论，系统的结构会被破坏，呈脆弱性。尽管此时灾害远未发生，系统并无明显的表征变化，导致事故灾害发生的诱导因素也未发生，但系统内在结构的变弱即意味着种子已种下，灾害已处于孕育阶段。RPCS 系统风险预控功能受损，系统出现无法有效预防、控制风险的可能；PS 系统中系统结构不稳，人员失误、设备故障、环境恶化的可能增高。

随着系统结构进一步失稳，系统进入发展阶段开始影响系统的功能发挥，部分功能甚至整个功能丧失，RPCS 系统事故预防控制能力减弱甚至丧失；PS 系统的管理功能减弱；人-机系统可靠性降低；ES 系统主要功能是能力供给，功能减弱会导致 ES 系统无法向 RPCS、PS 提供正向演化的能量，恶化甚至加速 RPCS、PS 系统功能丧失。此外，在发展阶段，系统功能除了减弱程度上变化，还在发生可能性上改变，开始的偶发功能变弱，向多次、必然的阶段发展，在预警系统中应考虑系统功能减弱的概率变化。

当 RPCS、PS 系统演化至事故灾害临界点即发生点时，RPCS 系统风险防控功能丧失，PS 系统功能异常已成为必然，事故发生的先决条件已经必备，只剩最后一个条件：两系统的时空耦合，即时空轨迹交叉。对于确定性临界点，可通过构建数学物理方程计算时间、空间域的位置（图 3-7）；对于非确定性临界点，可通过概率论、模糊理论等方法分析其时间范围、置信区间（图 3-8）。

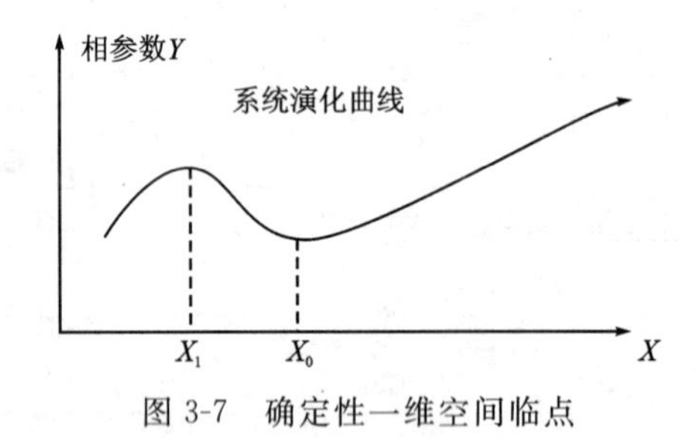

图 3-7　确定性一维空间临点

$$K=\|X_0-X_1\|;$$

K 为事件接近度；X_0 为临界点坐标；X_1 为某时刻系统位置；‖ ‖为欧式空间距离。

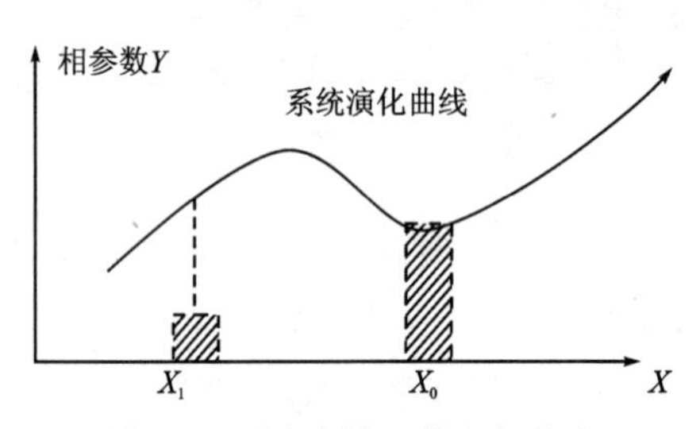

图 3-8　不确定性一维空间临点

$$K=\|X_0-X_1\|;$$

K 为事件接近度；X_0 为临界点区间表达；X_1 为某时刻系统位置范围；‖ ‖为模糊距离。

可用事件接近度刻画预警等级，当 RPCS 系统或 PS 系统任一个接近临界点（区间），系统预警等级即为红色，当事件发生后，系统释放能量到环境，导致人员、财产损坏，此阶段已无预警必要。

二、预警因子分析

预警因子是用来刻画系统状态的表征量，预警因子的变化代表了系统的演化规律，预警因子可分为参数预警因子和指标预警因子。预警因子对比如表 3-6 所示。

表 3-6　预警因子对比表

分类	对象系统	系统结构	分析方法	分析结果	分析精度	举例
参数预警因子	连续性系统	结构清楚	数学物理方程	系统精确变化曲线	高	介质泄漏、结构变形、压力变化
指标预警因子	离散性系统	黑箱子结构不清	专家打分、定性分析、网络拓扑	系统可能演化轨道	低	工艺风险、管理系统

对于连续性确定系统，可构建数学物理方程，提取重要影响的参数因子，如图 3-10 所示；系统变化量 $y=f(x_1,x_2)$。在空间中形成危险区域 A[图 3-9(a)]；图 3-9(b)是 A 的预警(H、M、L)参数因子(x_1,x_2)的实际监测数值与 H,M,L 比对图，通过该图即可确定预警等级。

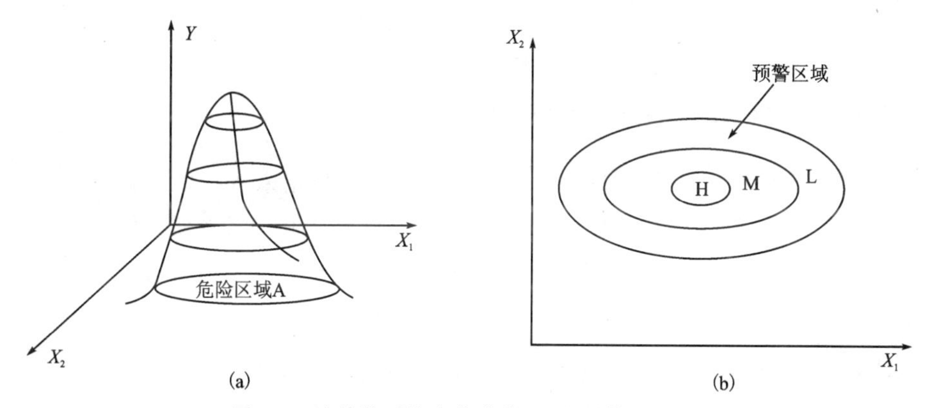

图 3-9　连续性系统变化曲线(a)和预警区间(b)

对于离散型非确定性系统，可根据黑箱子理论，系统要素及要素逻辑关系，运用拓扑图等方法构建系统指标因子，分析因子间相互影响关系，以神经网络分析为例；如图 3-10 所示。

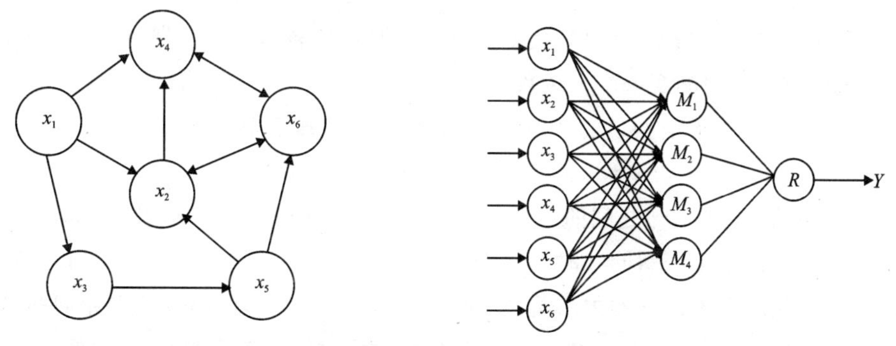

图 3-10　离散型系统因子关系图(a)和神经网络分析(b)

系统变化量 Y(矢量)与$(x_1,x_2,\cdots,x_6)$相关，但内在函数关系不明确，可根据$(x_1,x_2,\cdots,x_6)$历史观测值建立神经网络训练模型，即 $Y=F(x_1,x_2,\cdots,x_6)$，获得系统危险区域和预警区域。然而离散型系统建立的预警区域与连续型区域有较大不同(图 3-11)，抽取其中x_1、x_2构建因子空间，因为神经网络是以历史观测值为训练样本，所以区域 L 中的预测值是较准确的，但离开 L 区域外较远的 M 区域，预测值准确率受各种因素干扰，不能成为预警区域确立的依据。总之，离散型系统的预警区间受观测值限制，不能偏离观测区域很远，在构建网络拓扑模型时，观测值尽量分散合理，覆盖可能的预警区间。

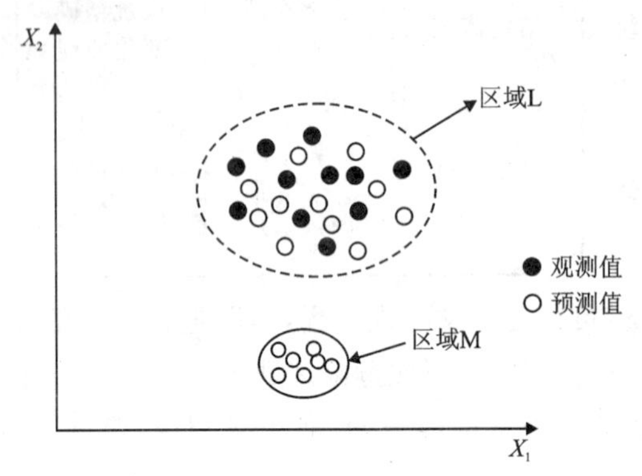

图 3-11　离散型预警区间

三、基于 ARMA 模型的单指标预测

在进行预测分析时，我们往往是基于现有的一段观测数据来进行的，由于它们在时间上存在一定的前后关系，所以在某种程序上又可认为它们是一组时间序列，时间序列是数理统计学科的重要部分。ARMA 模型是时序方法中最基本的时序模型，它是在线性回归的基础上引伸发展出来的。

1. ARMA 预测模型

常用 ARMA 模型可分为 3 种：AR(1)模型、ARMA(2,1)模型、AR(2)模型。以下就上述两种方法进行介绍：

1)AR(1)模型

在一元线性回归模型中，一般需要两组观测数据，即：$(x_1,x_2,\cdots,x_N)$、$(y_1,y_2,\cdots,y_N)$，其中$(x_i y_i)$为观测数据对。假设 y_i 是随机变量 Y_i 的观察值，若有如下数据对：

$x_1,x_2,\cdots,x_{N-1}$为预测变量的一组数。

令 $x_2,x_3,\cdots,x_N$ 为响应变量的对应值，则一元线性回归模型具有如下形式：

$$x_t=\beta_1 x_{t-1}+\varepsilon_t \qquad \varepsilon_t \sim NID(0,\sigma^2) \tag{3-1}$$

式(3-1)显示了 x_t 与 x_{t-1}之间的关系。考察上式与一元线性回归模型，两者是很相似的，应当指出一元回归模型只表示同一时刻某一随机变量 y_i 与另一变量 x_i 之间的相关关系，而没有考虑到它们之间在不同时间内的关系，因此我们称一元性线回归以及多元回归分析是静态分析(时间无关性)；而式(3-1)考虑到不同时刻内时序之间的关系，我们称之为动态模型。

对于 AR(1)模型的参数估计可参考一元回归模型的估算过程：

$$\left.\begin{aligned} x_2 &= \varphi_1 x_1 + a_2 \\ x_3 &= \varphi_1 x_3 + a_3 \\ &\cdots \\ x_t &= \varphi_1 x_{t-1} + a_t \end{aligned}\right\} \Rightarrow \begin{aligned} \hat{\varphi}_1 &= \frac{\sum_{t=2}^{N} x_t x_{t-1}}{\sum_{t=2}^{N} x_t^2} \\ \hat{\sigma}_a^2 &= \frac{1}{N-1}\sum_{t=2}^{N}(x_t - \hat{\varphi}_1 x_{t-1})^2 \end{aligned} \tag{3-2}$$

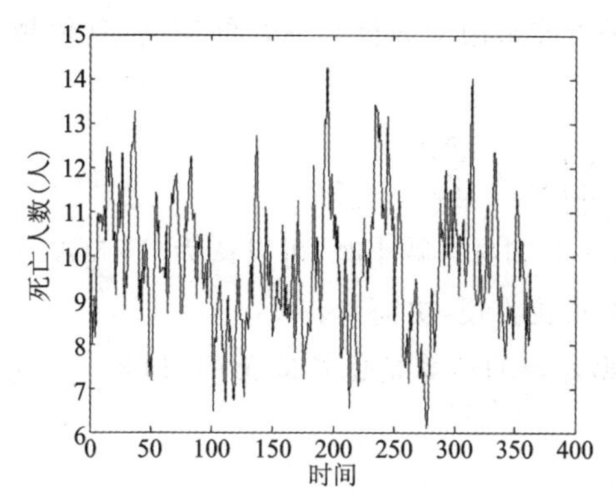

图 3-12 每天交通事故死亡人数分布

以交通死亡人数分布数据为例(图 3-12),现有数据为全年每天的死亡人数统计($x_1, x_2, \cdots, x_n, n=365$)。从图上直观分析来看,很难从图形上得出大致的函数关系(如线型、指数型、对数型、幂型、三角函数型等)。我们试采用 AR(1)模型分析(如何选取 ARMA 模型,可参考相关文献。但主要是利用了时间序列本身内在的关系,如自相关系数与偏自相关系数),按式(3-2)计算,过程并不复杂,可得:

$$x_t = 0.789\,8 x_{t-1} + \varepsilon_t \qquad \varepsilon_t \sim NID(0, \sigma^2) \tag{3-3}$$

$$\sigma_a^2 = 0.348\,5$$

注意,式(3-3)是对原交通死亡事故序列做过零化处理,故在预测下一时间数值时,要做相应的复原处理。AR(1)模型模拟事故数与原统计数据相比,两者有很高的相似度。

另一个有趣的现象是,式(3-3)对于某一时间 T 而言,其后的 k 步预测值为:

$$\hat{x}_{T+k} = 0.789\,8^k \hat{x}_T \tag{3-4}$$

因此,当 k 趋于无穷,或 T 时刻以后一个较长期后,时间序列最后趋于零,我们称之为回归于零。这主要是因为 $|\varphi| = 0.789\,8 < 1$,这时的数列是稳定的,不会发散,当 $|\varphi| > 1$ 时,数据显然不稳定,并且会发散。

2)ARMA(2,1)模型

由上述分析可知,x_t 与 x_{t-1} 之间存在线性回归关系。如果 x_t 不仅与 x_{t-1} 有关系,还与 x_{t-2} 相关,即相邻两数据与下一数据的值相关,同时可能出现的干扰项增加,如下式所示:

$$x_t = \varphi_1 x_{t-1} + \varphi_2 x_{t-2} - \theta_1 a_{t-1} + a_t, a_t \sim NID(0, \sigma^2) \tag{3-5}$$

此时模型我们称之为 ARMA(2,1),依此不难推出 ARMA(n,m)模型的表示:

$$x_t = \varphi_1 x_{t-1} + \varphi_2 x_{t-2} + \cdots + \varphi_n x_{t-n} - \theta_1 a_{t-1} - \theta_2 a_{t-2} - \cdots - \theta_m a_{t-m} + a_t, a_t \sim NID(0, \sigma^2) \tag{3-6}$$

式(3-2)中：

① x_t 与 x_{t-1}、x_{t-2} 相关，$\varphi_1 x_{t-1}+\varphi_2 x_{t-2}$ 称为自回归(AR)部分，φ_1、φ_2 称为自回归参数。

② x_t 还与 a_{t-1}、a_t 相关，$\theta_1 a_{t-1}+a_t$ 称为滑动平均部分，θ_1 为滑动平均参数。

由此可见，式(3-6)由两部分组成，一部分是已知部分 $\varphi_1 x_{t-1}+\varphi_2 x_{t-2}-\theta_1 a_{t-1}$，它由观测数据组成($x_{t-1}$，$x_{t-2}$，…)，同时在 t 时刻干扰项 a_{t-1} 也是确定的；另一部分是不确定部分 t 时刻的干扰项 a_t，正是由于它的存在造成 x_t 随机变动。

ARMA(2,1)的残差平方和常用来分析其拟合的精度，其值越小，模拟越好，反之误差越大。残差 a_t 的平方和：

$$S=\sum_{t=3}^{N}a_t=\sum_{t=3}^{N}(x_t-\varphi_1 x_{t-1}-\varphi_2 x_{t-2}+\theta_1 a_{t-1})^2 \tag{3-7}$$

当 S 比 AR(1)的残差平方和显著减小时，可以认为 ARMA(2,1)比 AR(1)更适用；如果没有明显变化时，应取 AR(1)更方便、更简单。

对于 ARMA(2,1)模型参数的估算是比较复杂的，但当其参数值部分为零时，可将它分为几个特例：

(1)AR(2)模型。

当 $\theta_1=0$ 时，模型可化为：

$$x_t=\varphi_1 x_{t-1}+\varphi_2 x_{t-2}+a_t \tag{3-8}$$

它与二元线性回归模型形式是一致的，故其解方法也是一样的。对图 3-13 所示的交通死亡数据采用 AR(2)模型，可得：

$$x_t=0.803\,4x_{t-1}-0.021\,2x_{t-2}+\varepsilon,\varepsilon_t\sim NID(0,\sigma^2) \tag{3-9}$$

$$\sigma_a^2=0.453\,5$$

由此与式(3-3)相比，σ_a^2 并没减小，相反还在扩大，故可见 AR(2)模型对此时间序列并不合适。

(2)ARMA(1,1)模型。

当 $\varphi_2=0$ 时，ARMA(2,1)模型化为：

$$x_t=\varphi_1 x_{t-1}-\theta_1 a_{t-1}+a_t,a_t\sim NID(0,\sigma^2) \tag{3-10}$$

称为一阶自回归一阶滑动平均模型。

(3)MA(1)模型。

当 $\varphi_1=\varphi_2=0$ 时，式(3-3)化为：

$$x_t=-\theta_1 a_{t-1}+a_t,a_t\sim NID(0,\sigma^2) \tag{3-11}$$

式中只含有滑动平均部分，称为一阶滑动平均模型。

2. 阈值预警分析

阈值预警原理较为简单，即当某个表征风险的指标值超过某一界限，通常称为阈值或者阀值，即对该指标表征的风险进行预警报告。因此只要能够确定该风险表征指标的阈值，就可以通过对指标波动的监测，实现单一指标的风险预警。本书以基坑监测预警方式为例，介绍阈值预警方法。

在基坑沉降监测预警过程中，其监测预警模式主要是通过研究基坑设计和施工以及根据国家基坑工程相关规范标准确定有效的监测预警指标和预警值。同时在整理监测数据的基础上，通过对比分析，即简单将监测得到的数据和预警值进行比较，一旦监测数据超过预警值即基坑进入警戒状态。该预警模式操作方便，预警快捷，对基坑变形有一定的预警作用。

以某地铁站为实例进行研究分析，区间盾构里程采用台阶法施工。监测点从 2013 年 3 月 20 日～2013 年 7 月 29 日的累积地表沉降数据如图 3-13 所示。

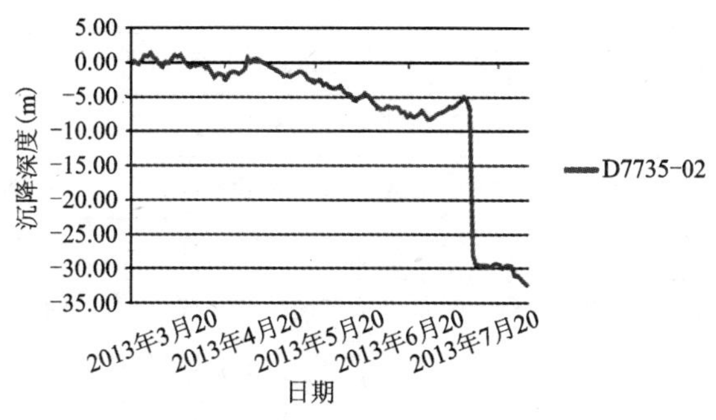

图 3-13　累计地表沉降趋势图

选取 2013 年 3 月 20 到 2013 年 7 月 22 的沉降监测数据建立一组时间序列模型。从中可以看出时间序列具有明显的变动趋势，运用 EVIEWS 数据分析软件对序列进行平稳性检验，结果表明该序列是一组非平稳序列，需对数据进行差分处理后使其平稳。

处理后的平稳序列可能满足 AR(1)、MA(1)、ARMA(1,1)模型，各模型的 AIC 值如表 3-7 所示。

表 3-7　模型的 AIC 值

	AR(1)	MA(1)	ARMA(1,1)
AIC	3.55	3.56	3.49

如表 3-7 所示，模型 ARMA(1,1)的 AIC 值相对最小，依据赤池 AIC 准则，选择 ARMA(1,1)模型对一阶差分平稳时间序列进行拟合，拟合结果如表 3-8 所示。

表 3-8　模型拟合检验结果

	ARMA(1,1)	ARMA(2,1)	ARMA(1,2)	ARMA(2,2)
残差平方和	223.93	230.61	232.93	223.65

根据拟合方程对时间序列随时间变化的数据进行预测，其预测结果如表 3-9 所示。

从表 3-9 中可以看出，基坑沉降变形预测值与实测值之间的百分比误差都小于 10%，说明预测结果与实测结果比较接近，预测效果很好，能够满足基坑沉降的预测要求，即使沉降已经超过预警值，仍然保持一定预测精度，在基坑变形预测方面有着重大意义。

3. 模式预警分析

在实际基坑工程中，因在施工中存在多种复杂多变的影响因素，比如地层条件突变、自然灾害以及施工失误等因素，基坑变形并不是规律稳定的，通常会伴随一定程度的突变。这也是发生基坑事故的前兆，因此通过对监测单点数据组成的时间序列进行 ARMA 模式研究并找出基坑变形的规律，继而针对 ARMA 模式变化采取措施并做好保证基坑工程安全施工的预警工作。

表 3-9 预测结果与实测数据

时间	预测值(mm)	实测值(mm)	百分比误差(%)	时间	预测值(mm)	实测值(mm)	百分比误差(%)
2013 年 7 月 23	−38.18	−38.73	1.79	2013 年 7 月 31	−41.65	−39.38	5.86
2013 年 7 月 24	−38.83	−38.36	2.13	2013 年 8 月 1	−39.46	−39.74	0.70
2013 年 7 月 25	−38.14	−38.78	1.52	2013 年 8 月 2	−39.81	−40.04	0.57
2013 年 7 月 26	−38.82	−38.97	0.38	2013 年 8 月 3	−40.12	−39.78	0.85
2013 年 7 月 27	−39.08	−38.77	0.77	2013 年 8 月 4	−39.83	−39.11	1.89
2013 年 7 月 28	−38.84	−38.28	1.43	2013 年 8 月 5	−39.08	−39.51	1.03
2013 年 7 月 29	−38.32	−40.98	6.54	2013 年 8 月 6	−39.53	−38.65	2.28
2013 年 7 月 30	−41.34	−41.41	0.72	2013 年 8 月 7	−38.69	−38.53	0.44

在对时间序列 ARMA 模型模式识别的基础上，随后增加一天监测数据，再次对监测数据时间序列进行 ARMA 模式识别，以此类推，将所有监测数据时间序列组 ARMA 模型模式变化对应的随时间增加，组数增加的模式变化图如图 3-14 所示。

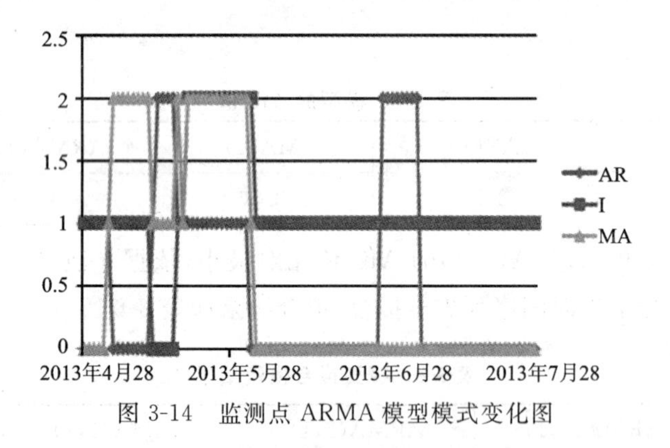

图 3-14 监测点 ARMA 模型模式变化图

图中显示，随着监测时间天数的增加，每组监测数据时间序列都呈现明显的 ARMA 模型模式，在 2013 年 5 月 27 日前一周左右时间范围内，其 ARMA 模式发生了频繁的变动，由开始的(1,1)向(2,1)变动，随后在(1,2)和(1,1)间频繁变动，之后稳定，最后在 2013 年 6 月 27 日前后发生轻微变动，直到监测时间结束，其模式保持稳定。根据时间序列 ARMA 模型模式变化以及基坑实际施工日记对比分析得出，模式变化时，对应的监测点监测区域存在一定的影响因素，例如施工车碾压、泥土堆积、施工设备震动等。通过排除分析对 ARMA 模型模式进行有效分析，得出影响模式变化的本质因素，并进行应急措施。

以此类推，可以得出不同监测项目，不同监测点所对应的监测数据时间序列 ARMA 模型模式随基坑开挖施工时间的变化情况。经分析得出，部分基坑单点监测数据时间序列的 ARMA 模式随基坑开挖发生变化，是不稳定的，而且这种不稳定的变化存在 3 种主要的变化形式。

(1)ARMA 模式发生突变

此种模式变化快、力度大、影响较严重，以某市地铁 7 号线桃源村站至深云站区间为例，D7735－02 监测点在 2013 年 5 月 27 日前后一天的累积地表沉降监测数据时间序列 ARMA 模式图如图 3-15 所示。

Autocorrelation	Partial Correlation		AC	PAC	Q-Stat	Prob
		1	0.493	0.493	6.8309	0.009
		2	0.027	-0.286	6.8515	0.033
		3	-0.056	0.098	6.9476	0.074
		4	-0.084	-0.124	7.1718	0.127
		5	-0.120	-0.043	7.6558	0.176
		6	-0.101	-0.030	8.0193	0.237
		7	0.046	0.135	8.0998	0.324
		8	0.035	-0.128	8.1498	0.419
		9	-0.140	-0.142	8.9796	0.439
		10	-0.125	0.051	9.6807	0.469
		11	-0.054	-0.064	9.8204	0.547
		12	-0.041	-0.007	9.9070	0.624

Autocorrelation	Partial Correlation		AC	PAC	Q-Stat	Prob
		1	0.843	0.843	17.157	0.000
		2	0.679	-0.110	28.861	0.000
		3	0.500	-0.146	35.580	0.000
		4	0.330	-0.090	38.673	0.000
		5	0.172	-0.083	39.565	0.000
		6	0.012	-0.147	39.570	0.000
		7	-0.108	-0.013	39.976	0.000
		8	-0.226	-0.134	41.872	0.000
		9	-0.319	-0.080	45.956	0.000
		10	-0.349	0.075	51.309	0.000
		11	-0.369	-0.080	57.873	0.000
		12	-0.374	-0.085	65.372	0.000

图 3-15 ARMA 模式突变图

图 3-15 中看出，2013 年 5 月 27 日前后两天时间序列 ARMA 模式由前一天的(1,1)模式突变成后一天(1,0)模式，说明基坑沉降变化很不规律稳定，需要重点对待，因此应立即对基坑施工和基坑监测进行分析并采取应急措施保障施工安全。

(2)ARMA 模式发生渐变

时间序列 ARMA 模式发生渐变说明基坑内部系统正在发生缓慢紊乱，因此对于基坑变形监测数据时间序列 ARMA 模式发生渐变的监测区域，需要重点监测并加强监测频率，时刻注意基坑变形趋势并做好预测预警，继而采取有效的应急措施来减少事故损失。

(3)ARMA 模式发生周期性变化

时间序列 ARMA 模式发生周期性变化，说明基坑变形受到基坑周围周期性影响因素比较大，比如基坑周期性堆土、基坑周围大型设备周期性施工以及基坑自然环境季节性变化等影响因素，因此需要对基坑风险影响因素进行排查分析，并对影响比较大的因素进行处理以及采取一定的保护措施。

四、多指标预警分析

1. 预测模型

1)CC 方法分析

为了充分展现出时间序列内所蕴含的信息，必须要通过重构相空间的方法，在某个高维空间中刻画出系统的动力特性，并在此基础上，建立描述系统的动态数学模型，通过计算来预测将来的结果。CC 方法考虑了相空间重构中重要的两个参数“时间延迟 ”和“嵌入 ”之间的依赖关系，通过关联积分同时估算出 τ 与 m(式 3-8、式 3-9)，提高了预测精度。

$$\overline{S}_2(t) = \frac{1}{16}\sum_{m=2}^{5}\sum_{i=1}^{4} S_2(m, r_i, t) \tag{3-12}$$

$$\Delta \overline{S}_2(t) = \frac{1}{4}\sum_{m=2}^{5} \Delta S_2(m, t) \tag{3-13}$$

然而，CC 方法有时在计算过程中发现，$\overline{S}_2(t)$的第一个零点并不等于 $\Delta \overline{S}_2(t)$的第一个局部极小点；采用分块策略计算时，由于 t 不断增大，而子序列样本数量(N/t)开始减少，单个样本数值的变化很可能影响整体统计分析，导致 $\Delta \overline{S}_2(t)$开始出现高频起伏，难以判断其局部极小点。改进 CC 方法通过计算$\overline{S}_1(t)$与 $\Delta \overline{S}_1$)，寻找 $\Delta \overline{S}_1$ 的第一个局部极小点作为最优时延 t_d；利用 S_1(式 3－10)与 S_2(式 3－11)具有相同起伏的规律，寻找$|S_1 - S_2|$的周期点作为最优嵌入窗。改进 CC 方法的优点是周期点的峰值明显，高频起伏减弱，利于相空间参数的选取。

$$S_1(m, N, r, t) = C(m, N, r, t) - C^m(1, N, r, t) \tag{3-14}$$

$$S_2(m, N, r, t) = \frac{1}{t}\sum_{s=1}^{t}\left[C_s(m, N/t, r, t) - C_s^m(1, N/t, r, t)\right] \tag{3-15}$$

2)案例分析

以某煤矿掘进工作面 2 月～12 月的日绝对气涌出量为时间序列进行分析，选取大约 300 个数据点(图 3-16)。该工作面前三个月气涌出变化较大，而后一段时间内变化较小，接近 12 月份左右，气涌出量又有一定的起伏，在整个观测期间气涌出量呈“无规律”变化。并且分析时间序列的功率谱密度(图 3-17)可以看出，系统的各种频率混叠在一起，由典型的周期性特征过渡到拟周期性，最终进入混沌区，而系统功率谱曲线表具有连续的谱线。从图 3-17 及后面的最大 Lyapunov 指数可以说明，该掘进工作面气涌出具有混沌特性。

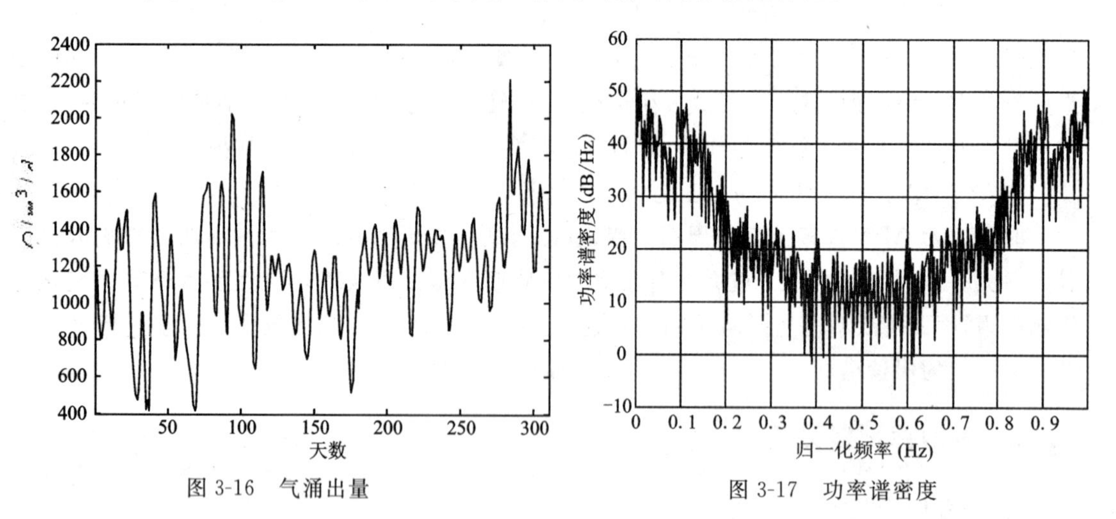

图 3-16　气涌出量　　图 3-17　功率谱密度

为重构时间序列的相空间，根据式(3-12)、(3-13)计算传统 CC 方法的最佳时延 t_d 和时间窗 t_w(图 3-18)。图中很难判断其第一局部极小点，且波谷并不明显，出现的高频起伏干扰了最佳值的判断，不易选取时间窗。而根据式(3-14)、式(3-15)采用改进后的 CC 方法，可得最佳时延 t_d 和时间窗 t_w(图 3-19)。图中局部最小值明显，而波峰尖锐，时延与时间窗两值较前更清晰，且周期点明显。从而可得时延 $t_d=6$，时间窗 $t_w=10$，计算出嵌入维 $m=2.67$，为在相空间中更好的展开轨迹细节，可扩展到高维 $m=3$。

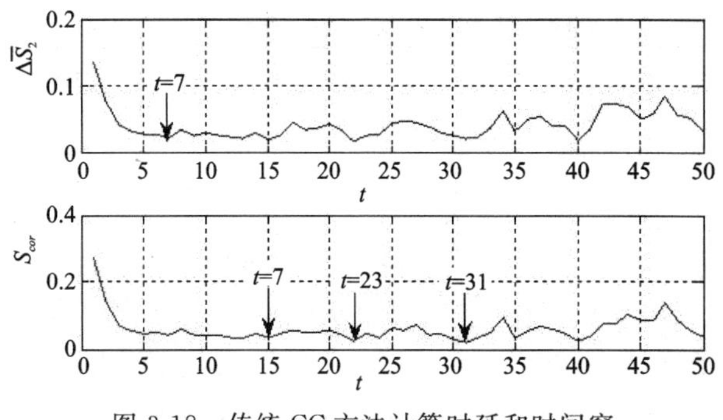

图 3-18 传统 CC 方法计算时延和时间窗

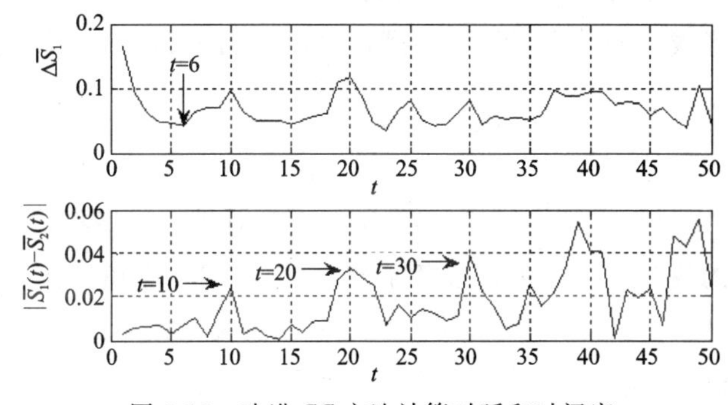

图 3-19 改进 CC 方法计算时延和时间窗

根据 Takens 定理，可以重构相空间来恢复原气系统的动力学特性(图 3-20)。可以看出，系统轨迹似乎总是围绕一个“吸引子”反复运行，轨迹一旦进入“吸引子”附近后，又很快脱离而逃离至外层，如此反复；而系统的 Poincare 截面(图 3-21)中也清晰地分布着密集的点。由于数据点有限，分形结构并不明显，但仍可判定系统的混沌特性。依据前面的所得参数：相空间维数 $m=3$，时间延迟 $t_d=6$，计算得最大 Lyapunov 指数：$\lambda_1=0.7843$。即 $\lambda_1>0$，再次证明了系统的混沌特性。

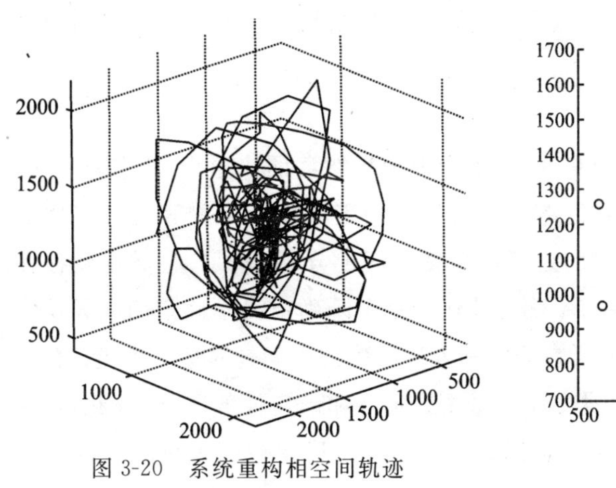

图 3-20 系统重构相空间轨迹

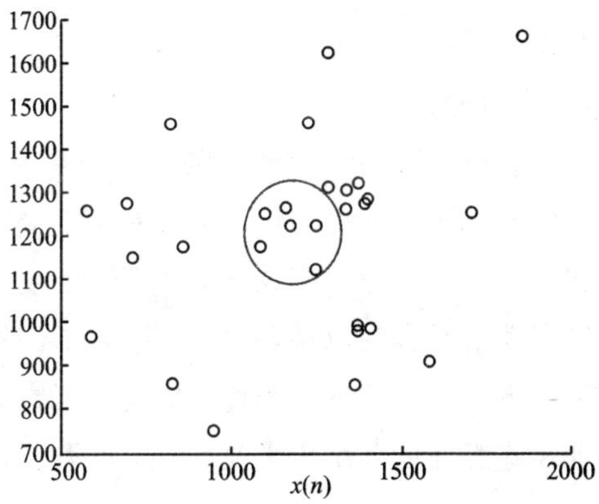

图 3-21 系统 Poincare 截面

气浓度预测可通过系统的最大 Lyapunov 指数来计算，其二步预测结果如表 3-10。

表 3-10　基于最大 Lyapunov 指数的预测对比

预测方法	1	2	3	平均精度
传统 CC 方法	65.7	85.3	58.3	<10%
改进 CC 方法	61.2	82.5	49.5	<5%

借助系统的混沌特性可以进行多指标预警分析。图 3-20 中轨迹中心在三维坐标下存在一个由虚线形成的球形区域，该区域是对 X，Y，Z 轴上的数值分别建立多指标预警后所形成的结果，当轨迹图中的对应点一但进入图中的球形预警区域时，便会触发多指标预警系统；而图 3-22 中的圆形区域则是三维轨迹图与预警球映射在二维坐标系上的结果。通过对不同坐标系进行映射，以便形成不同的多指标预警模式，当二维坐标中的点进入预警圆形区域中时，便会触发双指标预警系统。

2. 指标体系构建

指标体系是对施工过程的整体描述，各种警兆只有通过警情指标加以量化、说明和解释，才能得到科学、全面的反映。在施工过程的不同层次、不同角度设置预警指标进行监测和防范，一旦出现警情，调度人员和决策者就可立即得到警报并采取相应的防患手段和策略。

1）预警指标的选取原则

多指标预警模型建立时，由于总系统信息量过于庞大，多种类信息夹杂，使得整个信息系统呈现出多维空间的形态，为了确定关键可靠的安全预警系统，需要在不损失信息的前提下，把大量维降低到有限维的同时，选取科学有效的预警指标。预警指标的建立应按照以下规则：

（1）预警指标应能够描述和表征出某一段时间企业生产安全各个方面的状况及变化趋势，由动态和静态指标相结合；

（2）应具有科学性、系统性、动态性、可量化性、独立性及可对比性等原则；

（3）从人、物、环境、管理、事故等 5 个因素进行预警指标初筛。

2）预警指标选取方法

（1）集对分析法

集对分析由我国学者赵克勤先生创立，结合集合论和自然辩证法思想，用联系数 $\mu=a+bi+cj$ 来统一处理模糊、随机、中介和信息不完全所致不确定性以及事物客观确定性的系统理论和方法。不仅考虑事物之间的同、反，还考虑事物之间的异，即联系，它对客观存在的种种不确定性给予客观承认，并把确定性与不确定性作为一个既确定又不确定的同异反系统进行辨证分析和数学处理。因此，集对分析在研究和处理不确定性问题时会产生更好的效果。

现场施工环境系统庞大又复杂，本身存在大量不确定性和确定性的因素，因此，预警指标体系构建实质上是一个具有确定性的评价指标和评价标准与确定性的评价因子及其含量变化相结合的分析过程。将集对分析方法用于预警指标体系构建，是将建立的安全评价指标和既定的安全预警指标评价标准一起构成一个集对，若某指标处于预警指标级别中，则认为是异；取诧异系数 i 在[－1，1]之间变化，越接近预警指标评价标准，i 越接近 1 ，越接近相隔的预警指标评价标准，i 越接近－1。由于 a、b、c 三者是对同一问题所包含的确定和不确定性的全面刻画，且三者之间相互联系、相互制约和相互转化。依据 a、b、c 三者的定量分析，就可以选取预警指标。

(2)专家法(层次分析法)

首先根据对预警对象的先验认识，结合施工生产变化状态和施工现场运行情况，选择与预警对象有密切关系的尽可能多的、能反映理性预期思想的指标，来作为初始预警指标集。

再由各个方面的专家来进行分析，因此必须建立专家库，并利用互联网定期向专家们实施德尔菲法(Delphi)调查。充分利用专家的主观判断，通过信息沟通和反馈，达到人-机智能化互动，使预测意见逼近实际情况。进入专家系统的人员，应当是预警指标所涉及知识领域的资深研究人员和富于实际工作经验的政府工作人员，其数量和知识结构应以能够覆盖整个预警指标体系所涉及的知识范围为原则。

Delphi 法具有匿名性、轮间反馈沟通情况、咨询结果定量处理等特点。指标体系设计为半开放式调查问卷，请专家确定是否同意所列指标，指标命名是否规范，并对每一个指标按其重要性进行打分(分数为 1～10，数字越大，表示指标重要性越高)，并将修改原因及方案填写在问卷上。根据实际需要组织至少两轮以上的专家函询，收到每一轮的问卷后经过统计、分析等方法提取有效率问卷。咨询活动以专家“背对背”填写方式进行，每轮咨询都有详细的填写说明，然后将上一轮的应答情况反馈给参加者。同时通过现场访谈和电话、电子邮件等方式与专家进行深入沟通。最终专家们利用自己的储备知识和实践经验筛选出最符合实际需要的预警指标。

第四章　安全技术设计

第一节　安全技术设计背景

安全管理(体系)与安全技术是安全设计的两大基石,支撑安全设计的方法体系框架。安全技术设计是应用安全科学专业领域学科理论和知识,分析制定安全设计技术方案,并通过工程技术手段预防控制风险。受安全技术体系的复杂性、知识体系的广泛性、工程实际的多样性影响,安全技术设计并没有与管理体系设计一样被广泛应用,仍仅限于专业技术设计框架中的一部分,没有形成独立、完整的理论体系和技术体系。安全工程师也缺乏有效工具、手段提高安全技术设计的效率。

本章全面介绍了安全技术设计的理论体系框架,分析了安全设计主要涉及的理论知识,为安全设计提供了重要理论依据。安全技术设计的目的是运用技术手段在设计阶段预防事故,其设计过程是一项科学与分析、科学评估、科学决策的严谨活动,它具备坚实的理论基础、系统的方法模型、完整的技术体系及科学的设计流程。

通过运用信息技术手段,实现安全CAD设计构想,在传统BIM平台、CAD设计平台上均可完成安全分析、评估和设计工作。提出的基本风险涉及符号表达,有利于工程理解设计目的、表达设计思路,及时调整优化设计方案。安全技术设计的图纸化作业,规范了安全设计的流程,提高了安全设计的水平。

第二节　安全技术设计理论分析

一、安全预防技术设计

安全设计可分为体系设计和技术设计,体系设计多运用管理学、系统科学理论,预防体系缺陷引发的事故,而技术设计则运用人-机工程学、人因理论、本质安全设计等方法,提高系统预防事故的能力,安全管理体系上的缺陷会诱发人-机-环系统的失稳,导致人的不安全行为、物的不安全状态、环境的不安全因素出现。因此,安全预防性体系设计的目的是减少管理系统缺陷,提高系统结构稳定性;而技术设计的目的是确保人-机-环系统的协调性、科学性,技术设计理论方法如表4-1所示。

表 4-1　技术设计理论方法表

设计对象	设计内容	设计方法
人	人的安全行为预防	安全意识、技能学、人因工程、个体防护、安全心理
机	设备的安全状态设计	本质安全、防护设备、设施可行性
环	控制环境中有害因素	监测设计、风险控制设计
人-机	提高人-机协调性	人-机工程设计
人-环	提高人-环适应性	人因工程、人机工程
人-机-环	人-机-环之间协调发展	能量控制设计、轨迹交叉设计

安全预防技术设计针对事故临界点前的阶段，采用工程技术手段预防事故的发生，与安全预防技术设计不同，安全控制技术设计是针对事故的发生、发展、致灾阶段。因此，安全预防技术设计的目的是通过工程技术手段提高系统的"健康"水平，尤其是人-机-环系统间的协调性，减少人的不安全行为、物的不安全状态、环境的不安全因素。

1. 人因设计理论

生物个体行为受生理、心理、环境等诸多因素的影响，行为可脱离意识本身支配，发生行为偏离现象。人的行为非常复杂，是一系列心理活动经无意识加工的后果(图 4-1)，因此，个体行为偏离的原因产生来源复杂，人因安全设计正是基于 B=F(P · E)人类行为模式，抑制阻断不安全行为的产生，或提高规避风险的能力。工人某项正常作业活动的行为是由明确意向指导的，但在行为产生的多个环节中，受外界、生理等因素干扰，偏离原行为模式，导致行为不符合特定作业程序要求(图 4-2)。

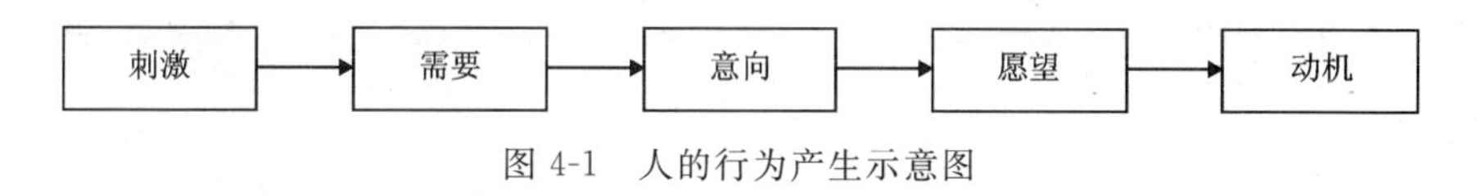

图 4-1　人的行为产生示意图

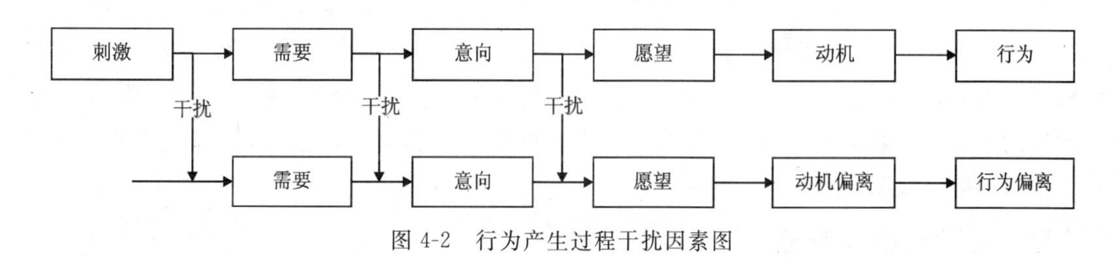

图 4-2　行为产生过程干扰因素图

抑制/阻断不安全行为主要目的是消除干扰，或抑制干扰的传播。另一方面，风险规避能力也是作业人员行为安全的需要部分，基于 B=F(P · E)的行为模式分析，可有效提高风险识别、警示能力，及时发现风险，规避风险(图 4-3)。

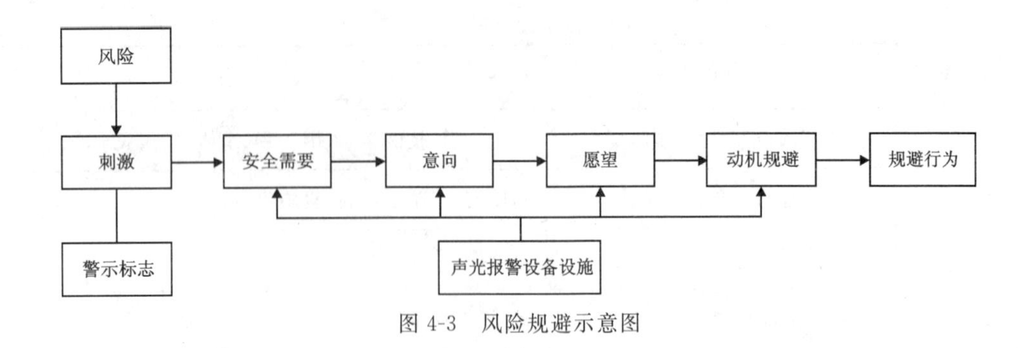

图 4-3 风险规避示意图

2. 设备设施安全设计(机)

安全设计运用本质安全理论、可靠性理论,综合利用工程技术手段,提高设备设施可靠性,降低设备风险,增强设备安全水平。在不同生命周期内,设备设施的安全状态处于动态变化中,在设备产生初期、设备生命的后期,其可靠性较低,而在成熟期可靠性相对较高,其规律遵循“浴盆”理论。

可靠性设计是通过系统分析设备设施的脆弱点、薄弱环节,通过安全设计等技术增强设备抗干扰能力,确保设备功能的完整性。通过本质安全设计,改良生产工艺,运用低毒/无毒替换有毒物质、高压换低压等方法,并通过隔离、屏蔽等技术手段控制风险。设备设施的工艺本身可能包含危险有害因素,从而构成危险源,设备设施设计根本上是危险源的风险控制。

3. 环境因素设计

任何生产系统、作业活动总处于一定的环境中,作业环境(生产环境)是某一时空范围内排除生产系统和作业活动本身以外的其他对象的总称。作业环境包括周边设备、其他作业、自然环境条件等,环境因素存在危险有害因素,对生产和人员活动产生危害,环境因素安全设计的目的是通过全面辨识环境存在的危险有害因素,消除、降低、控制有害因素,降低环境风险水平。

4. 人-机(环)安全设计

人-机、人-环安全设计的本质是人机工程设计,人-机交互过程中由于设计的缺陷,人与机器设备无法良好协作,严重影响作业人员操作行为,甚至严重伤害作业工人身体。这种缺陷在工人长期作业活动中,会造成身体不适、疲劳、精神紧张等不利因素。人-机(环)安全设计的目的是运用人机工程的原理,合理设计人机安全界面、协作过程,控制人-机交互中的不利因素,提高人-机适配性。

5. 人-机-环安全设计

人-机,人-环安全设计是从两者的交互角度进行安全设计,人-机-环安全预防技术设计主要分析三者的相互关系,研究三者的相互适应性、匹配性问题。相比人-机,人-环设计,人-机-环设计过程更为复杂。在人-机-环预防设计时,应建立三者相互关系模型,系统地分析三者要素之间的相互影响关系,整体协调人-机、人-环、机-环安全设计方案,确保系统正常运行。人-机-环安全设计是以整体优化为目的，而不是以人-机、人-环部分占优为目的。因此，从设计技术角度来看，人-机-环安全设计是基于人-机、人-环安全设计技术基础之上，构建人-机、人-环、机-环系统影响关系，优化三者协同设计方案，确保作业人员处于安全的作业环境中。

二、安全控制技术设计

安全控制技术设计是综合运用事故致因理论、安全工程技术等理论方法，分析事故发生机理，控制事故发生。其途径有两类：一是降低事故发生的概率，根据事故致因理论，事故的发生由多种因素综合作用而导致，可通过控制各因素的发生条件，从而降低事故发生可能性；二是减少事故后果，事故灾难发生后，减少风险进一步传播，控制灾难影响范围、影响程度是安全设计的重要任务。

安全控制技术设计方法包括事故致因理论分析方法和事故控制技术方法。事故致因理论是安全技术设计的前提，通过致因理论分析，确定事故发生过程、致灾原因，为安全设计提供了设计对象和设计思路。主要的事故致因理论包括因果连锁理论、能量意外释放理论、轨迹交叉理论、系统论方法(FTA)等。事故控制技术方法是基于事故原因分析，针对导致事故发生的主要原因对象，综合运用事故控制方法，降低可能风险。事故控制技术方法包括消除、替代、减少、隔离等方法。

1. 故障树(FTA)方法

FTA 方法是事故原因的树状拓扑结构(图 4-4)，主要分析顶上事件与基本事件之间的层次逻辑关系。在安全设计中，FTA 刻画了某一类事故(特定场景)的所有可能原因及其前后逻辑关系，为安全设计提供了重要依据，尤其是最小割集(图 4-5)，可推导出事故产生的原因组合及组合数量。此外，FTA 的最小径集提供了控制事故发生的主要途径和对象，为安全设计提供了重要设计方向，安全设计的评估阶段可利用 FTA 计算分析事故概率变化情况。FTA 分析主要依靠安全工程师的经验，综合各类历史事故数据分析，具有一定的不确定性和随意向。

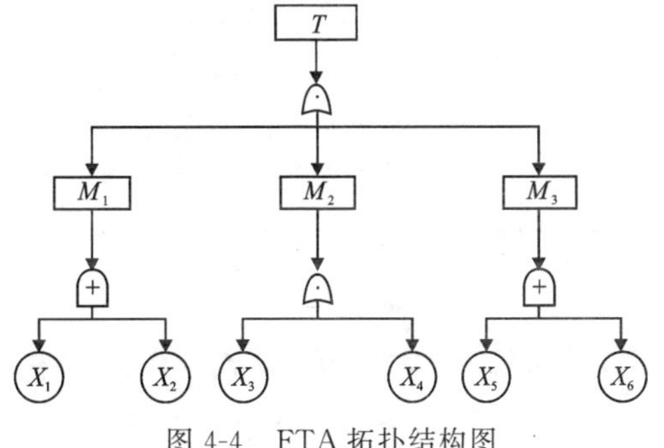

图 4-4 FTA 拓扑结构图

最小割集：$\{X_1, X_3, X_4, X_5\}$、$\{X_2, X_3, X_4, X_5\}$、$\{X_1, X_3, X_4, X_5\}$、$\{X_1, X_3, X_4, X_6\}$

最小径集：$\{X_1, X_2\}$、$\{X_3\}$、$\{X_4\}$、$\{X_5, X_6\}$

2. 能量意外释放理论

能量是系统生存的主要动力，生产系统中一定存在多种形式的能量，如电能、热能、机械能、化学能。在正常生产活动中，能量在人类设定的系统中转化储存，当能量系统出现意外损坏或部分功能缺失，导致能量溢出约束环境并作用于人体，超过人体承受能力，或干扰人体与周围环境能量交换，引起人体伤害，能量主要类型和伤害形式如表 4-2 所示。能量意外释放理论为安全设计提供了设计途径和思路，成为安全设计的重要方法。能量意外释放理论提供的主要设计方法：能量替代法，用安全能量代替不安全能源；限制能量，在生产过程中，应常采用低能量工艺和设备；能量释放，防止能量的大量蓄积，导致突然释放；能量吸收，当能量释放时，逐渐吸收能量，减轻能量对人体作用；能量屏蔽，采用工程技术手段，防止人员接触能量。

表 4-2　能量主要类型和伤害形式

施加的能量类型	产生的原发性损伤	举例与注释
机械能	移位、撕裂、破裂和压挤，主要伤及组织	由于运动的物体如子弹、皮下针、刀具和下落物体冲撞造成，以及由于运动的身体冲撞相对静止的设备造成的损伤，如在跌倒时、飞行时和汽车事故中。具体的伤害结果取决于合力施加的部位和方式。大部分的伤害属于本类型
热能	炎症、凝固、烧焦和焚化，伤及身体任何层次	第一度、第二度和第三度烧伤，具体的伤害结果取决于热能作用的部位和方式
电能	干扰神经-肌肉功能以及凝固、烧焦和焚化，伤及身体任何层次	触电死亡、烧伤、干扰神经功能，如在电休克疗法中。具体伤害结果取决于电能作用的部位和方式
电离辐射	细胞和亚细胞成分与功能破坏	反应堆事故，治疗性与诊断性照射，滥用同位素、放射性元素的作用。具体伤害结果取决于辐射能作用部位和方式
化学能	伤害一般要根据每一种或每一组织的具体物质而定	包括由于动物性和植物性毒素引起的损伤，化学烧伤如氢氧化钾、溴、氟和硫酸，以及大多数元素和化合物在足够剂量时产生的不太严重而类型很多的损伤

3. 轨迹交叉理论

轨迹交叉理论认为，事故是由管理失误引起，导致生产活动中人的不安全行为和物的不安全状态产生，当人的不安全行为与物的不安全状态在时空中同时发生并交叉，就会导致事故发生（图 4-5）。轨迹交叉理论重点强调了事故的空间特性（FTA 侧重事故逻辑关系），在安全设计中，可将事故现场的时空结构和事故的时空特性相结合，可在现场布置图中实现事故的分析和安全设计（图 4-6）。

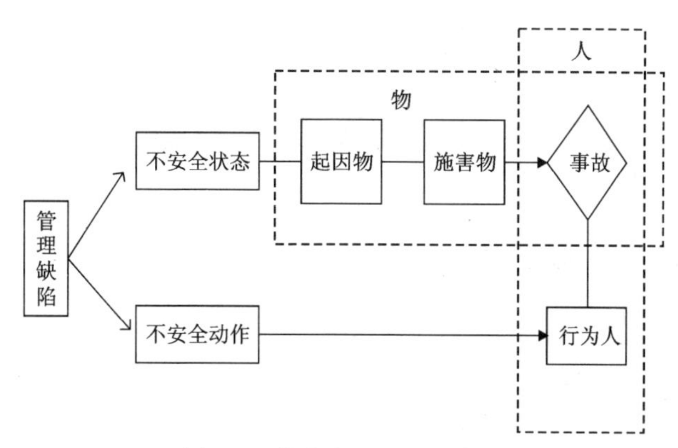

图 4-5　轨迹交叉理论示意图

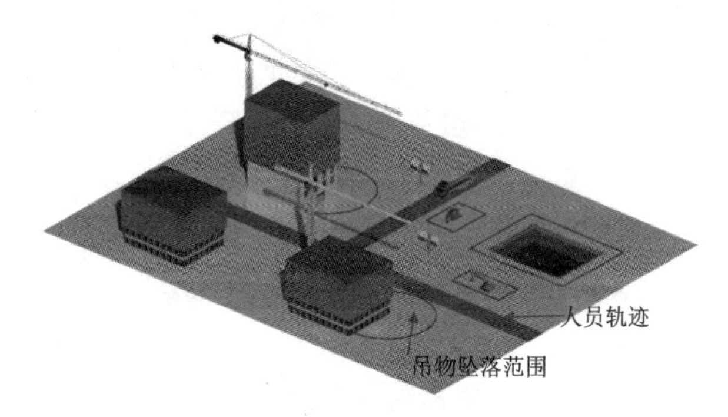

图 4-6　危险区域划分 BIM 示意图

4. 事故控制方法

事故致因理论提供了安全设计的对象和途径，而事故控制方法提供了安全设计的具体措施。事故控制根据致因理论提供的事故原因和逻辑关系，分析事故起因、事故发展、事故破坏等阶段规律，采取源头控制、过程阻挡、抑制破坏等方法控制事故。事故源头控制包括危险源的危险有害因素消除、替换、降低等措施，以及起因事件控制，起因控制主要是起因事件的消除；事故过程控制安全设计主要采取技术手段，阻挡、迟滞事故的发展、延迟事故发生时间或拉伸缓冲空间。事故破坏抑制涉及针对事故发生后，能量意外释放过程中，吸收部分能量，或释放、分流、缓冲部分能量，降低到人体可承受范围。

第三节　安全技术设计框架

安全技术设计是一项复杂的技术活动，涉及多个学科领域理论知识，综合运用了多种工程技术手段。安全技术设计已拥有完善的安全技术体系框架。由于设计目的不同，安全预防性设计技术框架与安全控制设计技术框架不同，两种体系涉及不同的理论领域和技术手段。由于安全技术体系的复杂性和专业性限制，独立、系统的安全技术设计，在实际应用中受到极大阻力。随着信息技术的发展,计算机 CAD 技术辅助设计应运而生,模块化设计智能设计和设计技术开始在工程设计领域应用。安全技术设计可以利用 CAD 等技术,将海量标准规范信息化,构建完善的设计专项模块,运用人工智能方法,辅助安全工程师完成耗时费力的标准匹配、风险分析、评估、控制技术方案制定等工作。

一、安全预防设计技术框架

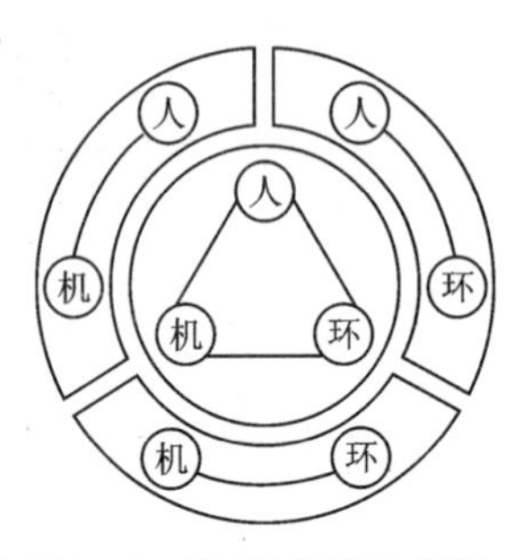

图 4-7　人-机-环系统示意图

安全预防技术设计的主要对象是人-机-环系统(图 4-7)的人-机、人-环等各子系统设计不同技术领域和方法,安全预防技术设计的流程如图 4-8 所示。预防设计首先需要对系统中存在危险有害因素辨识与分析,查找人-机-环系统中存在的不利因素、风险诱导因素、设备缺陷脆弱环节,以及能导致或产生人的不安全行为、物的不安全状态、环境不安全因素的来源,分析缺陷因素的产生过程评估健康水平,健康评估可采用概率和程序评估,采用可靠性分析判定系统可靠性水平,针对不可接受水平从人-机-环、人-机、人-环等子系统角度设计缺陷控制手段系统设计完成后重新评估健康可接受水平,多轮设计后达到设计目标后结束设计工作。

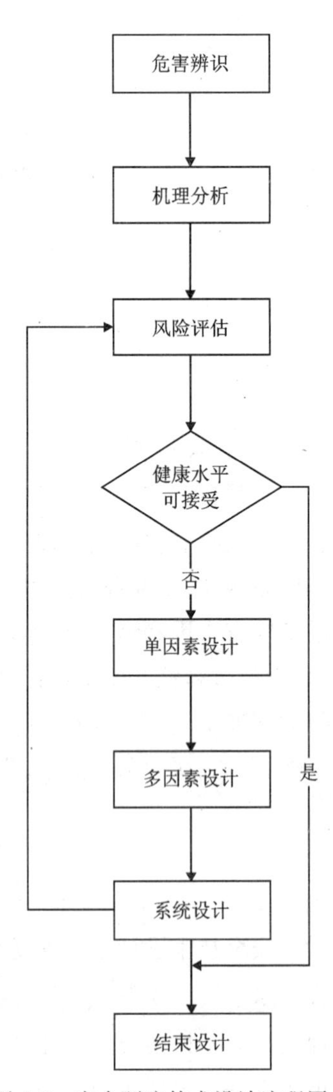

图 4-8　安全预防技术设计流程图

安全预防设计技术体系框架由 4 层理论技术+2 套支撑体系构成(图 4-9)。4 层理论技术为:理论层、方法层、工程技术层和应用层;两个支撑体系是安全设计标准规范体系以及信息化技术体系。

理论层:安全预防设计涉及各个学科领域设计的不同阶段包含不同理论,包括行为学理论、人-机交互的人机工程学理论。

方法层:方法层为安全预防设计提供方法手段,包括缺陷因素辨识方法、可靠性方法,人-机适配性分析方法、行为控制方法等。

工程技术层:安全设计完成理论分析后,必须依托现实生产中的工程技术手段来实现,如电气安全中的能量替换理论,可通过低压控制高压等工程技术手段实现。工程技术层会限制理论层、方法层的构建,两者之间应相互协调配合。方法层由工程技术层实现,工程技术层依靠方法层的指导。

应用层:应用层是安全预防技术设计理念在具体安全领域的实现,人-机界面的安全设计中应考虑人对警示、危险征兆的感知,机械设备的运动部件应考虑作业习惯和身体限制。

安全预防设计技术体系包括安全设计标准、规范体系和安全信息化技术体系(图 4-10)。安全标准体系为安全设计提供了标准支撑和规范保障,标准体系包括方法体系、方法标准度、技术标准度等,安全设计过程涉及大量标准规范、技术方法、计算分析,通过运用安全信息化技术实现设计的标准化、模块化、智能化,优化了安全设计的流程和设计方案,如风险自动辨识技术,设计方案优化,专家系统等。

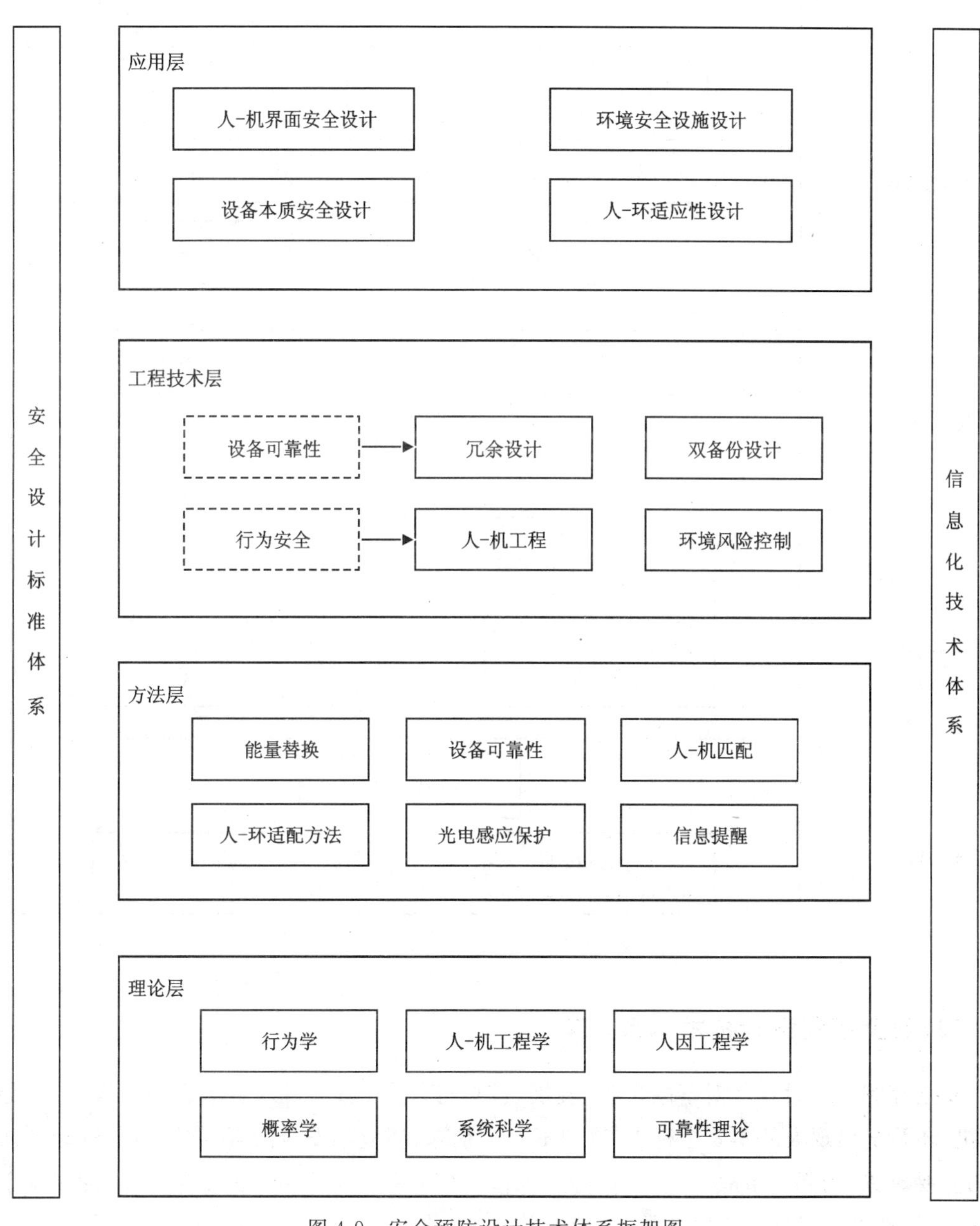

图 4-9　安全预防设计技术体系框架图

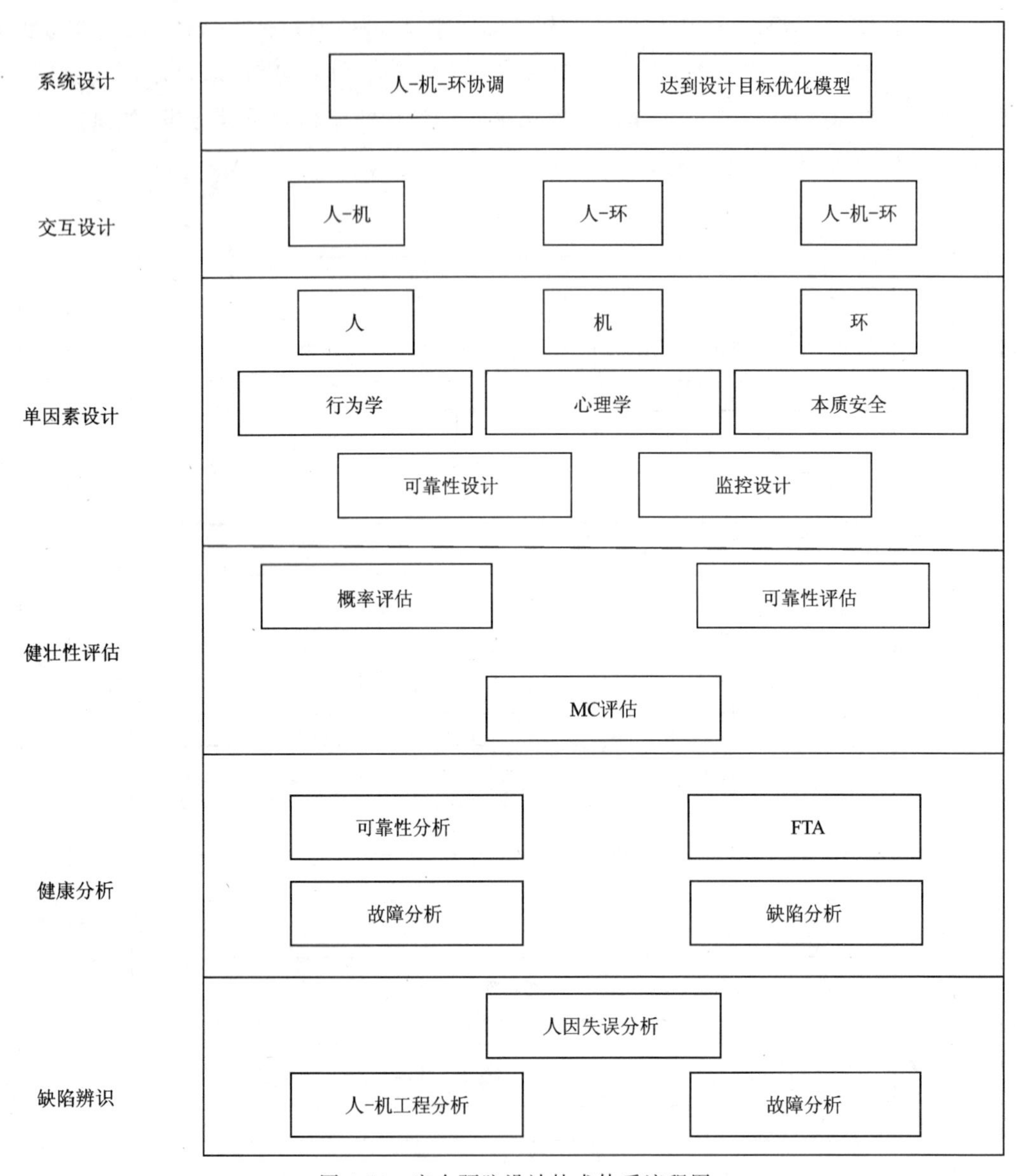

图 4-10　安全预防设计技术体系流程图

二、安全控制设计技术体系框架

安全控制技术设计针对事故发生、发展、破坏等环节(图 4-11),由于管理因素失误,导致人-机-环系统出现人的不安全行为、物的不安全状态、环境不安全因素,此阶段是安全预防设计的主要对象,当起因事故发生后,风险沿风险网络传播(即事故发展过程)。事件能量不断积累,破坏性增大发展成灾害事故,如建筑施工中,作业场所护栏损坏,在特定条件下演化成人员坠落死亡事故。灾害事故的能量作用于人-机-环系统,导致人员伤亡、财产损失,安全控制技术设计主要针对此阶段。

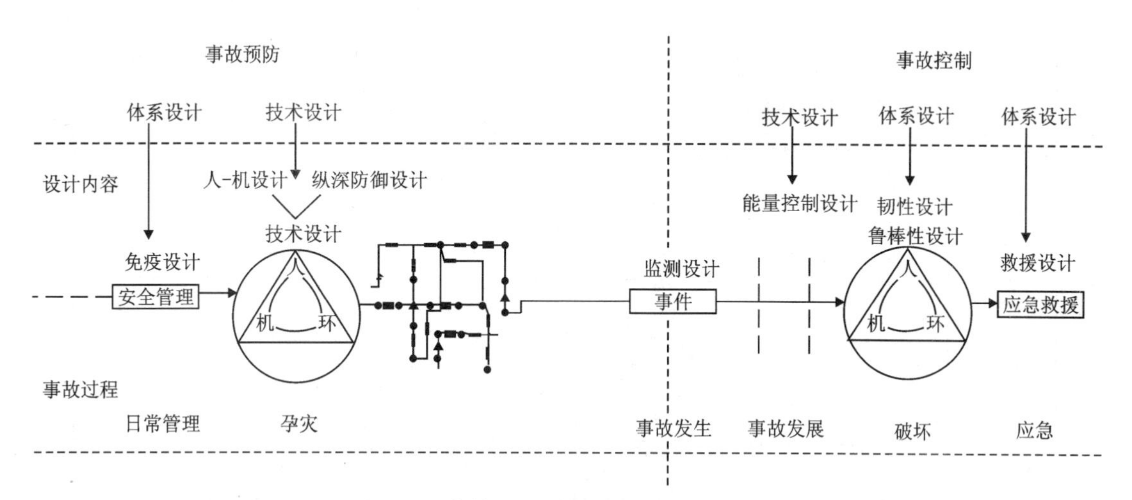

图 4-11　事故发生、发展和破坏环节示意图

与安全预防设计相似，安全控制技术设计首先辨识系统中的危险有害因素及事故类型，分析风险传播路径及作用破坏机理，评估风险水平。针对不可接受风险对象和环节，从设计角度制定风险传播路径控制、灾害控制、能量破坏控制等技术方案（图 4-12）。

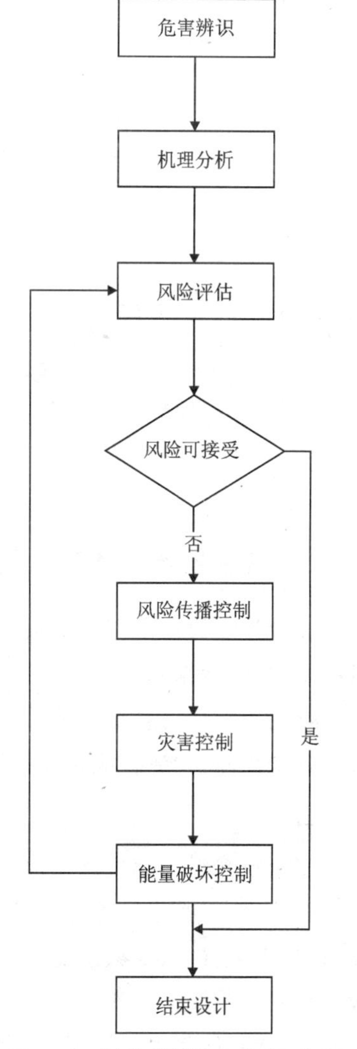

图 4-12　风险传播路径控制、灾害控制、能量破坏控制技术方案图

安全控制设计技术框架由 4 层理论技术＋两套支撑体系构成（图 4-13）。理论层是安全控制技术设计的基础层，是所有上层技术的理论来源，包括风险辨识、风险评估、风险控制等环节的理论。方法层是安全设计的核心层，提供了主要设计方法，如能量控制类方法风险辨识方法等。方法层技术应是成熟可行的手段，技术层是方法层的客观表现形式，方法层中任一技术方法对应多个技术层技术手段。针对某一类事故风险，安全控制技术设计应根据风险控制要求，从技术层中选取多个技术方法综合形成安全控制方案。应用层是安全设计的工程表现形式，也是安全设计的实施技术方法，在实践过程中，安全设计综合了各种理论方法和技术工程的形式与实际相结合，例如建筑施工过程中的洞口安全防护设计，应与建筑工程实际相结合，因为临时洞口与永久洞口防护设计不同，所以应用层中两种洞口安全设计所采用技术方法理论分析大相径庭，另外技术层仅给出理论上可行的技术方案，在实际应用中所受成本、工程技术条件、环境等因素约束造成设计方法无法实施，因此应用层采用工程方法，解决安全设计中工程复杂因素的限制问题。

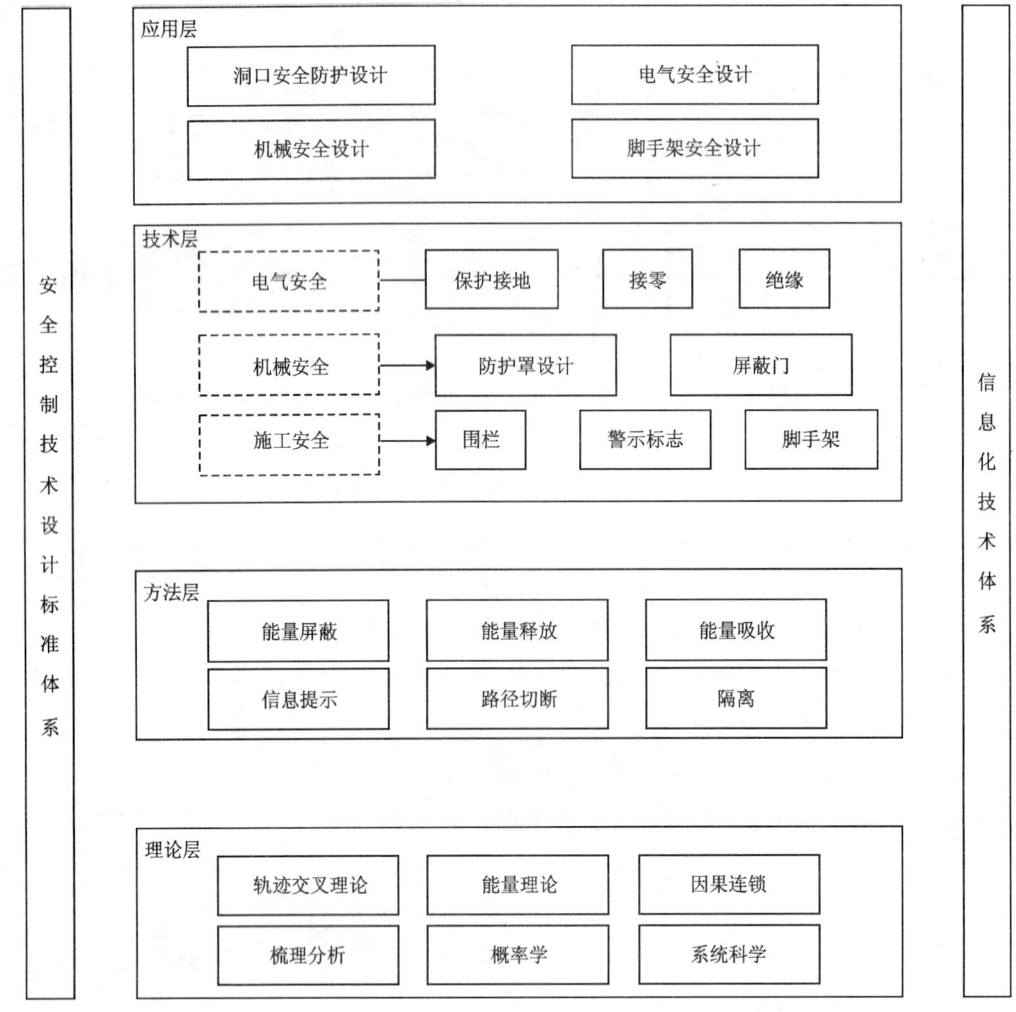

图 4-13　安全控制设计技术框架

三、安全技术设计信息化框架

安全技术设计是一项复杂工程，借助信息化技术可有效提高设计效率和科学性。随着信息技术发展，数据库技术、人工智能、专家系统等技术在工程设计中广泛使用，安全技术设计信息化主要利用信息化技术手段建立各类事故库、风险控制库、设计方法技术库、工程方法库等专家知识库，构建智能化设计模型实现安全技术设计的标准化、模块化和智能化。

1. 信息化设计框架

安全技术设计信息化又称安全 CAD 设计。它将安全设计工程师的人工作业内容转交给计算机完成，将其中标准查询、风险辨识、风险评估、方案优化等复杂、耗时工作模块化、标准化，运用人工智能、专家系统等计算机信息技术，辅助安全工程师完成设计工作。安全 CAD 设计技术涉及安全科学、专业领域学科（如土木工程等）、计算机信息科学等学科领域知识和方法，其技术体系由 4 层理论技术构成：应用层、服务层、模型层和基础层等（图 4-14）。

图 4-14　信息化设计框架

(1)基础层。该层是 CAD 设计的基础库,包含了上层技术体系所涉及风险辨识、分析、评估、控制设计中的基础性数据、资料,如风险辨识过程中设计危险有害因素的物化性质、MSDS 等信息,基础层数据资料是 CAD 设计的数据来源,其格式应遵循数据信息化要求(可存储、可交换、可处理)。因此,安全技术设计信息化最主要的工作是数据信息化,数据信息化应制定数据采集、处理、交换、存储标准,以便于后期设计中使用。

(2)模型层。该层是安全 CAD 设计的方法层,涉及风险辨识、分析、评估、控制中的所有方法和过程,如风险辨识中的 JHA 分析,风险评价中的 DOW 化学评价过程等。基础层为 CAD 设计提供了标准化数据,而模型层则为 CAD 设计提供了标准化的方法和模型。方法模型可通过数学物理方程模型、描述性过程语言等途径实现。模型层中方法是完成某项任务且具有独立功能的基本技术手段的总称，其功能的独立性是它区别于其他方法的显著特征。模型层接受基础层中的数据，转换成一个实用性"工具"，可分析、处理安全 CAD 设计中的专项工作。

(3)服务层。该层是 CAD 设计的功能层，提供风险辨识、风险分析、评估等服务，它是封装完整的方法，可直接调取完成某项安全设计子任务。服务层是通过对模型层方法组合装配，形成具有一定功能的设计活动，可向应用层提供多种可选的安全设计服务，如风险控制设计服务，它封装了风险屏蔽设计、风险隔离、能量释放等控制设计方法，能向建筑施工中吊装作业提供安全设计的隔离带设计、安全标识等服务。

(4)应用层。该层是 CAD 设计的工程应用层，提供了安全设计的工程实现手段。服务层、模型层、基础层中的技术方法具有一定的通用性，不针对具体行业领域，也没有针对具体设计对象。因此，3 个技术层次的技术方法无法直接应用于安全设计中。应用层考虑了具体的行业事故特点，对工程应用实际、成熟技术手段、安全设计工程的限制等条件综合分析，提出实际可行的安全设计的工程手段。此外，安全技术 CAD 设计也是一项复杂系统工程活动，并不是单一因素的风险控制设计，也不是某个环节、某一局部的安全设计，而是整体占优先的全局设计考量，是工程技术与科学结合的艺术级表现，如高空作业安全设计，除必要护栏设计外，应考虑现实作业环境中的交叉作业、同期作业的安全防护设计、防落物设计、防坠设计等。该层是 CAD 设计的功能层。

2. 信息化设计的流程

传统安全设计流程包含危险有害因素分析、事故分析、风险评估和风险控制等阶段，如前面章节中的安全防御设计和安全控制设计。信息化设计利用了计算机信息技术，替代人工完成部分设计分析任务。因此，信息化设计过程是人工设计与计算辅助设计(CAD)的结合过程。图 4-15 给出了信息化设计的流程和辅助设计的中间过程。一段安全设计的主题是作业活动中的安全问题，如高空作业中的防坠落等安全问题。老化主体有脚手架作业等作业安全设计，模板施工安全设计。安全设计主体不宜以事故为对象，因此事故对象可能涉及众多作业活动，难以具体界定，甚至存在遗漏设计的问题，如电气触电安全设计可能在钢筋加工、电焊作业等工作中存在，无法针对性设计。

在危险有害因素辨识阶段，主要利用信息化技术解决众多复杂的工艺过程、劳动过程和环境因素分析查找各环节的危险有害因素。在设计过程中，一旦工艺、材料或环境发生变化，必须重新辨识危险有害因素。信息化技术采用了机器语义分析的功能自动判别工艺性质、因素危害并生成危险有害因素清单、危险源分布图、通用设计措施。危险源分布图是安全 CAD 设计的基础图层，包含通用的风险控制措施。

在事故分析阶段，借助计算机辅助分析功能可完成事故致因过程分析事故后果模拟等功能，计算机辅助分析功能主要依靠技术柜等的服务层和模型层方法研究事故演化过程、风险传播规律，为后期评估和安全设计提供依据。事故分析阶段可生成事故设计专题库，事故后果模型、事故致因网络图、能量作用轨迹图、事故原因清单等，事故设计专题是根据历史事故

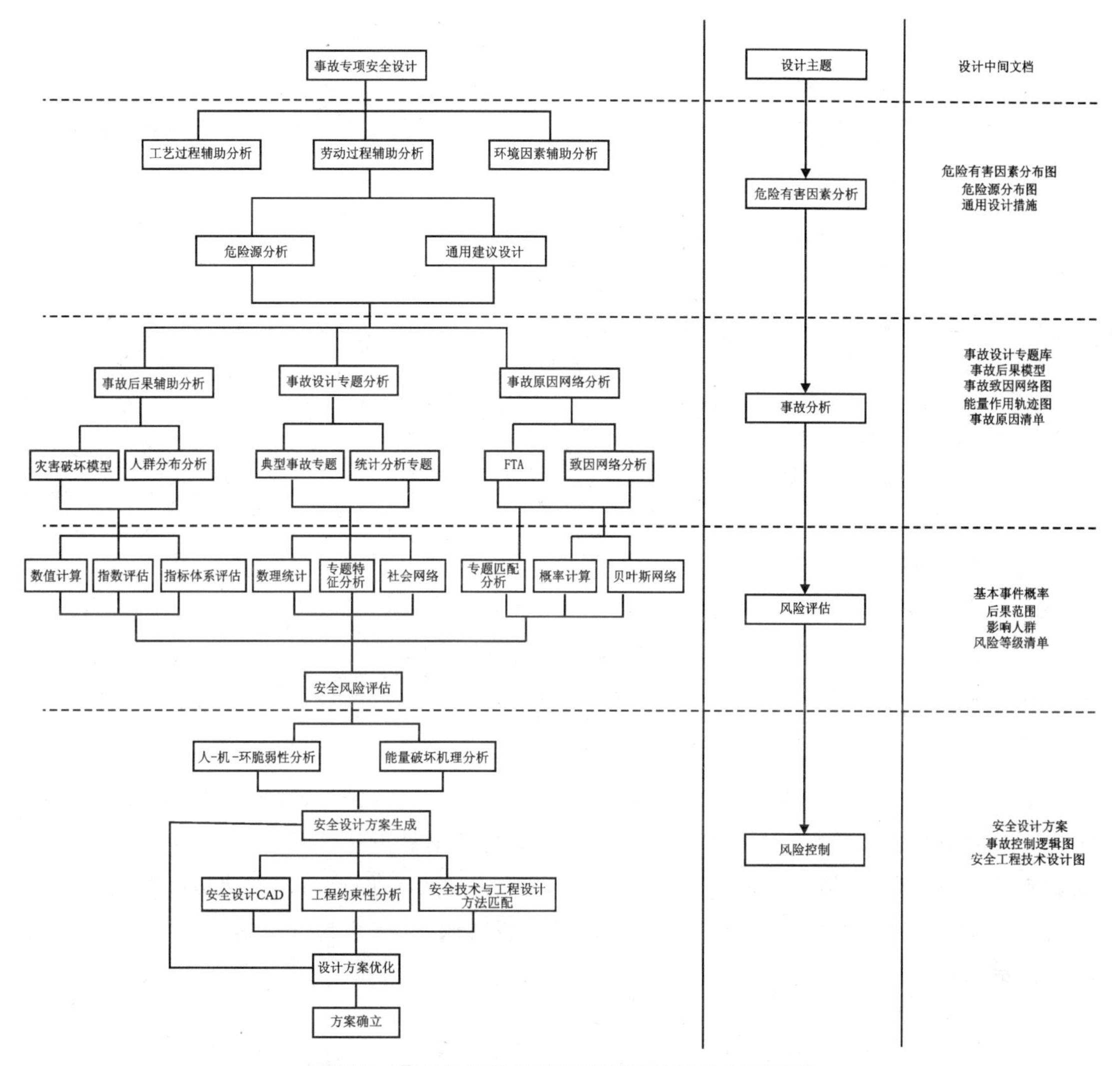

图 4-15 信息化设计的流程和辅助设计的中间过程

分析，形成安全风险评估所需要的关键内容和相关资料(图 4-16)。以语义逻辑将各相关资料数据关联形成多层、网状分布，涵盖了同类事故安全设计的主要内容和绝大部分资料，是安全设计的重要辅助手段。

在风险评估阶段，涉及大量风险计算分析，并且设计过程的迭代更新特性，相当一部分计算分析需要反复演算。通过利用信息化手段，可有效减少员工分析计算时间。风险评估方法来源中技术体系中的服务层风险评估模块，它将概率统计方法、FTA 概率分析、贝叶斯推论、事故后果模拟等方法封装并形成标准模型。风险评估的数据来源于基础层的数据资料，其方法技术来源于模型层。设计人员运用多种风险评估工具，多次评估安全设计控制程序、风险水平，以期检验安全设计方案是否满足风险控制要求。

在风险控制设计阶段，安全 CAD 设计工具辅助安全工程师最终完成安全设计。它提供安全防御型设计和安全控制设计两类工具模块。安全 CAD 设计工具是基于前期分析生成的

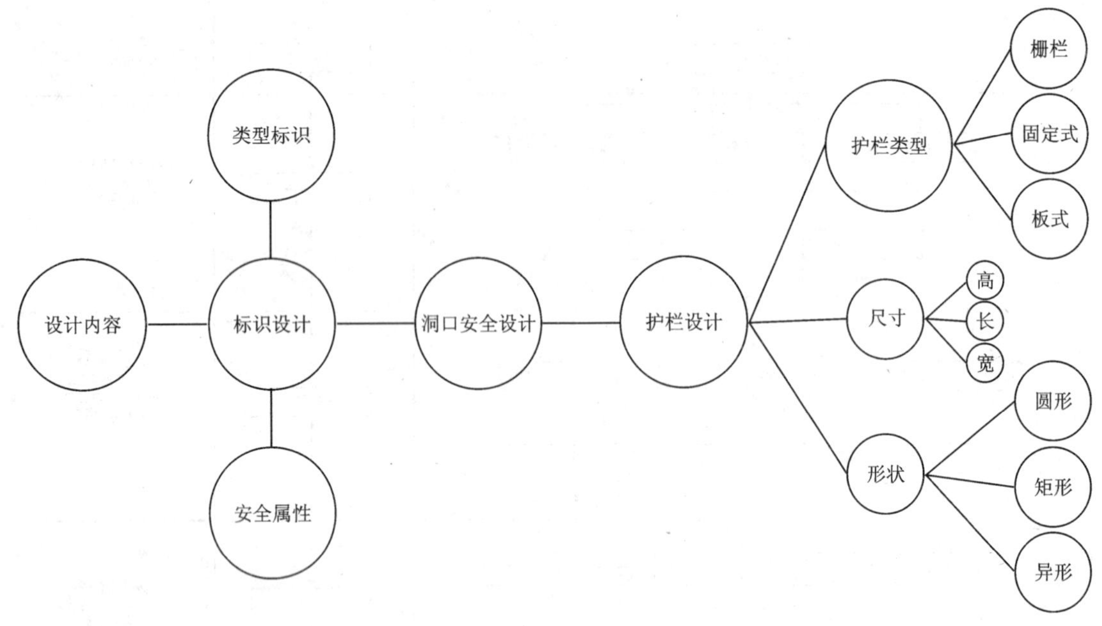

图 4-16　建筑类洞口安全设计

危险源分布图，并以此图层为基础，自动生成危险有害因素致害路径图（如能量释放路径），因此，在风险控制设计阶段，危险源分布图和危险有害因素致害路径图是安全设计的主要对象，安全 CAD 设计工具提供一套风险控制工具箱和风险设计控制符号，方便在两图层基础上制图。分析完成初步风险控制绘图作业，CAD 工具会自动解算设计方案的工程约束性分析，力求实现成本、技术与实际需求间优化设计。经多轮优化调整后即可确定最优风险控制技术方案，CAD 工具可自动将风险控制技术与工程手段、方法匹配，形成最终风险控制工程布置图，指导施工和建设。

第四节　安全预防技术设计案例

一、基于蒙特卡洛方法的安全标识位置设计

图 4-17 为安全标识位置设计流程图。

二、蒙特卡洛方法研究

蒙特卡洛分析法（Monte Carlo Analysis）是以概率论和统计分析方法为基础，使用随机抽样模拟实验来估计事件发生概率的计算方法，其特点是计算的结果是通过大量重复的抽样实验得到的。在设定需要研究的事故类型的主要变量及其分布之后，结合事故模型对事故系统中可能发生的随机事件进行大量反复模拟，最后得到各种事件结果的发生概率。蒙特卡洛模拟的技术路线如图 4-18 所示。

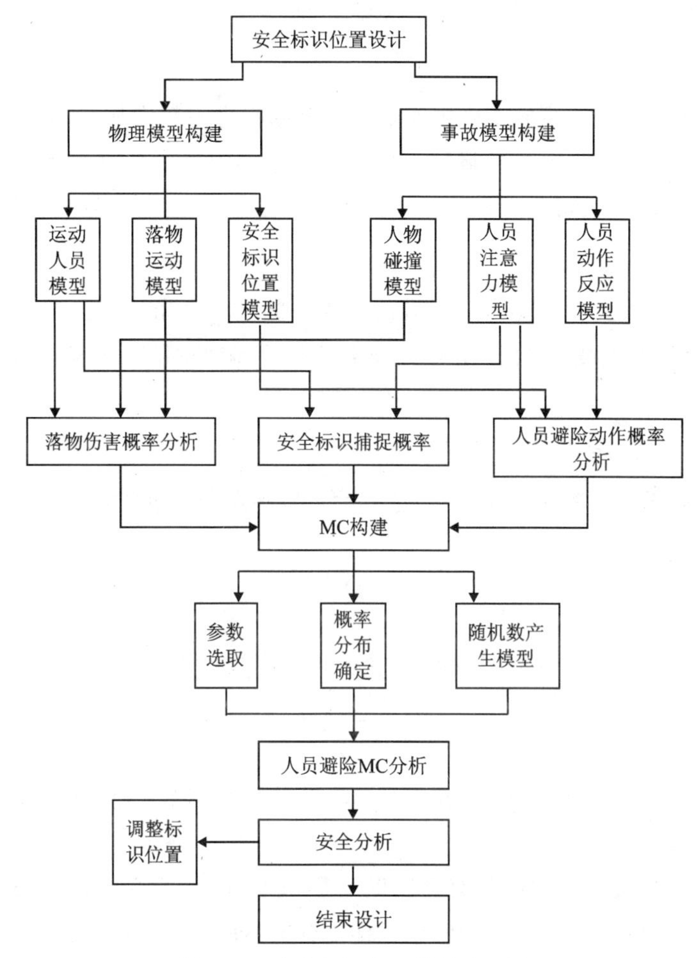

图 4-17 安全标识位置设计流程图

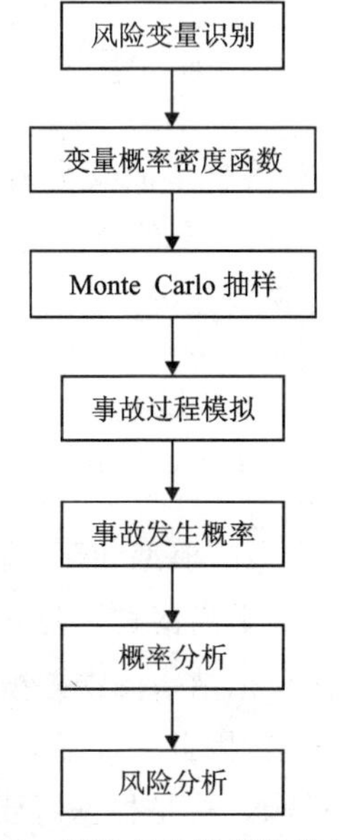

图 4-18 蒙特卡洛模拟的技术路线

下面介绍几个蒙特卡洛模拟过程中的关键问题。

1. 概率密度函数

蒙特卡洛分析过程中涉及的不确定变量是由概率密度函数表征。其中，概率密度是指随机抽取的样本值落在指定区间内的概率，因此，蒙特卡洛方法的这种不确定性很适合应用于随机性特别明显的事故，当得到事故的概率密度函数分布时，运用蒙特卡洛便可求解。

2. 蒙特卡洛抽样

蒙特卡洛分析的大量重复计算基于对已知事件的概率分布，因此，首先要确定事件所服从的概率密度函数，并且利用蒙特卡洛法从该概率密度函数中随机抽样得到模拟需要的输入参数集。

3. 蒙特卡洛法的误差估计理论

蒙特卡洛法所求随机变量 X 的 N 个子样的算数平均值如下所示：

$$\overline{X_N} = \frac{1}{N}\sum_{n=1}^{N} X_n \tag{4-1}$$

式中：N 为样本容量。

依据中心极限定理，MC 法求得结果的误差 ε 可表示如下：

$$\varepsilon = \frac{Z_\alpha \cdot \sigma}{\sqrt{N}} \tag{4-2}$$

式中：σ 为标准差；N 为样本容量；Z_α 为 α 的分位点，当 $Z=1,2,3$ 时，所对应的置信水平分别是 68.3%，95.4%，99.7%。

由此看出，ε 与 N 的二次方根具有反比例关系，但如果 N 无限制增加，计算过程也会更复杂，这并不利于误差的减少。因此，如何选择样本容量，直接决定计算过程的复杂程度和计算结果的误差，将 MC 法用于事故再现中时，必须要选择合适的样本容量，不仅能够减少计算量，使计算过程不那么复杂，还可以得到理想误差控制的结果。

三、事故建模

该模型是研究加入一个反光标示对落物事故安全的影响，在事故区间内，对周围环境进行建模，通过现场调查，所有的变量均服从一定的分布特征。通过对模型进行建模分析，得到事故发生的概率，通过概率对事故进行安全分析。

(1)模型的构建

图 4-19 为事故模拟图。

(2)模型的主要参数

该模型主要包括 3 部分：场景模型、人的模型和落物模型。在实验中，如果工人看到反光标示，则会注意落物，就不会发生危险，如果离落物风险处距离过近，则会发生风险。

由前文可知，模拟次数的增多会使模拟结果的误差减少，模拟结果相对更准确，但是相应的运算过程会更加复杂，运算速度也越慢，因此一个合适的模拟次数对于整个模拟过程尤为重要。设模拟总次数(即外部循环数)是 N，这是根据所要求的精度决定的。每次实验的计算

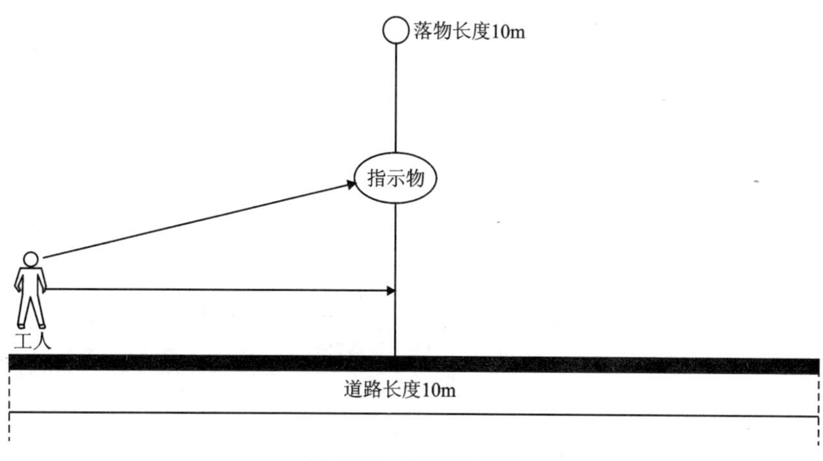

图 4-19　事故模拟图

结果要么是碰撞，要么不碰撞，所以碰撞概率：

$$P_c = \frac{C}{N} \tag{4-3}$$

式中：C 为碰撞事故的发生次数。

假设落物概率为 0.01%，工人进入模拟现场的时间服从均匀分布，看到指示标示的时间服从正态分布，试验次数选取 10^5 和 10^6 次（表 4-3）。

表 4-3　参数设置

参数	有指示标示	无指示标示
落物概率(%)	0.01	0.01
道路长度(m)	10	10
指示标示高度(m)	5	0
工人行走速度($m \cdot s^{-1}$)	1	1
工人进入的时间(t_1)	随时间均匀分布	随时间均匀分布
工人看到指示标示的时间(t_2)	随时间正态分布	无
试验次数(次)	1×10^5 和 1×10^6	1×10^5 和 1×10^6
危险范围(m)	±0.3	±0.3

设计事故流程图如图 4-20 所示。

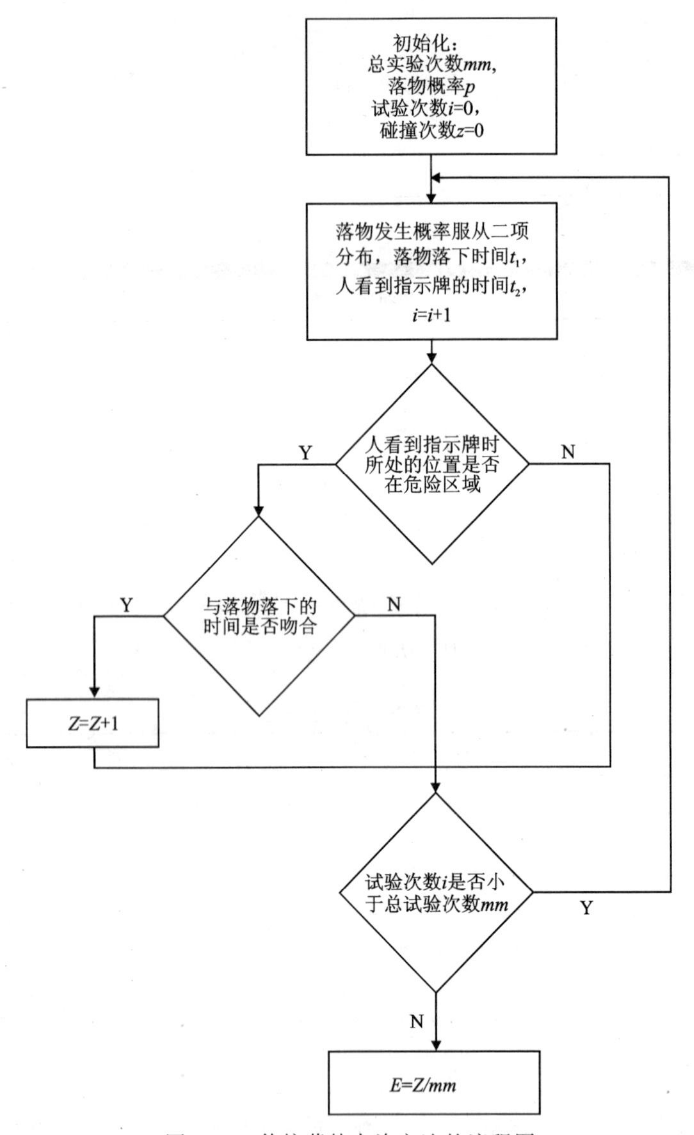

图 4-20 传统蒙特卡洛方法的流程图

四、模拟结果分析

运用 Matlab 对落物过程进行蒙特卡洛抽样模拟。人看到反光标示的时间分别运行 10^5 和 10^6 次，服从正态分布。经过模拟计算，得到有反光标示和没有反光标示的事故发生图像。

当运行 10^5 次时，结果如图 4-21 和图 4-22 所示。

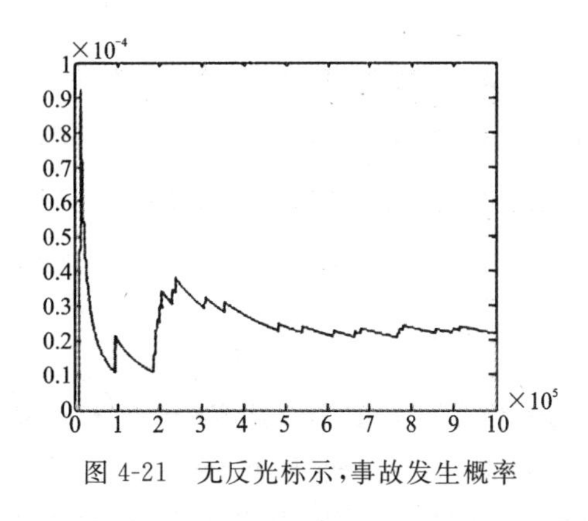

图 4-21　无反光标示,事故发生概率

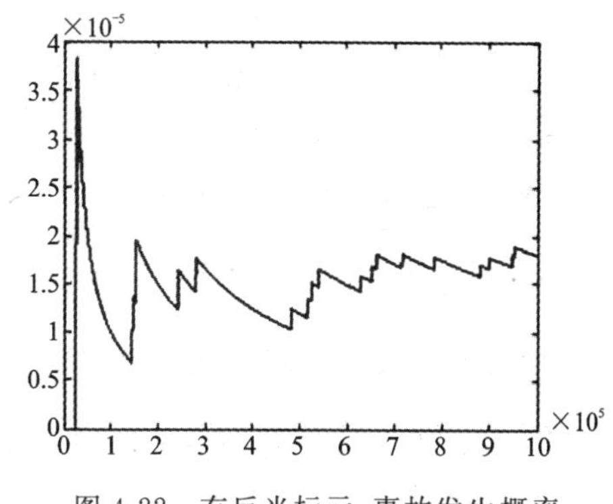

图 4-22　有反光标示,事故发生概率

当运行 10^6 次时,结果如图 4-23 和图 4-24 所示。

从下图中可以看出,如果选取容量为 10^5 ,模拟结果波动很大,主要是由于事故本身发生概率比较低,所以导致 10^5 实验结果不可靠,因此选取样本容量为 10^6 ,模拟结果会得到一个稳定值。

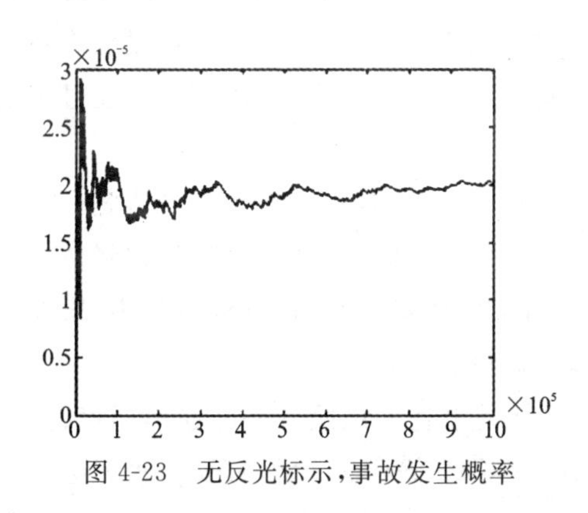

图 4-23　无反光标示,事故发生概率

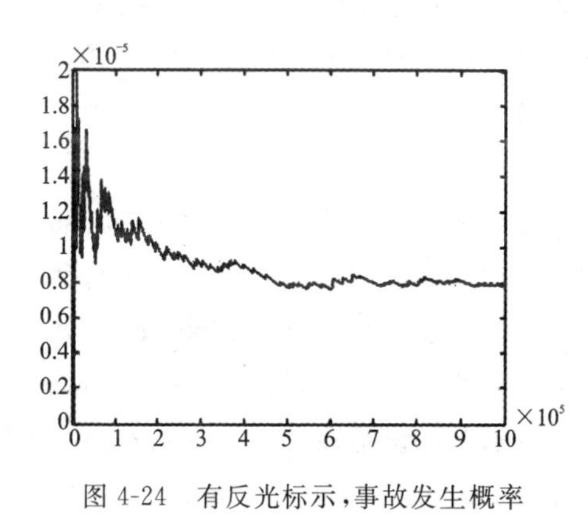

图 4-24　有反光标示,事故发生概率

如图 4-25 所示,由 MC 法计算可以直观的看出,增加一个反光标示,则可以减少至少一半的事故发生概率。

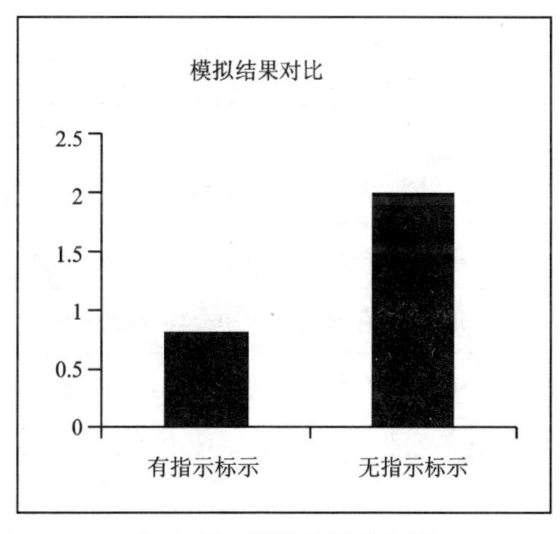

图 4-25　模拟结果对比图

第五节　安全控制技术设计案例

本案例以某一建筑施工现场安全设计为研究对象，该现场主要作业活动有塔吊、车辆运输、基坑开挖、钢筋加工等活动，危险有害因素包括电能、机械能等，危险源有塔吊、剪切机、车辆等。

一、安全控制技术主要符号介绍

安全控制技术符号是安全技术的符号表达，是安全工程师安全设计意图的图形表达，主要包括能量对象基本符号、能量指标基本符号、能量控制基本符号和风险水平标识 4 大类。

能量对象基本符号包含了对事故能量的主要形式，如势能、动能、电能、化学能等(表 4-4)。根据能量事故理论，人员伤害、财产损失多与能量释放有关，安全设计的主要目的是能量控制。基本符号表示能量的主要存在形式、类型和场所。本书内容中所指危险有害因素皆以能量形式出现。危险源指作业现场的场所、设备、设施等。

能量操作符号是能量在生产系统中，尤其是在事故演化过程中的变化形式，如能量的转换、存储和转移(表 4-5)中能量的特性，能量不能消失、根除。因此在安全 CAD 设计中运用能量基本操作符号来表达事故致因过程中能量的多态变化，能量从危险源溢出后，经过多次转换、转移、存储等过程，与人体接触伤害。

能量控制基本符号是安全设计中用来表达安全控制措施的图形，包括能量泄漏、隔离、吸收、消除的措施(表 4-6)。基本符号可分为两大类，一类是针对能量安全控制，如释放、隔离；另一类是针对能量传播途径控制，如吸收、消除等措施。在安全 CAD 设计过程中，安全工程师可选取多种符号组合，从中优选最佳方案以实现风险控制目标。

风险水平标识是在安全 CAD 设计中用来表现某类事物的风险水平。在本书设计中，风险可分为 4 级，用红、橙、黄、绿表示(表 4-7)。风险对象经安全设计后，其安全水平会发生变化。风险水平标识可表达设计前后安全水平和设计。风险控制设计无法将所有风险降为可接受水平，部分措施也无法以图形表达展示，如管理要求。设计图中不同风险水平为日常安全提供了重要手段。

表 4-4　能量对象基本符号表

序号	符号	名称	意义
1	▲	危险源	存放能量的场所、对象，且是释放危险有害因素来源
2	Ⓟ	势能媒介	存放势能的中介媒介，如真空环境、物体等
3	Ⓜ	动能媒介	存放动能的中介媒介或对象
4	Ⓔ	电能媒介	存放电能的中介媒介或对象
5	Ⓒ	化学能媒介	存放化学能的中介媒介或对象
6		人	受害人或人群

表 4-5　能量基本操作符号表

序号	符号	名称	意义
1		能量转换	能量由一种形式转换为另一种形式，如机械能转换为热能
2		能量存储	能量由外界输入到能量媒介中存放
3		能量转移	能量由某一媒介转移到另一媒介，能量形式未变

表 4-6　能量控制基本符号表

序号	符号	名称	意义
1		泄漏	从另一途径释放能量
2		隔离	将人与能量分隔开
3		吸收	能量传递到人体后吸收部分能量，并转移、转化或存放
4		消除	消除能量转换、作用等条件

表 4-7　风险水平标识表

序号	符号	颜色	等级	说明
1		红色	四级	最高风险水平。风险超过可接受水平，立即重新设计或其他措施降低风险
2		橙色	三级	警告风险。存在较大伤害可能，立即监控，重新设计或降低风险
3		黄色	二级	警示风险。存在一定风险，应定期监控或降低风险
4		绿色	一级	可接受风险

二、危险源分布图

通过利用危险有害因素分析、危险源辨识等工作，可建立生产现场危险源分布图（图4-26），该图是危险源在空间地图上的实际分布，有助于设计师将风险与实际空间相对应，提高了安全设计的针对性。在后期设计阶段，危险源分布还与实际安全控制工程技术部分图相结合，全面展示了工程技术布置图的控制对象和控制措施。

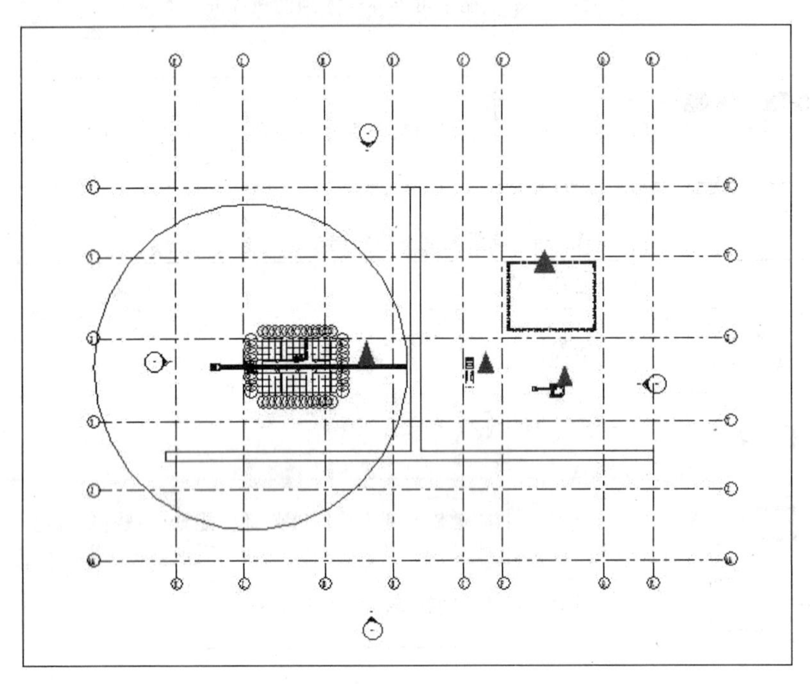

图 4-26　生产现场危险源分布图

三、能量作用轨迹图

能量作用轨迹图表达了生产现场中所有危险源及危险有害因素（能量）的致害过程，能量轨迹图相互关联，展现了生产现场的多风险耦合关系（图 4-27）。能量作用过程是从危险源的危险有害因素（能量）逸出开始，沿能量传播途径发展，直至到达人员或人群造成伤害而结束。能量作用图展现了现场所有能量的流动情况，也说明了风险的传播过程。通过对能量轨迹图的分析可了解风险传播的主要途径，以便后期确定风险控制的主要环节和主要控制形式。能量作用图是安全 CAD 设计的核心，其绘制过程需要对生产中的能量形式全面了解，掌握各种能量的传播特性，深入分析能量事故的伤害过程。一定程度上说，能量作用轨迹图决定了安全 CAD 设计结果的优良水平。

图 4-27 还表达了风险的相互耦合关系，即风险的传递性、相关性。这种耦合关系主要以 3 种形式出现：①危险源的关联性。任一危险源可能包含多种危险有害因素（能量），不同能量的传播路径、作用人群存在差异，但诸多的能量路径均在能量载体-危险源上相关联。因为它拥有共同的客体对象（危险源），由此危险在空间上交叉关联。②能量作用途径的关联性。能

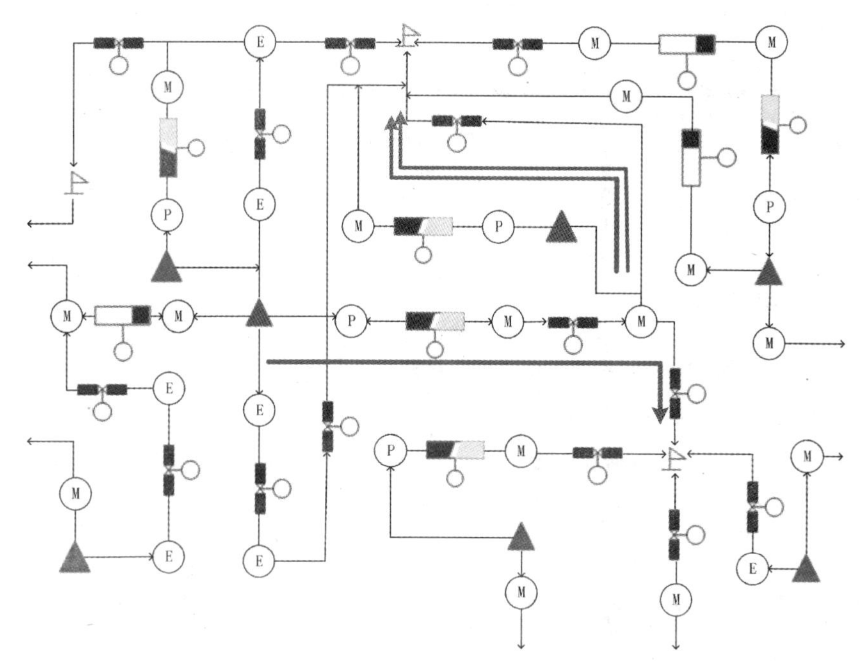

图 4-27　多风险耦合关系图

量在传播过程中会发生旁支分流现象，如图中单粗线与双粗线两种能量流动，他们共享了一段相同的能量传播过程。图中塔吊物品获得动能后可能向两种人群流动（开始分叉）：现场作业人员和穿越作业区人员。因此，两类能量作用轨迹产生关联现象。③人群（财产）关联性。由生产现场的复杂性，同一人群（财产）可能遭受一种以上的能量破坏作用，这种能量作用可叠加而产生多重破坏人群的关联性发生在能量的传递链终端，表现了多风险对同一人群（财产）的叠加破坏作用，以及多风险的来源和作用途径，这是一种风险汇集现象。总之，风险的耦合性是风险控制设计中的重点内容，导致风险具有较强的隐蔽性、动态性，极大提高了风险设计信度。

图 4-27 中粗线部分说明了某建筑施工现场的塔吊落物伤害事故能量作用过程。危险源（塔吊）的吊物在起吊过程中获得势能并存储于吊物中，当能量转换条件成立后（吊物意外下落）吊物势能转换为动能，并存储于吊物。最终吊物动能接触人体而发生能量转移，人体遭受过量动能而受伤害。图中还说明危险源的其他能量伤害形式，以及同一作业人群遭受多个能量伤害的风险耦合关系。

四、能量防控逻辑图

能量防控图是在能量作用轨迹图的基础上分析能量传播特性，从安全防御性技术设计和安全控制技术设计两方面提出 CAD 设计的措施。理论上，能量作用轨迹图的任一环节，对象均可采取多种措施（图 4-28）。图中标示了塔吊作业中落物伤人事故能量控制符号绘制表达，其能量传播过程要素均给了相应的控制符号及控制要求。然而，在实际中，能量控制符与现实物理逻辑并不一致或不可行。因此，需进一步甄别方案的可行性。

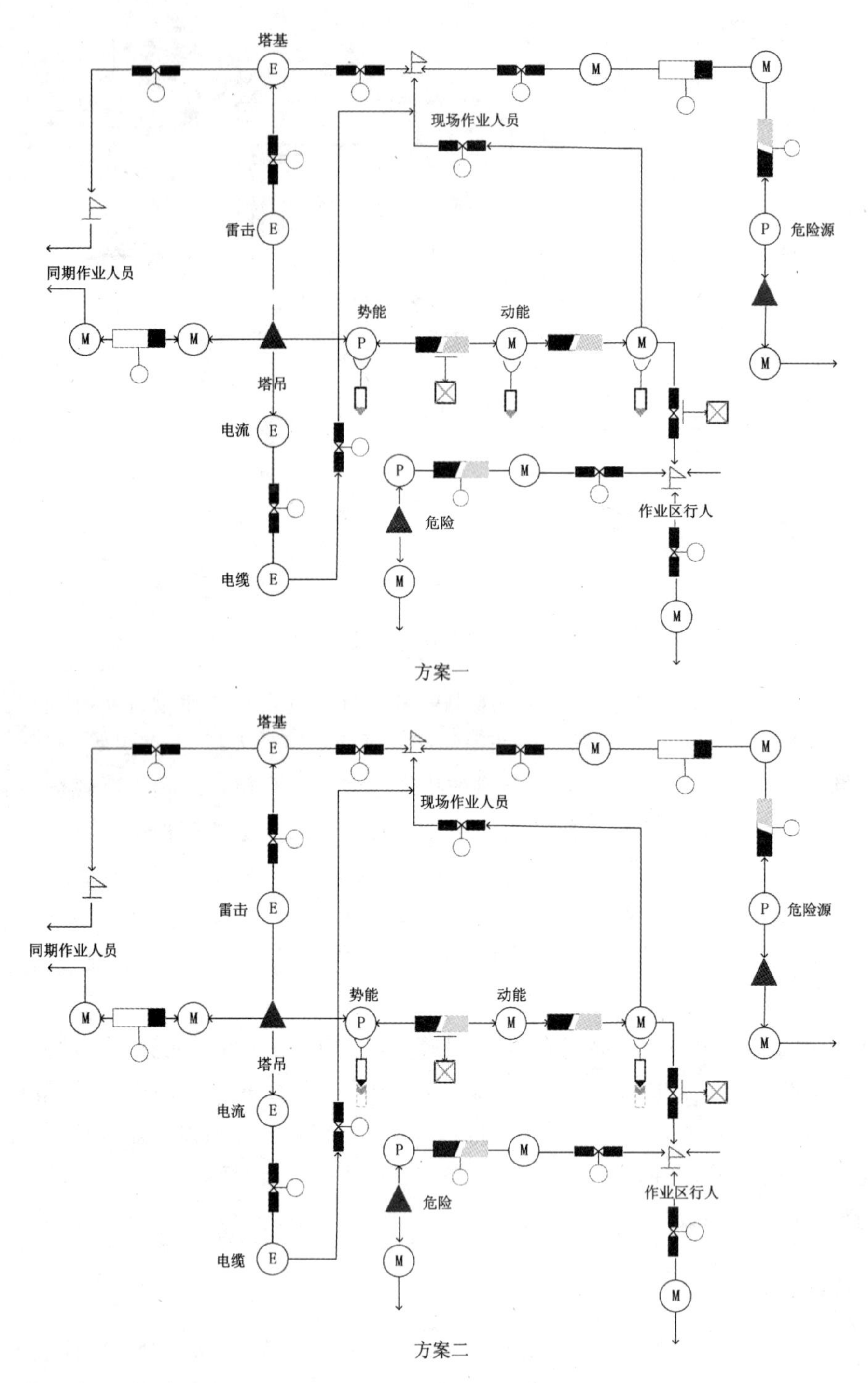

图 4-28　能量防控图

图 4-28 中方案一给出了多个环节的控制要求，但经分析后，控制措施至少存在 3 处问题。如吊物获势能后，吊物脱钩后意外下落获得动能，并逐渐变高。现有工程技术手段无法泄放

能量，降低能量水平。但可在现场设置警示标识，采用信息隔离方式消除风险。因此，经工程条件物理逻辑分析后，方案二的控制措施相对合理。危险有害因素（能量）从危险源获得能量（势能），可采取信息隔离（安全标识）方式控制风险；受吊钩、风力等因素影响，吊物意外下落，势能开始转换成动能，此阶段主要对能量转换条件根除（如吊钩脱险装置）；获得较高动能的吊物开始下落接近人群或通道，此时控制符号表示为能量对象的隔离，如塔吊区加设围栏，封闭作业区；阻止能量逸出控制区；在下落吊物接触人群后，吊物动能向人群转移，人群遭受过量动能伤害。针对能量传播途径的控制符，表示对人群接近路径隔离，如设置专用行人通道绕开吊装区，或设置人员活动区，固定作业人员活动范围，避开风险区；能量传递终点是人群，其控制符主要是个人防护装置（PPE），如安全帽、安全绳等。能量不同相应的 PPE 也不尽相同。

五、安全工程技术设计图

完成能量防控逻辑图绘制后，安全 CAD 设计开始进入工程技术设计图编制阶段。安全工程技术设计图是将安全防控逻辑中的控制符号工程化，即将控制符号转换成工程技术手段。防控逻辑图不仅是理论模型意义上的风险控制方案，更主要的是为工程师提供绘图平台和风险评估模型，但无法立即转换成现实工程应用。

受现实工程技术条件、生产成本、环境因素等套件限制，应将防控逻辑图与工程实际接合，并具体化。图 4-29 中是关于塔吊作业风险防控逻辑图的工程化表达。其中塔吊信息隔离符号可对应多种工程技术手段，如安全标识、警示带、声光报警等措施；能量转化控制符对应吊钩防脱装置、吊绳在线监测系统、专用吊具使用等工程手段。

由于工程技术手段的日新月异，本书并未给出详细列表说明。随着信息技术发展，安全 CAD 设计中可建立庞大的工程技术库，对应各种类型的控制逻辑符号。本书仅针对建筑施工现场做案例分析，并未说明其他行业领域应用情况，也未列出人-机-环系统防御设计的逻辑和工程技术图，可作将来讨论扩展准备。

安全 CAD 设计流程中，主要涉及危险源分布图、防控逻辑图和工程技术图（图 4-30）。当前并无清晰的标准和规范，3 张设计图体现了安全设计的理念到实践过程，同时要求工程师具备扎实的理论知识和充足的实践经验。3 张图纸并不仅限于安全设计阶段使用，针对生产现场实际情况，工程师可定期制作、更新图纸内容，指导现场安全检查和安全管理，彻底改变以往安全工程不懂设计，也无专门技术图纸指导现场安全检查的尴尬局面。

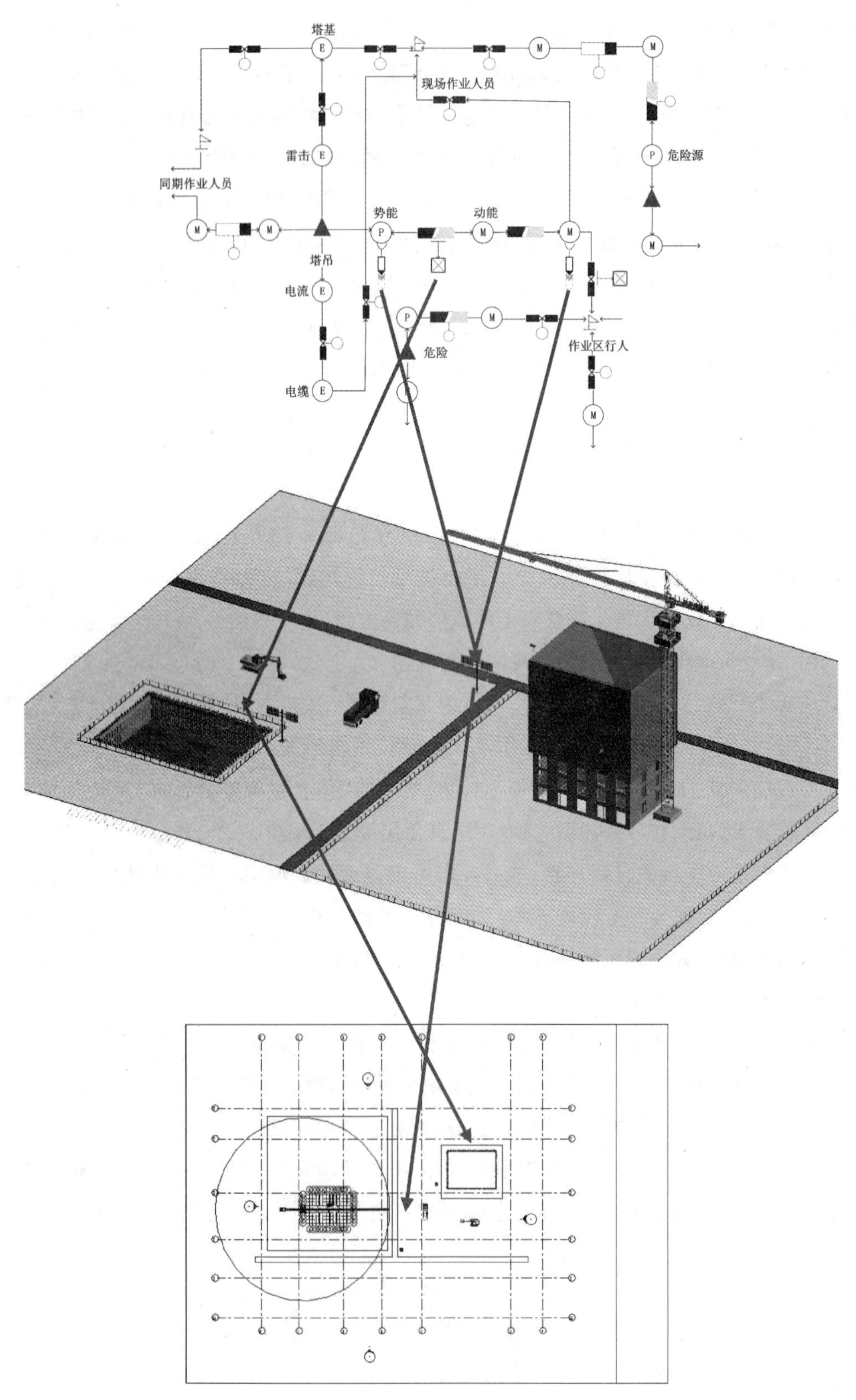

图 4-29　塔吊作业风险防控逻辑图的工程化表达

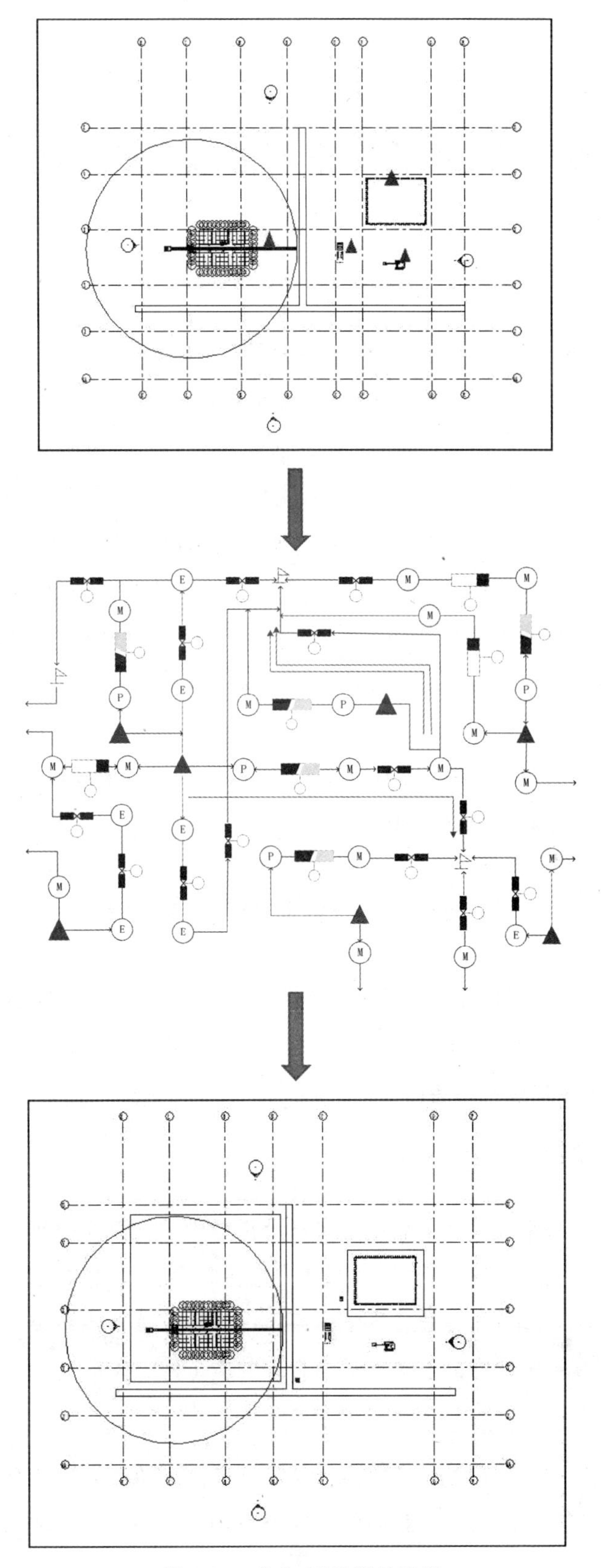

图 4-30　安全 CAD 设计流程

第五章　生产安全事故应急指挥设计

生产安全事故应急预案是指生产经营单位为了实现应急管理工作的制度化、程序化和法制化，针对生产过程中可能发生的突发事件，为保证迅速、有序、有效地开展应急行动，降低事故损失而预先制定的有关计划或方案。它是在辨识和评估潜在风险、事故类型、发生的可能性、事故后果及影响严重程度的基础上，对突发事件的预防和准备、应急响应和恢复等方面做出具体安排。生产经营单位及时制定生产安全事故应急预案并进行定期应急演习、培训，一方面有利于对突发事件及时做出响应和处置，控制突发事故的影响范围，避免突发事件扩大或升级，最大限度地减少突发事件造成的损失；另一方面明确企业各部门职能，合理划分职责，规范生产安全事故应对处置工作，同时合理分配应急资源，提高企业应急能力及应急效果。因此，制定生产安全事故应急预案是每个企业必不可少的基础性工作。为了提高各企业自我编写生产安全事故应急预案的能力，本章主要从生产安全事故应急指挥体系构建、长输管道应急指挥决策设计等方面进行详细的阐述。

第一节　应急指挥体系构建

天然气管道灾害应急指挥体系是管道应急的主要框架，科学、合理的应急体系有助于应急救援的快速实施、应急决策的迅速制定。本书主要从体系组织结构、决策指挥过程、组织联通性等几个方面分析应急体系构建的关键问题。

一、应急指挥体系系统性分析

构建、管理一个复杂系统必须依靠系统科学分析手段进行全面的研究。随着系统科学的不断发展，社会科学系统变得越来越复杂，其结构也在向多层次、超精细方向发展。为了适应不断发展的应急过程的要求，作为社会科学体系中一类的应急指挥系统也开始从简单到复杂的演化，全面地分析其系统性有助于建立科学合理的应急指挥体系。

1. 系统的自组织过程演化

哈肯在《协同学》一书中，对“组织”“自组织”是这样描述的：“如果每个工人在工头发出的外部命令下按完全确定的方式行动，我们称之为组织，或更严密一点，称它为有组织的行为。”

“如果没有外部命令，而是靠某种默契，工人们协同工作，各尽职责来生产产品，我们把这种过程称为自组织。”自组织是系统为实现整体最大目标，各子系统或组织自发地通过协作来达到系统的整体目标的过程。在这一过程中，系统实现了质的变化，更容易完成既定目标，同时子系统也从中“受益”，其功能与能力得到提高。

自组织系统的基本条件是：组成系统的要素必须大于 3 个，要素之间呈非线性关系，系统必须是开放系统。自组织是系统由无序走向有序的过程，应急系统中的无序是指原有的应急指挥体系已不能满足现有的灾害事故的应急要求，导致原应急指挥系统功能失效。

应急指挥系统是一个开放的系统，它在实现系统的整体目标过程中，不断寻求外部资源并整合到现有应急体系中。从耗散结构理论来看，这种不断地从外部获得能量的过程，将增加系统的“负熵”，从而增加了系统从无序到有序的动力。随着事故伤害类型、大小、范围等不断地增加，原有的应急体系由于结构单一、功能简单、通讯落后等原因，已不可能满足现有的应急要求。原有体系内的子系统之间开始由不合作转向部分协作，这种协作“顺应”了系统目标要求，在子系统间非线性关系的放大作用下开始得到强化并加以扩散，最终改变了系统的整体组织结构。图 5-1 是某长输管道应急指挥系统的自组织演化图，随着灾害事故的类型、大小、范围的不断变化，系统的结构复杂度也在不断增加。

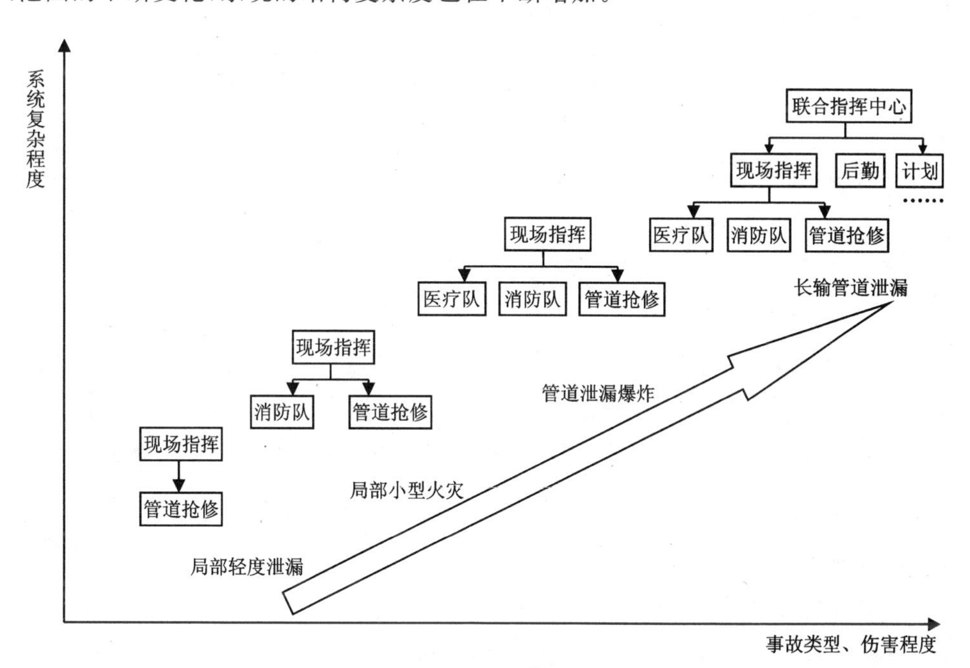

图 5-1　某长输管通应急指挥系统自组织演化图

2. 应急指挥系统控制过程分析

应急指挥系统是典型的“多线程”任务，不同等级、不同区域的组织共同参与应急救援行动。这些组织在协作的同时，却都具有不同的任务目标。随着事故的演化发展，这些组织会根据事态的变化、环境的改变不断调整行动计划，以期完成最后的任务目标。这些调整既包括前馈式控制，又包括后馈式控制，其行为过程符合扩展控制模型(ECOM)，如图 5-2 所示。后馈式控制通过分析系统目前的状态与理想状态之间的差值，制定调节手段来消除或减少这个差值，以达到理想状态；前馈式控制则利用系统知识来先行预测系统未来的变化，直接作用于系统以达到理论状态。ECOM 模型是研究系统中不同层次人员为完成不同的目的所表现出的行为。各层次不仅有等级之分，时间刻度也是不一样的。跟踪层的活动主要表现为短时间的，变化频繁，主要是评估现场的行动效果是否达到上层所制定的目标要求；而目标层表现时间最长，变化较少，主要是指挥首长(IC)或联合指挥部(UC)对应急系统的要求与最终目标。

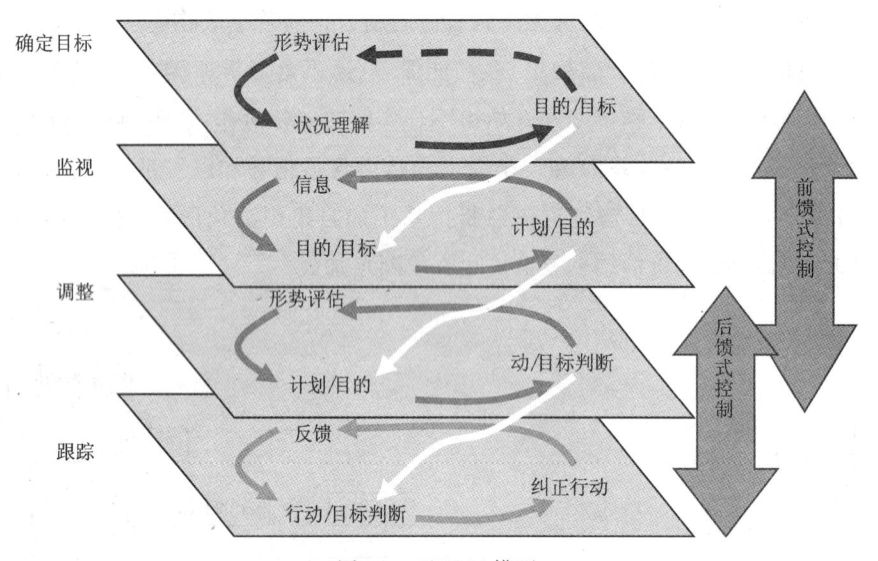

图 5-2　ECOM 模型

应急系统的跟踪是闭环的后馈式控制，是现场监测人员对泄漏控制计划、人员救援计划、人员撤离计划进度进行评估，与预定的现场应急行动目标相比较。如果没有达到既定目标，必须制定纠正措施或行动，如此反复，直至目标达成。调节控制决定了跟踪控制层的目标，它是既具有前馈式控制又有后馈式闭环控制系统。前馈过程主要是应急系统的调节控制活动应来自监视层预先制定的计划与目标。应急指挥的过程中，调节控制活动不断评估现场形势，对应急救援的具体计划做出调整，制定新的详细的行动方案，以便更容易、更有效、更快速地完成应急总体目标。监视控制根据目标层所确立的应急救援总目标，通过收集现场所有相关信息，制定具体的计划方案，这些方案可能包括人员救治、人员撤离、管道抢修等。这些方案可能会随着相关条件或环境的变化而不断做出调整，因此它是一个后馈过程。目标控制层位于 ECOM 模型的顶层，是一个开环控制系统。指挥首长(IC)或联合指挥部(UC)通过对现场形势、企业状况、社会信息进行评估，综合考虑，制定应急救援的总体目标和原则。这一目标相对而言比较持久，是 ECOM 其余各控制层的行动准则。

从 ECOM 模型分析可看出应急指挥系统存在的不确定性风险(图 5-2)。这种风险可能来自于信息的缺失或信息的不确定性,尤其在事故应急指挥的初期,这会严重影响救援计划的制定、现场救援行动的效率、现场形势的评估等;除了信息的缺少或不确定性外,控制过程中的反馈经常是延时性的,这将会导致 IC 指挥命令的滞后或应急人员对指令反应的滞后等。

3. 系统的混沌特性分析

混沌理论是非线性科学的重要内容之一,它为研究复杂非线性系统的行为特性提供了重要的途径。一般复杂生产经营系统的应急指挥系统都是复杂大系统,如长输管道的应急指挥系统有如下特点:①结构复杂。应急系统所涉及国家、省级、市县级等众多相关部门,这些部门或单元类型不一,包括有行政负责人、消防队、医疗队、现场救援、管道抢修等。部门之间即有横向互通联系,上下级部门还存在领导和从属的关系,组织结构复杂。②应急区域大,长输管道一般都跨越多个省份,地理、气象、人文条件各异,应急指挥所处环境不一。③功能多样。应急指挥系统的主要目的是快速将事故损失减少到最低程度,其中包括人员医疗救援、人员转移、管道抢修、现场恢复等。④要素众多。应急指挥系统涉及人、物、环境等因素,还有经济因素、社会因素等。

正是由于复杂生产系统的应急指挥系统这些特点,致使内部组织结构之间的关系以及信息流量方式都呈现高度的非线性,信息(命令)在内部结构之间传递过程中容易受非线性因素的影响,导致信息内容减少或“伪增”。生产经营系统的应急指挥系统主要是在事故发生之后开始运行的,日常时间系统处于应急准备和预警阶段。在紧急状态下开始运行的应急指挥系统,可能由于系统的先天“组织结构缺陷”或是缺少训练,系统部门功能不能完全发挥,甚至可能存在关键部门缺失,整个系统处于一种不稳定状态,即混沌理论所谓的“非平衡状态”。

在应急指挥的过程中,如果现场监测人员发回事故信息或是指挥负责人发出若干行动指令,这些信息很可能在层层部门之间进行传递的过程中受非线性因素的影响而不断“伪增”或减少,到达目的部门时信息量已发生大变化,最后导致整个系统各个部门的功能开始失效,混沌开始出现。

二、应急反应指挥体系运行机制研究

事故应急指挥体系是一个动态、复杂系统,它既包括平时的应急管理,也包括灾害过程中的应急指挥。应急体系的运行机制首先要确立基本原则,为应急体系的构建确定方向和范围。另外,还要包括具体任务、体系框架,以及决策过程的细节。

1. 应急指挥构建原则与基本任务

1)应急指挥构建原则

(1)快速决策、科学有序。生产经营事故的巨大破坏性、危害性,导致任何犹豫不决或拖延决策都可能给人员或设施带来巨大的伤害和破坏。因此,事故发生后,应急指挥系统必须迅速而果断地做出战略抉择，做到第一时间警觉、第一时间判定、第一时间决策，在最短的时间内做出正确的判断，采取正确有效的措施，迅速调动人力、物力和财力实施救助行动。如立即组织在场人员抢救生命，在靠近事发现场的地方设立现场应急指挥中心；根据事态的发展向政府相关部门寻求必要的援助；迅速恢复和重新建立通讯联络；尽快将现场情况、事件趋势、可能产生的后果以及应对措施和援助要求等报告指挥中心。科学有序就是对事故应急处理时要抓住主要矛盾，分清轻重缓急和先后顺序，集中精力抓好当务之急。应急管理行为的实施，必须依据一定的评估标准和优先秩序，确定现场控制及处理的工作程序。决策过程要注意科学性、技术性，多征求特定技术领域专家的意见，杜绝盲目蛮干。

(2)统筹规划、组织协调原则。应急体系应能够涵盖处置各类天然气管道事故，任何方面的遗漏都有可能在遇到突发事件时暴露出来，并可能导致灾难性的后果。我们在构建应急指挥体系时，要根据管道所经地域特点和现状，统筹规划，从整个跨区域层面上建立起一套高效的功能综合体系，即以应急指挥中心统一、各相关部门和民间团体参与的应急管理，做到人流、物流、信息流、资金流互联互通、资源共享。在事故发生后，应急指挥体系中不同职能部门之间要实现协同运作，优化整合各种社会资源，以发挥整体功效，最大限度地减少事故损失。

(3)分级管理、统一指挥原则。根据天然气管道事故的严重性、可控性、所需动用的资源、影响范围等因素，启动相应的管理部门及应对预案，从应急指挥中心，到地方相关部门或单位，建立健全分级负责制。实行各级应急人员责任制，要求明确一名主要领导人作为部门负责人，应对事故时的全面工作。在指挥中心的领导下，统一指挥、组织协调，避免由于多头领导造成矛盾和混乱，耽误处理危机的最佳时机。另外，在对外联络与沟通方面，也要遵循统一指挥原则。应急管理机构要用一个声音通报事件情况，保持口径的一致性，避免由于口径不一致而在社会和民众中引发不信任情绪的被动局面。

(4)效率优先、灵活适度原则。天然气事故发生后，往往会波及较大范围，这就要求应急指挥体系要抓住主要矛盾，集中力量，组织精干有效的救援队伍，实施有效救助。由于生产安全事故的因素很多，危机情势也往往扑朔迷离，因此，在构建应急体系进行危机决策时，必须遵循灵活适度的原则，具体情况具体分析，有针对性地采取应对措施，灵活调控，做到目标适度、手段适度、范围适度和进程适度，确保对事故的有效控制。

(5)信息化决策原则。应急指挥体系既要运行高效，也要决策科学、反应快速。但在应急反应的过程中，由于涉及应急决策、灾害评估模拟、资源优化等方面的技术，只有充分地接合现代信息技术的发展，才能充分、有效地实现应急目标。这些信息包括地理信息技术(GIS)应用、灾害模拟软件、专家决策支持系统、3G 通讯技术、GPS 技术等。信息技术在应急指挥决策中应急的程度直接关系到应急体系的功能发挥，这一点已被众多事实证明。

2)基本任务

(1)控制危险源。及时控制造成生产安全事故的危险源是应急救援的首要任务，只有及时控制住危险源，防止事故的继续扩展，才能及时、有效地进行救援。一些事故由于跨越空间广、地理复杂等特点，应急救援应尽快组织工程抢险队与地方有关部门的技术人员一起及时堵源，控制事故继续扩展。另一方面，由于各类事故造成的次生灾害，如周边建筑、地物的火灾也是应急救援的重要控制对象，以免引起更大范围的危害。

(2)抢救受害人员。生产安全事故一旦发生，由于它的再生性等特点，以及部分行业或复杂系统事故的高危害性，使得暴露于危险范围内人员极易受到严重伤害，因此，快速抢救受害人员是生产安全事故应急救援的重要任务。在应急救援行动中，及时、有序、有效地实施现场急救与安全转送伤员是降低伤亡率，减少事故损失的关键。

(3)指导群众防护，组织群众撤离。由于生产安全事故发生突然、扩散迅速、涉及范围广、危害大，应及时指导和组织事故附近区域内的群众采取各种措施进行自身防护，并向正确方向迅速撤离出危险区或可能受到危害的区域。在撤离过程中应积极组织群众开展自救和互救工作。

(4)做好现场清消，消除危害后果。对事故外逸的有毒有害物质或可能对人和环境继续造成危害的物质，应及时组织人员予以清除，消除危害后果，防止对人的继续危害和对环境的污染。

(5)查清事故原因，估算危害程度。事故发生后应及时调查事故的发生原因和事故性质，估算出事故的危害波及范围和危险程度，查明人员伤亡情况，做好事故调查。

2.事故应急响应等级及机构职责

根据我国《国家安全生产事故灾难应急预案》要求，按照事故灾难的可控性、严重程度和影响范围，将各类事故应急响应级别分为Ⅰ级(特别重大事故)响应、Ⅱ级(重大事故)响应、Ⅲ级(较大事故)响应、Ⅳ级(一般事故)响应(部分生产经营单位事故等级划分可以按三级、两级划分)。

出现下列情况时启动Ⅰ级响应：当发生特别重大的突发事件，即事发突然，事态非常复杂，对一定区域内的公共财产安全、社会经济秩序等带来严重危害或威胁，造成30人以上死亡(含失踪)，或危及30人以上生命安全，或者100人以上重伤(包括急性工业中毒，下同)，或者直接经济损失1亿元以上的特别重大安全生产事故灾难，或特别重大社会影响，事故事态发展严重，且亟待外部力量应急救援等。

出现下列情况时启动Ⅱ级响应：当发生重大的突发事件，即事发突然，事态复杂，已经危及周边社区、居民的生命财产安全，造成或可能造成10～29人死亡，或50～100人中毒，或5000～10 000万元直接经济损失，或重大社会影响等。

出现下列情况时启动Ⅲ级响应：当发生较大的突发事件，即事发突然，事态比较复杂，已经危及周边社区、居民的生命财产安全，造成或可能造成3～9人死亡，或30～50人中毒，或直接经济损失较大，或较大的社会影响等。

出现下列情况时启动Ⅳ级响应：当发生一般的突发事件即事发突然，事态比较简单，已经危及周边社区、居民的生命财产安全，造成或可能造成3人以下死亡，或30人以下中毒，或一定的社会影响等。

一般而言，发生Ⅰ级事故及险情，启动国家级别应急预案及以下各级预案。Ⅱ级及以下应急响应行动的组织实施由省级人民政府决定。地方各级人民政府根据事故灾难或险情的严重程度启动相应的应急预案，超出本级应急救援处置能力时，及时报请上一级应急救援指挥机构启动上一级应急预案实施救援。

生产安全事故的应急指挥体系是基于我国《国家安全生产事故灾难应急预案》以及其他相关行业应急文件的要求而构建的。由于生产安全事故中各类事故较多，发生特别重大事故或重大事故的时候会涉及国家、省、市县、非政府组织等多级部门。相关的主要部门及其相应责任有：

(1)国家相关部门。在国务院及国务院安全生产委员会的统一领导下，安全监管总局负责统一指导、协调事故灾难应急救援工作，国家安全生产应急救援指挥中心，具体承办有关工作。安全监管总局成立事故应急工作领导小组。

(2)地方人民政府相关部门。按事故灾难等级和分级响应原则，由相应的地方人民政府组成现场应急救援指挥部，总指挥由地方人民政府负责人担任，全面负责应急救援指挥工作。按照有关规定由熟悉事故现场情况的有关领导具体负责现场救援指挥。现场应急救援指挥部负责指挥所有参与应急救援的队伍和人员实施应急救援，并及时向安全监管总局报告事故及救援情况，需要外部力量增援的，报请安全监管总局协调，并说明需要的救援力量、救援装备等情况。

发生的事故灾难涉及多个领域、跨多个地区或影响特别重大时，由国务院安全生产委员会办公室或者国务院有关部门组织成立现场应急救援指挥部，负责应急救援协调指挥工作。

(3)生产经营单位。按照有关规定配备相应事故应急救援装备，根据企业集团、本地此类事故救援的需要和特点，建立相应的专业队伍，储备相关装备。此外，事故应急救援队伍以企业的专业应急救援队伍为基础和重点，按照有关规定配备人员、装备，开展培训、演习；生产经营单位根据本地、本企业生产经营的实际情况储备一定数量的常备应急救援物资；企业要按规定向公众和员工说明此类事故的危险性及发生事故可能造成的危害，广泛宣传应急救援有关法律法规和事故预防、避险、避灾、自救、互救的常识。

3. 应急反应体系结构分析

美国于2004年最先提出了国家应急反应计划，后来又提出了国家应急反应框架来替代应急反应计划，并提出了事故应急指挥体系。应急反应框架主要是来指导全国性的危险灾害应急反应。其框架结构可用于全国性的、州内的、政府内的、非政府组织等结构形式，具有相当的可伸缩性、高度灵活性以及适应性。

合理的应急指挥体系结构是应急体系有效运行的根本，是应急体系运行的支撑骨架，它必须能够满足不同的管道事故应急要求。长输管道的应急体系结构建立过程是基于系统的科学性分析基础之上的，实现了科学合理的组织结构，以及高效、迅捷的决策流程。

1)应急指挥体系组织结构

组织的结构和复杂性直接与它的控制过程的类型与复杂性相关。Ashby 教授在他的必要多样定律中提出：一个复杂的系统必须有一个复杂的控制机构，简单的控制机构不能有效地控制复杂的系统。在 1980 年，为解决具有复杂特性的危机管理，建立了有名的操作标准——事故指挥系统(ICS)。它提出了 3 层的指挥与控制结构，包括一个协议层来统一不同的角色，协调各组织结构之间的通讯。其优点在于满足了不同时间刻度的要求。处于低层的组织行动在短时快速的时间刻度上，视野局部化、细节化；而顶层的组织行动于大时间尺度上，视野宽。ICS 允许系统中既用后馈式控制解决发展迅速、变化较快、局部化的情形，又利用前馈式控制制定系统的整体任务目标。

从前面系统科学性分析的结果来看，生产安全事故的应急体系应能满足不同复杂条件下事故应急的要求，组织结构要科学合理，单一的层次集中结构不能应对高风险事故的特点：高风险、多部门、跨区域。此外，还必须要全面考虑组织结构间的相互影响与作用，以及系统的控制行为；必须能克服信息的丢失或“伪增”现象，应从体系结构上保证信息通讯的完备性。

根据此要求，应急指挥体系采用层次结构模式的同时，确保组织机构的信息流通方式采用集中与分散结合模式。把与应急行动过程相关的、紧密联系的部门集中起来，它们之间实现全联通方式，可以相互交流通信，确保该行动的快速有效完成，亦即层次内实现全联结的方式。如负责现场人员撤离小组要能够随时联系交通、公安、医疗、运输、指挥中心等部门，与他们时刻保持联系，保证人员快速撤离，而不用通过现场指挥中心不断了解他们的情况再做决定。决策指挥层由于行政区域不同、上下关系不同、执行功能不同等，采取了层次结构的模式，以便有效快速地根据事故的发展情况，评估、判断、分析应急目标与应急水平。但在指挥过程中，指挥部可随时对现场行动发出命令；现场行动部门也可以随时向规划部门要求行动支援、向后勤部门要求人员或设备。此外，部门功能设置考虑了“计划、行动、监测、调整”的控制要求，确保应急体系能够满足事故不断变化的要求，规划部门的现场形势分析与评估、行动部门的危险控制与人员救援、指挥部门的行动计划决策都是整个应急过程中重要的环节。图 5-3 是某天然气应急指挥体系组织结构图。

如图 5-3 所示，该事故指挥系统组织结构包括 4 个功能区：行动、计划、后勤、行政。其中事故应急指挥负责人(IC)全面管理整个事故的应急指挥系统，指挥成员单位立即赶赴事故现场；协调各成员单位的抢险救援工作；及时向上级或有关单位报告事故和抢险救援进展情况。因为天然气事故应急的特点，一般成立联合指挥组(UC)，由国家、省、市各方的现场协调员(OSC)组成，如查事故应急要求，也包括地方政府的现场协调员，他们集体协调，共同决策。

指挥部人员包括公共信息员、应急安全员、联络员。

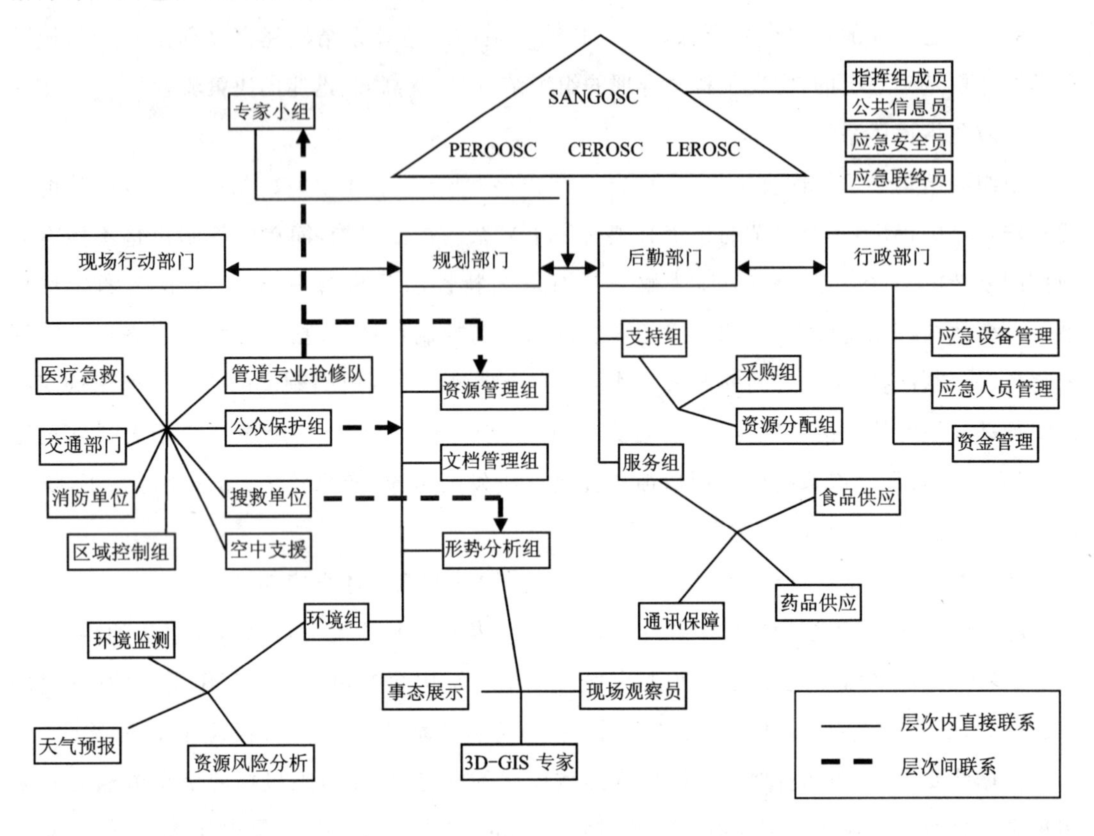

图 5-3　某天然气应急指挥体系组织结构图

行动部门负责现场战术行动，以完成 IC/UC 所要求的应急救援目标。这些目标可能涉及减少直接危险源、人员生命急救、财产保护、控制事故危害和恢复。如专业抢修队应提出事故现场的处置方案；在紧急状态下的现场抢险作业，及时控制危险源，并根据事故的性质立即组织专用的防护用品及专用工具等；医疗急救应迅速提供调配所需药品和医疗器械；在现场附近的安全区域内设立临时医疗救护点，对受伤人员进行紧急救治并护送重伤人员至医院进一步治疗；负责统计伤亡人员情况。由于事故大小、类型、范围、复杂程度不一，行动部门会有消防、公共健康、检疫、应急医疗服务等机构参与。

计划部门负责事故形势信息的收集、评估以及传达，维护现场信息、形势预测信息以及资源分配状况。

后勤保障部门为天然气管道事故应急指挥提供支持和服务，包括采购资源或场外调配资源。它也提供应急设备、交通工具、供应、燃料、食物、通讯、应急人员医疗服务。事故危险严重时，应征用调集救灾车辆，组织抢险物资的供应和抢险人员的运送，统一调配物资供应，保证人员的基本生活。

2)应急行动策划流程

应急指挥是一场特殊的"抗击"天然气管道事故的战争,其中每一个行动(人员救援、危险控制、人员撤离等)的制定既有指挥层的战略决策参与,有"参谋部"的战术策略谋划,也有行动部门具体的现场行动制定。整个过程涉及不同层次、不同组织机构、不同功能单位的共同协商、相互配合,根据现场事故发展情况,不断调整战略目标、行动计划、战术策略,最后达到应急救援的目的。策划流程一般有5个主要阶段:①全面掌握事故现场情况;②根据现场的初步情况,建立事故应急目标和战略;③迅速制定具体的行动计划;④下达行动计划;⑤评估并修订行动计划。在事故应急反应的开始,指挥负责人或UC必须根据现场情况快速制定行动计划,这些现场信息可能是不完整的,但经过策划过程的不断协商和修订,可以制定出可行的行动计划,策划过程如图5-4所示。

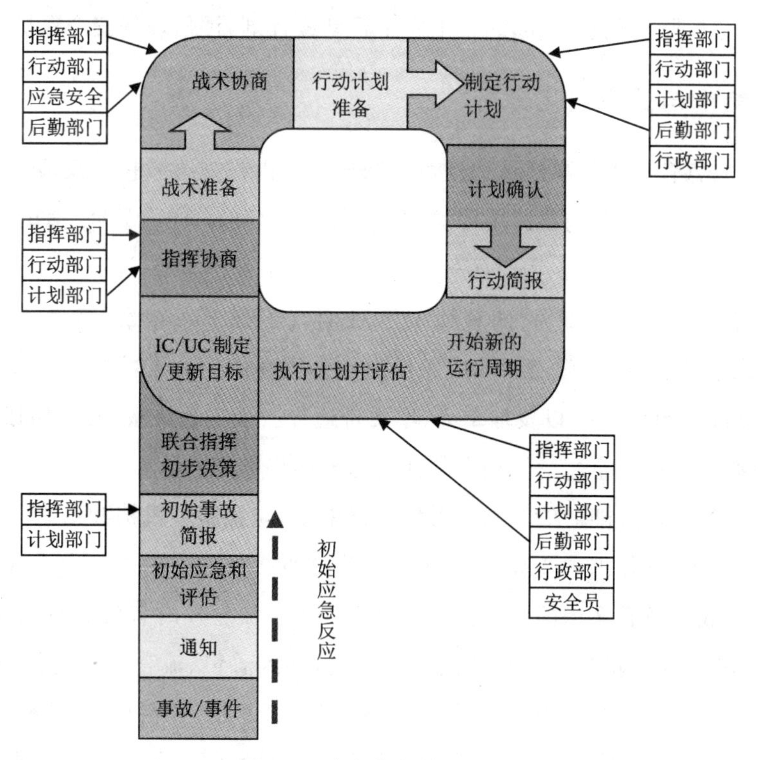

图5-4　应急指挥策划过程

初始事故简报由计划部门根据现场形势分析,向指挥部报告现场事故类型、危害大小与范围;应急优先目标、目前及下一步计划、相关应急机构、资源分析病况、应急设施等。指挥部根据简报信息评估应急行动的要求,决定新的参与机构、应急目标、应急要求。

指挥协商过程要重新确认应急等级、应急限制条件、优先任务目标、事故应急目标,重新向应急指挥部人员分配任务。行动部门根据现场行动进度向指挥部提供最新天然气事故发展情况。计划部门根据现场形势分析信息,提供事故情况、资源分配、设备投入等信息。

战术协商过程中,计划部门提供最新现场形势、资源状态;运行部门分析现在的行动进度、战略目标、战术策略，以及需要的资源；指挥部应急安全员分析现场潜在的风险，提出预防措施、个人保护措施，如应急人员呼吸器具、防护服等；后勤部门根据其他部门要求提供行动所需资源、通讯保障等。

制定行动计划的过程中，指挥部要确保应急目标的完成，根据现场情况提出进一步要求，批准应急战术策略；现场行动部门提供事故控制情况、人员救援信息，制定行动计划，包括行动战略战术要素、资源、组织结构等；计划部门提供现场形势分析；后勤部门提供后勤支持和服务状况，各资源状态。

在计划执行/评估过程中，指挥部监视事故应急过程，考虑最好的反应策略，评估决策结果、决策方向、优先目标；行动部门监视应急行动的战术目标，根据需要做出调整；计划部门制定或修订事故应急目标，并提供给指挥部；后勤部门评估后勤支持、服务效果，根据需要调整结构和程序；安全员监视现场行动，纠正不安全行动或计划，评估现场安全保护措施效果。

三、组织结构与通讯优化分析

长久以来，应急管理人员早已认识到组织结构与通讯在灾害救援与反应的过程中的中心地位。美国匹兹堡大学公共与国际事务学院教授 L. K. Comfort 在研究“通讯、组织结构与灾害应急反应的关系”时提出，“在实时的救援过程中，通讯的脆弱性实际上决定了应急反应组织体系的行为水平。2005 年 8 月 23 日到 8 月 31 日，当 Katrina 由最开始形成热带风暴到最后狂扫魁北克、新不伦瑞克，政府间的应急反应几乎完全停止。风暴在这 8 天的时间里行程跨越至少 9 个州，3 个联邦区，以及加拿大、墨西哥边界。受灾地区救援组织间跨地区、多区域协调所需的通讯设施已完全超越了现存的任何通讯网络的能力。”

当新奥尔良受飓风及随后的洪水摧毁后通讯中断，应急服务机构和组织、商业、非盈利组织（学校、医院、养老院、护理中心等）完全失去了集体直接协调行动的能力。城市、州、联邦政府几乎不能及时收到各辖区内的受灾信息与报告。由于缺乏及时有效的通讯，相关组织不能发挥正常的作用；受灾人员只能盲目猜测风险情况，导致恐惧、流言开始传播；政府机构间的协调应急反应崩溃。一个众所周知的事实，受 Katrina 袭击后，路易丝安纳州长 Blanco 承认：“在灾害应急反应的过程中，最大的问题是通讯网络被完全摧毁。移动电话、固定电话在政府各部门协调的关键时刻不能使用。”

由此可见，组织机构间的通讯能力对于决策指挥过程中的快速反应、大规模转移等都是至关重要的。通过对天然气管道应急指挥体系的通讯网络分析，可以找出体系中可能存在的网络缺陷，了解通讯网络的联结程度等信息。

1. 通讯过程的不确定性

通讯网络的设计受几个方面不确定性的限制：第一，风险的不确定性，即当风险发生时，受影响的地区不能确定；第二，区域信息的不确定性，包括覆盖范围的精度、大小以及有效性；

第三，风险可能威胁到不同数量的人群和不同类型的设施；第四，可接受的费用可能在不同的人群地区有不同的标准。

在应急反应的过程中，跨区域、多部门间通讯过程的制定受制于技术与组织管理。从技术上来说，未授权人员或不相关人员对关键信息的获取可能会牺牲一部分带宽；从组织管理上来说，应急反应的主要负责部门一般不愿意与部门外的人员分享有限的通讯带宽。当跨行政区域，或地方与省一级、国家级间时尤甚。L. K. Comfort 教授发现，"受飓风、洪水的破坏，日常电话已被切断，电力传输线路也瘫痪，电子通讯不能工作。移动电话机站被水淹没，卫星电话在风暴过后也不能正常工作。在市、州、联邦各部门间协调应急反应时，实际上已无可靠的通讯手段。直到国防部联邦部队到达，情况才改观。而在此间，应急组织间通讯的主要手段居然是靠船、送信人，以及一切可能的方法。海岸警卫队的直升机也不得不频繁地降落不同的地面与人员进行沟通。"

这些不确定性的限制在应急指挥的过程将产生严重的"多米诺骨牌"效应。尤其是重要部门、机构、救援单位通讯的损害，如指挥中心、现场形势监测组、专业抢修队、紧急医疗队等，都有可能导致人员伤亡加剧、危害扩大。

2. 通讯网络特性分析

应急决策系统的三层结构模式有利于信息在不同级别的组织间传递、汇集、分发，在一定程度上满足了应急决策指挥的要求。但有另一种观点认为，系统组织结构的灵活性取决于系统内各组织的联通程度，即联通性。一个组织间完全联通的系统，具有信息传递可靠、信息共享充分等特点。Brehmer & Svenmarck 曾利用计算机模拟了层次结构与全联通两种模式来处理森林火灾事故。两个小队中都有 4 个人，一个负责的指挥官，但他不与其他人协商。具有层次结构的小队的通讯要集中通过决策人；另一个小队的通讯在队员之间是全联通的。最后发现，全联通小队之间的协商更多集中于局部，如相邻部门之间，更关注眼前的行动，而不是将来。相对的，层次结构的小队之间的协调跨越整个队伍，不仅是相邻部门，结果更有效，更快速扑灭火灾。因为层次结构的集中通讯减轻了小组成员之间的通讯与任务同步。

一般来说事故应急指挥体系既有层次结构，也有全联通模式。为了分析体系结构和通讯的特性，我们可以利用 UCINET 软件来分析应急反应中所有参与组织或部门的相互关系。

利用 UCINET 软件统计的数据来分析社会网络的集中程序、子群体分类、子群体地位等。应急反应中组织的大小与类型直接关系到系统的应急能力与效率。Comfort 教授曾利用 UCINET 软件研究 Katrina 飓风灾害应急反应中组织结构，如图 5-5 所示，图中代码所代表的组织名称见表 5-1，分析它们之间通讯的一致性、集体性。通过分析 Times Picayune 媒体对灾害的报道，总结出灾害从发生到发展过程中所涉及的所有组织部门。UCINET 计算出组织网络的集中程度，如表 5-2 所示，以及网络内集中度最高的 8 个"关键点"组织部门(OLD、美国红十字会、美国海军陆战队、美国海关等)，这些部门是整个应急反应体系中极为重要的部门，一旦他们崩溃或功能失效，就会造成整个系统的瘫痪。

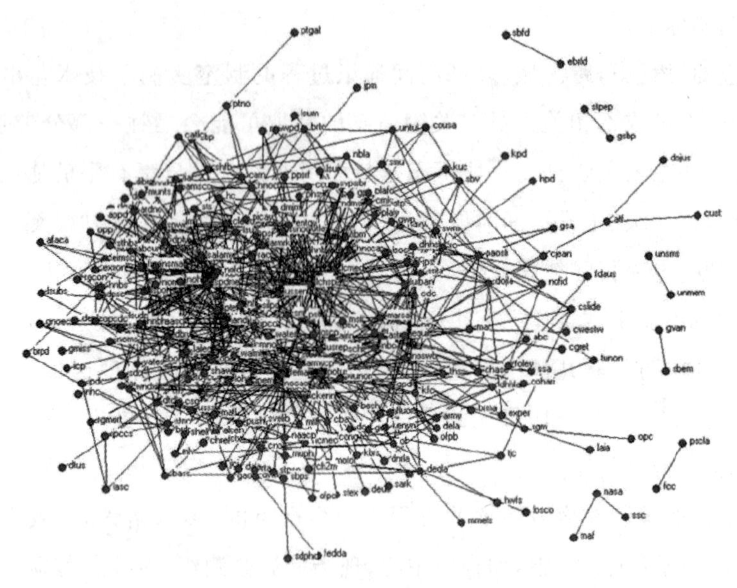

图 5-5　Katrina 飓风应急救援组织网络图

表 5-1　组织结构代码

代码	组织名称	代码	组织名称	代码	组织名称
APU	武警部队	GASC	煤气公司	PO	管道负责人
ASC	航空企业	GASP	GAS 领导小组	PPU	公众保护组
ASS	空中支援	GISE	GIS 专家	PSWA	省安监局
CEO	公司负责人	HRM	人员管理	PTC	公交集团
CMC	通讯公司	LEOC	地方应急中心	PWC	电力公司
CMU	通讯保障	LGOV	当地政府	RAU	资源调配
COA	行政负责人	LSA	地安监局	REDC	红十字会
COL	后勤负责人	MAC	报警中心	RMU	资源管理组
COP	规划负责人	MCD	地方城建	ROU	资源定购
DMU	文档管理组	MDEIA	新闻媒介	SCH	当地学校
DSU	药品供应	MPC	市管道公司	SD	国务院
ECC	指挥中心	MU	医疗单位	SED	安环部门
ED	环保部门	NMED	国家媒体	SEOC	国家 EOC
EMU	设备管理	NSWM	国安委会	SRU	搜救组
EPD	防疫部门	OPR	行动负责人	SSD	社保局
EXP	专家组	PAD	人防部门	SSD	统计局

续表 5-1

代码	组织名称	代码	组织名称	代码	组织名称
FCU	区域控制组	PAGC	管道总公司	SSWA	国家安监局
FD	消防部门	PD	公安部门	SVO	自愿组织
FMD	林业部门	PEOC	省 EOC	TD	交通部门
FMU	资金管理	PGOV	省政府	VILG	村级大队
FOU	现场观察	PMCC	调控中心	WSD	气象单位
FSAU	形势评估	PMD	管道管理处		
FSU	食品供应	PMU	管道抢修队		

表 5-2　组织部门程度集中性

集中性	绝对中心度	相对中心度	份额
平均值	2.422	0.969	0.004
标准偏差	3.825	1.530	0.006
和	608.000	243.200	1.000
平方和	5 146.000	823.360	0.000
最小值	1.000	0.400	0.002
最大值	42.00	16.800	0.069
集中化＝	15.96%		
非均匀性＝	1.39%		
归一化＝	1.00%		

下面以天然气事故应急指挥体系为例，来展示事故应急指挥系统的通讯网络特性分析。表 5-3 中显示了天然气应急指挥体系中涉及的主要组织。所有主要组织大约 67 个，其中数量最多的是 34 个公共组织，约占总数的 50.7%；应当注意的是，按行政等级划分，最多的组织是市、地区或者接近于事故现场行政区，有 32 个，占总数的 47.8%，相关数据如表 5-2 所示。另外，由于天然气管道事故特点，应急指挥中心一般由当地政府或省级政府与天然气管道公司共同组成，两者总数有 59 个，占总数的 88%。此外，应急过程除了公共组织部门与天然气管道公司参与外，还有社会企业(6 个，占总数的 9%)，如通讯公司、煤气公司、电力公司等，他们是应急体系中重要的部分。最后，按照重大事故应急救援经验，天然气事故应急救援要有非赢利性组织参与，如红十字会、志愿者组织。由于他们事故应急经验丰富，专业技术扎实，为现场人员救治、人员转移、现场服务等提供了重要的帮助。

表 5-3　天然气管道事故应急系统中不同组织部门分布

部门	公共组织		非赢利组织		企业		管道公司		组织总数	
	个	%	个	%	个	%	个	%	个	%
国家级	5	7.5	0	0	1	1.5	3	4.5	9	13.4
省级	5	7.5	0	0	1	1.5	18	26.9	24	35.8
市级、地区	23	34.3	2	3.0	4	6.0	3	4.5	32	47.8
地方	1	1.5	0	0	0	0	1	1.5	2	3.0
总和	34	50.7	2	3.0	6	9.0	25	37.3	67	100.0

利用 UCINET 软件，我们可以绘出天然气事故应急指挥救援过程中参与的组织部门，以及他们之间的联通性，如图 5-6 所示。图中显示了事故应急反应过程中所有的主要组织部门相互交互的网络关系，以及在中心网络附件，即天然气管道事故应急指挥中心(ECC)，还包括 6～7 个子网络群。他们通过 8 个组织部门与中心联系。他们是网络图中的“割点”，如果他们与外界联系受损，整个组织网络通讯将可能瘫痪。在应急指挥的实际操作中，他们确实是非常重要的，这些组织部门包括行动负责人(OPR)、规划负责人(COP)、公众保护组(PPU)、当地政府应急中心(LECO)、医疗部门(MU)、当地政府(LGOV)等。如行动负责人将负责现场的人员救援、危害控制、火灾消防、人员撤离、人员安置等多项目行动，全面协调不同的救援行动，并规划、后勤等部门进行协调。一旦行动负责人的联通性受损，则现场救援行动将失去同步性，达不到整体配合的应急要求。

通过对组织网络图的分析，可以研究网络的整体集中程度。有 3 种类型的集中度可刻画网络的特性：程度集中性(Degree Centrality)、接近集中性(Closeness Centrality)、中间集中性(Betweenness Centrality)。天然气管道事故应急指挥程度集中性分析表明，在 67 个主要组织部门中有 8 个具最高的程度集中性。也说明他们参与事故应急指挥救援的频度最高。程度集中性的相关统计数据见表 5-4。网络整体程度集中性是 41.03%，表明应急指挥组织体系有较紧密的联结性(Katrina 飓风应急救援组织程度集中性 15.96%)。

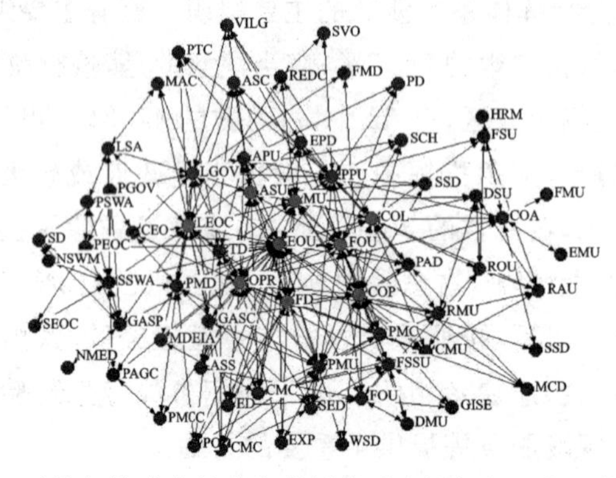

图 5-6　天然气管道事故应急救援体系中组织相互交互的网络图

表 5-4　组织部门程度集中性

集中性	绝对中心度	相对中心度	份额
平均值	7.731	11.714	0.015
标准偏差	6.491	9.835	0.013
和	518.000	784.848	1.000
方差	42.137	96.733	0.000
平方和	6 828.000	15 674.931	0.025
均值中心平方和	2 823.164	6 481.093	0.011
欧几里得范数	82.632	125.200	0.160
最小值	1.000	1.515	0.002
最大值	34.000	51.515	0.066
网络中心势＝	41.03％		
非均匀性	2.54％		
归一化	1.07％		

接近集中性用来说明网络中一个参与者(组织或部门)与其他参与者(组织或部门)之间的接近程度。当用它来估计网络信息的流动性时是非常有用的。如果一个参与者与另一参与者很接近,则意味着两者的信息交流更快速。那么那些到其他参与者有更短路径的人很可能在网络中有更高的影响力。天然气管道事故应急指挥组织统计分析表明,它有较高的平均接近度 44.75％,较小的平均距离为 155.970,这将有利于网络中组织部门的信息流动,如表 5-5 所示。

表 5-5　组织部门接近集中性

集中性	平均距离	平均接近高
平均值	155.970	43.475
标准偏差	25.997	7.119
和	10 450.000	2 912.796
方差	675.820	50.685
平方和	1 675 168.000	130 028.492
均值中心平方和	45 279.941	3 395.919
欧几里得范数	1 294.283	360.595
最小值	101.000	30.986
最大值	213.000	65.347
网络中心势 ＝	44.75％	

中间集中性表明参与者位于其他两个参与者之间最短路径的程度。表 5-6 显示了事故应急指挥体系组织网络的中间集中性。网络平均中间集中性为 44.985,也意味着信息从一个参与者流向网络中所有其他参与者的路径数为 44.985,最大值是 628.415。两值之间跨度很大,说明在时间通讯的过程中,参与者的通讯能力有很大的变化范围。

表 5-6　组织部门中间集中性

集中性	中间集中性	非中间集中性
平均值	44.985	2.097
标准偏差	97.711	4.555
和	3 014.000	140.513
方差	9 547.467	20.751
平方和	775 265.250	1 684.984
均值中心平方和	639 680.250	1 390.299
欧几里得范数	880.492	41.049
最小值	0.000	0.000
最大值	628.415	29.297
网络集中指数	27.61%	

表 5-6 中网络集中指数为 27.61%,远低于程度集中指数。这主要是因为应急指挥过程中存在许多子任务或子行动计划,如人员救治、消防、搜救、空中支援、管道抢修等。为了完成这些子任务,在前面的应急框架设计时,有意将与子任务的组织部门全联通,以便快速有效地完成。在应急指挥组织网络中,这些部门自然会结合在一起,这也符合了组织管理体系的自组织理论:某些组织会自发地协调行动以完成更大的目标任务。利用 UCINET 软件算出这样的“小派系”或“小圈子”有近百种,最小的有 3 个组织部门,如空中支援、搜救组、航空企业,这样的“小圈子”可以完成空中监测、空中人员转移、人员搜索等。有的“小圈子”有较多的组织部门,以完成更复杂、更大的任务,如指挥中心、消防部门、医疗单位、区域控制组、行动负责人、规划负责人,主要完成人员的现场救治。

第二节　长输管道应急指挥决策设计

长输管道的应急指挥决策系统是为应急指挥机构提供数据分析、决策支持服务的工具。它通过对应急相关信息的融合处理,评估管道事故的发展态势,规划应急行动计划和所需资源,帮助决策机构快速高效地制定救援方案和行动目标,极大地提高了应急指挥机构的决策指挥能力。

一、应急指挥系统模型分析

应急指挥系统最主要的功能是战时(即灾害发生时)的应急决策指挥,其模型吸收了部分军事指挥过程模型的优点:信息收集、形势评估、任务协调等。为方便未来平台功能升级,其系统采用了层次结构模型,并结合成熟的信息技术,提出了基于真体(Agent)的决策模型。

1. 应急指挥系统层次结构

长输管道应急决策指挥系统是以三维空间决策支持技术(SDSS)为基础,能帮助决策者从大量信息中分析出空间特性、逻辑关系及层次结构,明确决策任务和目标,有效地生成各种解决问题的方案,研究和比较它们的利弊与矛盾,进而找出切实可行的解决办法,采取相应的措施与行动。SDSS 的结构一般包括 3 个层次:系统支持层、应用层和控制层,其中,系统支持层主要是为系统功能的实现提供数据支持、模型支持、方法支持以及知识支持,主要由数据库及其管理子系统、模型库及其管理子系统、知识库及其管理子系统和方法库及其管理子系统构成;系统主要功能应用层划分为震情会商、震害模拟、应急决策、应急指挥及信息反馈子系统;系统控制层设置了核心控制子系统(含信息的上传、下达与发布),主要负责对系统各部分的协调与控制功能,把系统支持层和系统应用层的各类数据进行综合处理,通过上传下达实现与上下级地震部门、市政府、市公共安全指挥中心、媒体公众、地震现场指挥部,以及系统各部分之间的数据交换。

通过对 SDSS 系统结构的分析,结合长输管道事故的应急特点,修改控制层内容,长输管道应急指挥系统结构可分为应用层、服务层和数据层(图 5-7)。其中系统应用层划分为灾害会商、应急决策、应急指挥及应急预演等系统;服务层的各模块将向应用层提供具体的功能实现,如灾情模拟与评估、信息管理、专家决策模块等;数据层主要是为系统功能的实现提供数据支持、模型支持、方法支持以及知识支持,主要由监控、灾情与部门信息、地理数据库、模型库、决策知识库管理系统构成;数据层是应急指挥系统的数据基础,用来存储应急过程的相关信息数据,如地理信息、气象信息、管道信息、事故灾害信息、专家知识、灾害模型等信息。数据层除数据外,还包括数据库管理系统,即数据库服务器。现有的数据服务器包括基于 Windows 的 SQL SERVER,以及基于 LINUX 的 INFORMIX、ORACLE 等数据库管理软件,这些软件能提供高效的数据查询、数据存取、系统维护、网络传输等功能。

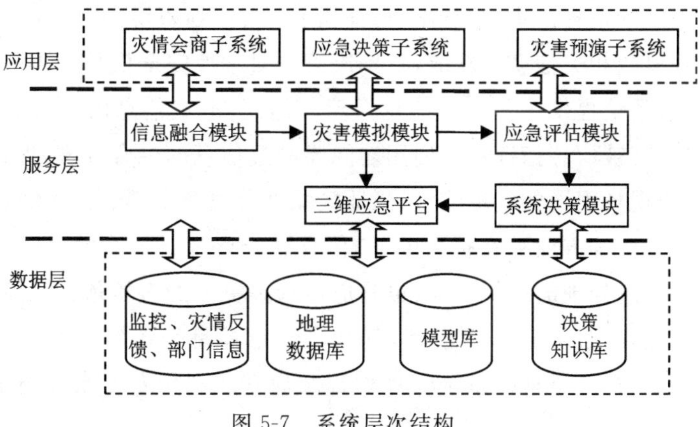

图 5-7　系统层次结构

系统服务层由基本的功能模块组成，模块相互协作，以完成应用层所要达成的目标。服务层包括信息融合、灾害评估、系统决策、三维信息平台服务。系统服务层是应急系统功能的主要实现者，协调数据层和应用层的信息交流和信息处理。应用层是系统与用户的直接交流界面，根据应急的不同需要，向应用人员提供相关的功能支持。包括灾情会商、应急决策、应急预演、资源管理等子系统。

2. 基于真体(Agent)的应急指挥过程模型

长输管道的应急指挥过程是利用过程、组织、设备、数据整合、态势评估和资源分配等手段对人工决策过程的扩展。由于管道事故应急的时效性特点，必须要求应急指挥能在最短时间内以确定最佳行动方案，现场应急反应单元能够以最有效方式减轻灾害的影响后果。但受数据的规模和复杂性的影响，以及人工决策指挥过程中不确定性和主观性的存在，以往简单信息检索式的辅助决策功能已不能满足应急要求。

长输管道的应急指挥系统利用 Agent 技术，以实现应急指挥过程中的功能要求。在信息技术领域内，Agent 被看作能够感知周围环境，通过行动作用于该环境的事物。Agent 具有行为自主性、社会交互性、环境协调性，其行为是主动、自发和有目标的，能根据目标和环境变化对自身行为做出调整，与环境保持协调。基于 Agent 的管道事故应急决策指挥过程模型吸收了 SHORE C^2 模型的优点，结合管道事故应急的特点，能够达到应急过程的快速、有效、动态等要求，其模型结构如图 5-8 所示。

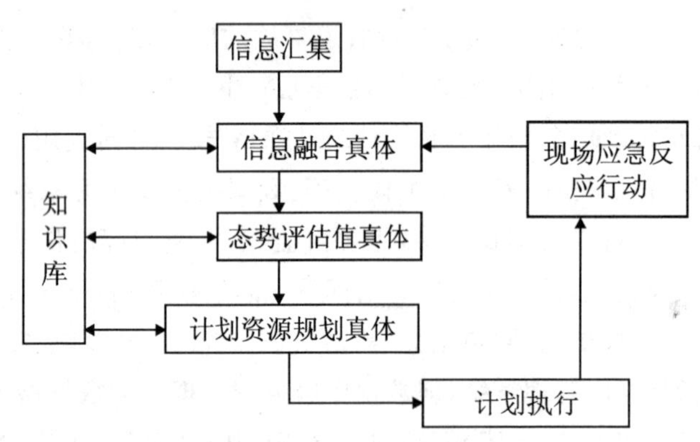

图 5-8 系统应急决策指挥过程

应急指挥过程包括信息汇集、信息融合、态势评估、计划资源规划、计划执行等环节。过程中最为重要的是事故相关信息的获取，指挥决策的科学性完全依赖于事故相关信息的完整性，信息汇集为应急系统提供了基本的信息保障。然而，汇集信息由于来源、属性、时间等方面都存在很大差异，在被应急指挥系统使用之间要经过信息的融合处理，保证信息的一致性、有效性、精确性。如现场观测的气象信息、当地气象部分发布资料、应急系统气象观测信息之间可能在精度和时效性等方面存在很大差异，信息融合要形成最终的、可被利用的准确气象资料。态势评估是信息处理的最终产品，也是应急指挥决策的直接依据。应急指挥的态势评估依靠现场实时信息，通过灾害数学模型，判断决策指挥是否达到目的，并制定下一行动目标。当行动目标确定时，应急指挥系统的计划资源规划将利用专家系统的知识，通过预先制定的应急响应方案，提出应急行动过程所需要的人力资源、设备资料、行动方案、人员配置等信息。IC中心将依靠规划信息，结合事故现场的实际情况，指挥各应急救援单元的行动，并通过信息融合将行动过程的相关信息存入系统，以保证应急系统的实时性。最为重要的是，生产安全事故应急指挥是一个不断循环的过程，过程中各环节通过相互协作最终达到应急救援的目标。

3. 应急决策指挥系统的功能分析

生产安全事故应急指挥决策系统的主要功能包括：

(1)数据管理。数据管理是决策系统的基础，包括数据的输入和存取。数据的输入一方面来自SCADA自动监控数据，另一方面是手工输入数据，如现场气象、交通、消防、上级指示等信息。所有应急信息数据在进入数据库之前，都应进行数据融合处理，满足相应格式要求、一致性要求后才能被应急指挥决策使用。融合处理后的数据以及在决策过程中产生的数据，可以被指挥决策系统、应急决策机构使用。如事故伤害范围、人员伤亡程度、应急行动计划、行动资源配置等信息。

(2)事故形势评估。事故形势评估包括风险评估、应急行动效果和协调效果评估。经过事故形势评估可以获得事故危险范围、人员伤害程度、行动效果和组织间协调性等信息，为IC中心制定下一步行动计划、目标提供了直接的数据基础。

(3)应急计划资源规划。在事故发生后，决策系统应根据现场初始信息立即制定计划资源规划，包括应急通知、现场救援、人员转移等行动方案，以及所需要的行动资源，提交IC中心决策。决策系统能根据现场出现的新情况变化，不断更新数据信息，制定新的计划资源规划。

(4)应急信息显示。长输管道应急指挥系统是基于三维可视化的平台软件，应急信息的有效表达能够帮助IC中心快速了解、分析现场状况。应急信息显示包括地形展示、气象风场分布、事故危险范围、交通、区域人员分布、行动单元位置等信息。

二、应急指挥系统关键模块分析

应急指挥系统是一个复杂系统，涉及信息处理、专家系统、计算机技术等多个方向。基于前面章节的分析，应急指挥系统的实现采用了基于真体(Agent)的设计方案，根据军事指挥系统的设计原则，提出了信息融合真体、灾害形势评估真体、资源规划真体3大部分。

1. 信息融合真体分析

信息融合真体根据天然气管道事故应急信息的特点，针对不同来源的信息进行收集、整理、处理，尽可能全面地收集相关信息，确保应急指挥过程的可靠性和科学性。

1)应急指挥信息数据特点

数据融合是装配或组合应急相关数据的过程，这些数据可能来自同一信息源，也可能来自不同信息源，也可能是多次、连续的数据操作。长输管道事故应急指挥所涉及的数据具有来源的广泛性、属性的复杂性、效用的实时性等特点。

应急指挥过程中所涉及的数据来自不同的组织、机构、对象和目标。如应急指挥过程所需要的事故现场交通信息，可能来自或部分来自现场观测、交通部门、路政部门、公路局、铁路等部门。灾害区域内的人员分布可能来自民政部门、地方应急部门、政府统计部门、当地政府领导等。在前面章节的分析中，应急反应过程参与的组织与机构、非政府团体近百个，必须对每一个对象的数据进行处理，以保证应急数据的全面性。

应急指挥过程中所涉及的数据属性也是复杂多样的，这些信息的属性不仅与他们的来源有关，还与他们的信息功能有关，包括管道运行信息、区域地理信息、事故信息、交通信息、人员分布、气象信息、应急资源信息、参与机构或组织信息、应急预案等信息。这些信息并不具有相同的格式或应用领域。如在人员伤害评估过程中需要管道信息、地理信息、事故信息、人员分布、气象信息，而在人员救援过程中需要事故信息、人员分布信息、应急资源、参与机构等信息。

应急指挥相关信息的另一个特点是实时性。在事故发生的开始，IC 指挥部门必须要根据当时的管道监控信息、报警信息制定应急措施。救援行动展开后，应急系统应不断收集现场的相关数据，如气象、人员伤害程度、事故状态、救援进展等信息，随时收集现场新情况、新变化，评估应急救援效果，制定下一步的行动计划。

2)信息数据融合过程

信息数据的融合过程分为数据汇集和数据整合，图 5-9 是系统数据融合框架。融合过程涉及的数据可能来自生产系统监控信息、事故现场的观察信息、通讯信息等。生产系统监控信息包括该系统在生产经营过程中的在线运行状况，是应急指挥初期决策的重要依据。现场观察信息是应急指挥系统的主要信息来源，包括现场系统状况、气象、区域人员分布、事故状况等信息。通讯信息是系统与外部交流的相关数据，内容可能包括上级指示或信息、政府应急机构或组织的支持信息、气象部门提供的信息等。

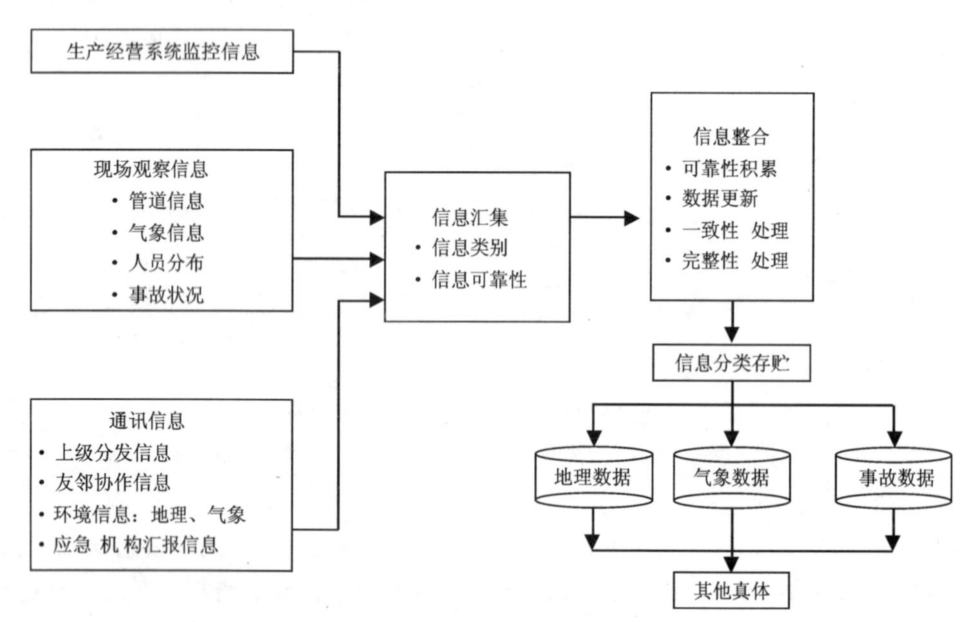

图 5-9　系统数据融合框架

信息汇集主要对来自不同信息源的数据进行关联分析，把同一属性（类型）的数据归类到一起。如现场形势报告信息、计算机灾害模拟预测信息、空中巡查报告、各应急机构汇报等，在此信息中都可能包含与事故伤害有关的内容（人员伤害、财产损失），应将它们归入事故信息范畴。信息汇集过程中，还要对信息的可靠性（来源的可靠性、信息的真实性）进行评估。可靠性一般分为6级：完全可靠，来自现场并已证实；通常可靠，来自应急参与机构信息；相对可靠，来自现场未证实信息；通常不可靠；不可靠以及无法判定。事故情报信息中，现场报告的可靠性最高，与生产系统的监控系统所判断的事故情况或是初始报警信息相比，它所告知的事故类型、事故发生时间、已造成伤害等信息具有最高准确性，是应急指挥的过程中IC决策的重要依据，其他事故信息作为参考依据。

通过数据的汇集后，原始信息中可能存在不一致和不完整性。如由于分辨率的问题，气象部门提供的气象资料可能与现场气象信息报告不一致。数据整合过程依据汇集信息的属性，评估信息的可用性并进行处理，信息整合流程如图5-10所示。如果新增的信息在数据库中已存在，那么信息的可靠性得到验证，信息真实性增加。当新增信息与原有信息存在差异时，应通过可靠性判断后修改、补充原信息。如气象部门与现场风场观测资料不一致时，现场风场信息具有较高分辨率和可信度，可以补充气象资料，通过数学模型形成最终的气象分布。

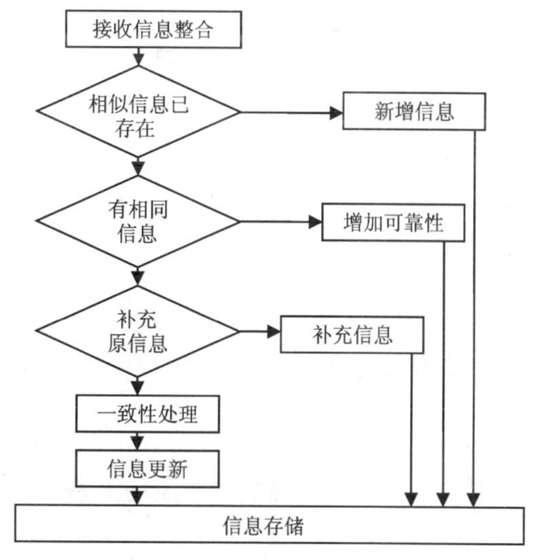

图5-10　信息整合流程

2. 灾害形势评估真体分析

生产经营系统的灾害形势评估主要是发生事故后对人员、财产的损失情况进行评估分析，包括风险伤害评估、行动效果评估、协调评估。形势评估是应急指挥的基本判断依据，事故应急指挥中心（IC）定期接收事故现场的形势分析报告，为下一阶段的行动制定目标计划、调整资源。当形势评估结果表明，受现场气象条件影响，人员伤害范围会继续扩大时，IC必须要重新调整现场消防、医疗、交通等行动。

风险伤害评估是在系统发生事故后，评估该事故产生的二次危险有害因素如易燃易爆、或有毒气体对事故区域附近人员伤害、财产损失的范围和程度。风险伤害评估通过运用各种事故模型来确定风险的范围和大小。行动效果评估是对事故应急反应过程中消防、医疗、急救、人员转移、通讯、交通、后勤支援等行动效果进行评估，是系统对单个行动单元的评价。单个行动效果将直接影响整个系统应急救援目标的实现，阻碍或拖延其他行动的进行。协调评估是确定参与该生产经营系统事故应急的各行动单元、组织机构和人员之间的交流与沟通效果，是系统对多个行动单元之间的协调能力的评估。

评估应急指挥的形势评估采用模糊综合评判的方法，利用模糊数学理论，结合专家知识来进行效果最终评判，形势评估流程框架如图 5-11 所示。对单个目标评估的过程中，首先建立效果评判集 V=(很好，好，较好，一般，较差，差，很差)，然后从专家知识库提取评估目标影响因素，如评估消防效果包括消防时间、损害程度控制、资源投入、灾害发展等因素，并利用层次分析法确定各因素的权重 $A=(A_1, A_2, \cdots, A_n)$。利用专家知识库确定每一个影响因素对于评估集的隶属度，如消防所用时间超过同等事故消防时间的 10%，可认定确定隶属度(0,0,0,0.05,0.15,0.3,0.5)。最后结合权重，利用最大隶属度原则确定目标的评估效果。对于复杂目标评估，首先把复杂目标问题分解成各个元素，并由从上而下的支配关系把这些元素串成一个递阶层次，逐层评估。

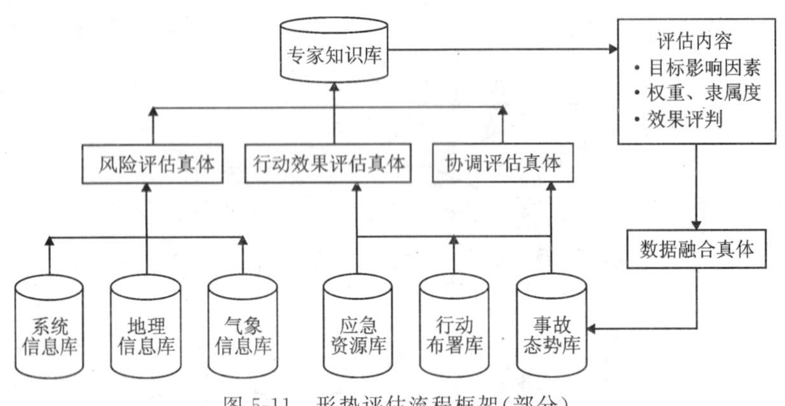

图 5-11　形势评估流程框架(部分)

3. 计划资源规划真体分析

生产经营系统的应急指挥系统的计划资源规划包括行动任务规划和资源规划。计划资源规划是根据专家知识和应急预案内容，确定消防、医疗、人员转移等行动计划的步骤，以及行动可能需要的资源。生产经营系统的应急计划资源规划通过对应急指挥过程的概念图分析，提炼出应急行动计划的具体内容、参与人员、资源支持等信息，最终形成专家规划知识。

1)应急指挥过程的概念图

应急指挥过程的概念图是为了表达个体的概念，以及他们之间的联系。概念图是知识启发技术的一种建模工具。它可以用来：①方便地从共享媒介中提炼出隐藏的信息；②识别出关键的想法；③提供一种专家思想结构(语言的、非线性的)类似的形式；④涵盖某个认知领域。简单说，概念图允许个体去了解其他人的思想。概念图有很多表达内涵，如关系、活动、状态、概念或数据，所运用的技术手段有：状态图、任务图、数据流程图、数据图表、结构图和统一建模语言(UML)。Zaff 等在 1993 年采用了一种更结构化的技术(IDEF－0)，发现这种规则化的结构改变了专家对专业领域的思考方式，即改变了专家传递给知识启发程式的信息。

概念图的一大优点是：概念图的空间属性允许个体很快识别知识领域的特点，如整体复杂程度、子域的不同复杂度、对称性和差距。概念图应用于天然气事故应急决策分析中，有助于研究者抓住应急指挥过程的时间特性；在应急决策不同领域专家中进行协作分析与信息的交流。

研究学者 Isaac Brewer 将过程概念图应用于 South Carolina 飓风应急反应研究中，用一段有开始和结束点的线段代表知识启发任务，用贯穿整个概念图的时间线来代表应急反应的过程或阶段。图 5-12 是 South Carolina 飓风应急管理的概念图的一部分。其中灰度 1 表示与应急相关的信息，如飓风路径、等级等；灰度 7 表示灾害过程中易于损坏的基础设施；灰度 2 表示受灾区域内的人员；灰度 6 表示可用于应急的资源与设施（如庇护所、安置中心）；灰度 4 表示应急过程中所涉及的人员、机构、团队；灰度 5 表示应急过程中所使用的信息技术，如 GIS、计算机软件；灰度 3 表示行动、决策、应急相关的任务。

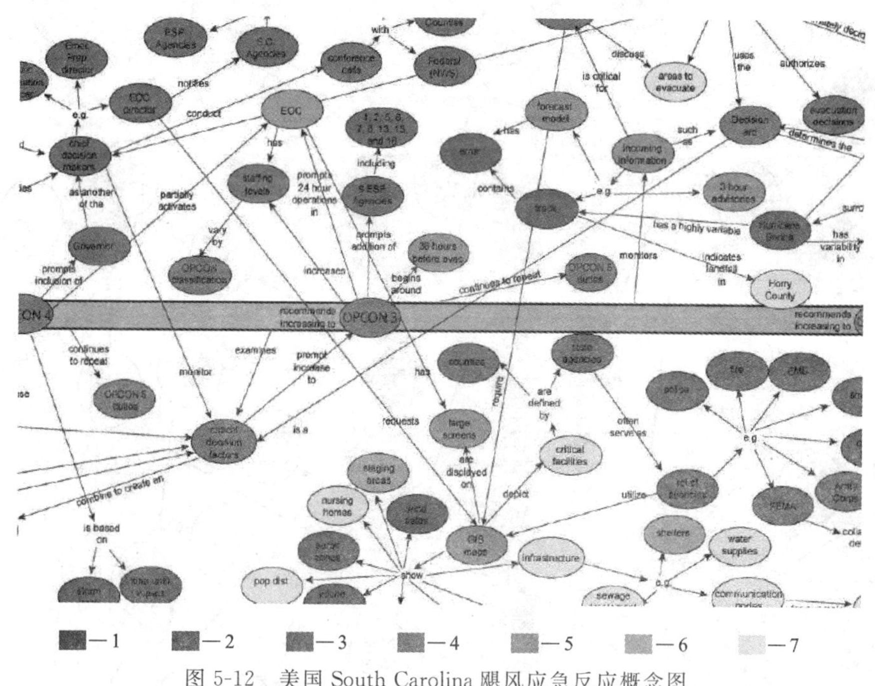

图 5-12　美国 South Carolina 飓风应急反应概念图

如图 5-13 所示，该图是某长输管道事故应急指挥过程概念图的一部分，从现场天然气管道事故发现并报警到三级应急反应启动的全过程。与 Isaac Brewer 所作的概念图略有不同，图中灰度 2 代表现场的应急行动，如现场人员救治、管道抢修、消防等；灰度 5 代表应急过程所需要的基本信息，如地图、道路交通、人员分布、地理环境、气象等；灰度 6 代表天然气管道事故的信息，如事故类型、应急等级、灾害范围、受伤人数等；灰度 3 代表非政府机构，灰度 1 代表应急过程中参与的政府机构，如安监、公安、交通、环保等；灰度 4 代表天然气管道公司参与的机构部门。

概念图详细地说明了该天然气管道在应急过程中涉及的组织机构的构成，它们的功能、它们之间信息交流的方式，以及决策或应急行动所需要的资料信息。在概念图上，可以很容易看出不同节点之间的聚合、分类、联合、交互以及联结等。

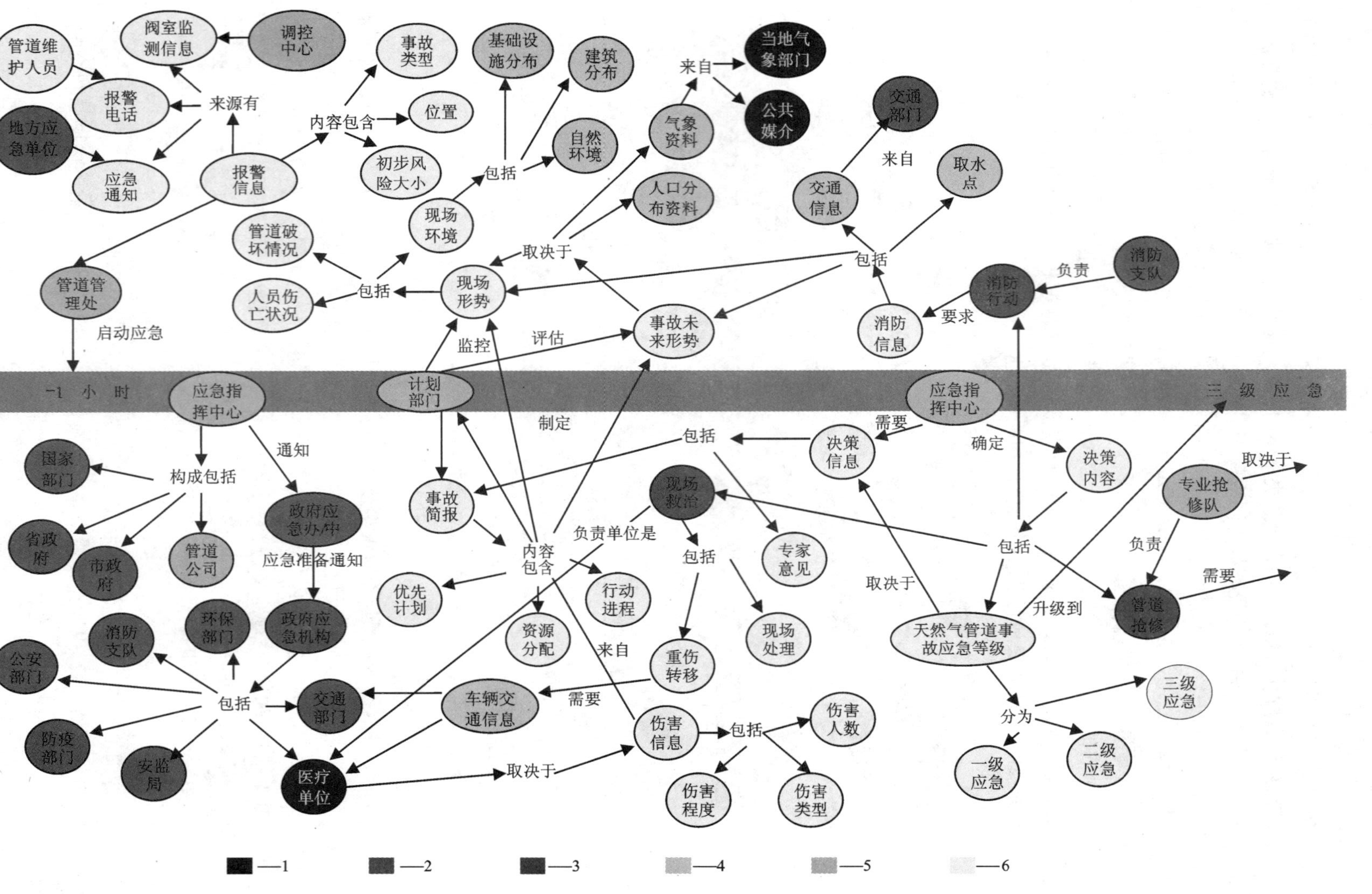

图 5-13 长输管道事故应急指挥过程概念图

通过概念图的分析，可以判断出生产经营系统应急指挥中心在指挥决策的过程中需要的信息、信息来源、决策内容等。如报警信息可能来自该生产经营系统的调控中心、现场系统的维护人员，或是其他发现系统异常的人。其他信息来自计划部门对现场状况的不断跟踪与监视，这些现场信息包括该系统被破坏情况、人员伤亡情况、现场环境等。从图中也可看出，在应急过程的初始阶段，主要参与应急过程的是应急指挥中心、计划部门。在这个阶段完成应急组织确认、应急目标、应急计划、现场形势评估、资源分配、优先行动目标等。

2)基于专家系统的资源规划

专家系统利用某个领域内专家的知识与经验，模拟专家的思考过程和思维方法、方式，解决领域内特定问题。每个生产经营系统的应急系统概念图都需要经过对大量专家进行咨询、交谈后，总结以往事故案例的基础上才能提出，这也说明了应急参与机构或组织间的信息的流通方式与内容。通过对概念图的分析，管道应急规划整体将应急过程的信息和信息交流以事实和规则的形式预先存入专家知识库中，在应急指挥的过程中对方案进行选择。

资源规划专家系统是以CLIPS(CLIPS, C Language Integrated Production System)为核心平台的。CLIPS是由美国航空航天局约翰逊空间中心(NASA's Johnson Space Center)开发的一种专家系统工具。CLIPS基本结构是产生式系统，采用正向推理机制，与一般的产生式系统的不同在于其推理过程中独特的RETE模式匹配算法，极大地提高了系统的反应速度。图5-14讨论的管道应急资源规划专家系统采用了CLIPS6.24的核心——RETE模式匹配以及其语法，其推理机制结构如图5-14所示。

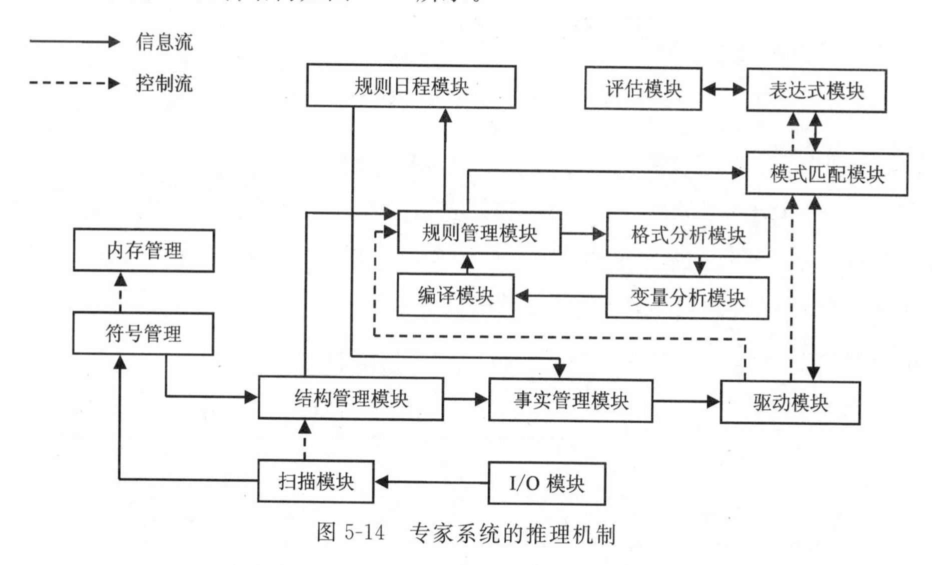

图5-14　专家系统的推理机制

在建立专家系统知识库的过程中，输入的信息经过结构模块分析，确定是否为“事实”数据或“规则”表达。规则分析模块协调规则的左右两边条件元素格式，以形成正确的表达。变量分析模块评估规则中的变量，对于出现在多个条件元素中变量，变量分析模块应在模式网络和连接网络中给出正确变量表达式。编译模块将规则变量分析模块得出的信息和表达式整合到模式网络和连接网络。连接网络是RETE算法最重要的核心，它防止了模式匹配过程中的信息爆炸。模式网络和连接网络是在规则输入的同时建立的，不同规则可以共享相同的模式网络和连接网络，减少了规则与事实逐一匹配的计算量。驱动模块是专家系统的动力引擎，当新的“事实”进入知识库时，驱动模块会引导“事实”进行部分模式匹配（完成最终模式匹配必须等待其他“事实”的输入），并更新规则的模式、连接网络。当输入的多个“事实”满足了规则的匹配要求时，规则被激活并存入规则日程模块中。规则日程模块是一个规则队列管理器，按“先入先行”的原则执行规则的行动，并将规则执行所产生的新“事实”送入事实管理模块，以便激活其他规则。如此不断循环，当规则日程模块中没有已激活规则时，知识的推理过程终止并等待新“事实”输入。

应急规划专家系统包括事实信息、推理机、知识库 3 个主要部分，其结构如图 5-15 所示。事实信息是事故应急过程中所产生或获取的数据信息。这些信息来自于信息融合真体处理后的结果，如现场气象信息、人员信息、情报汇报信息等，或是形势评估的结果，如人员影响范围、伤害程度、事故控制效果等信息。知识库是存放规划知识的地方。通过对应急指挥概念图的分析，将应急过程所涉及的组织、行动单元、资源以及它们交互方式以规则的形式存入知识库中。专家系统将从最开始的事故报警信息开始，不断接受应急过程中出现的新“事实”信息，激活知识库中的规划规则。收集的事实信息越多，激活规则越多，计划资源规划越具体。

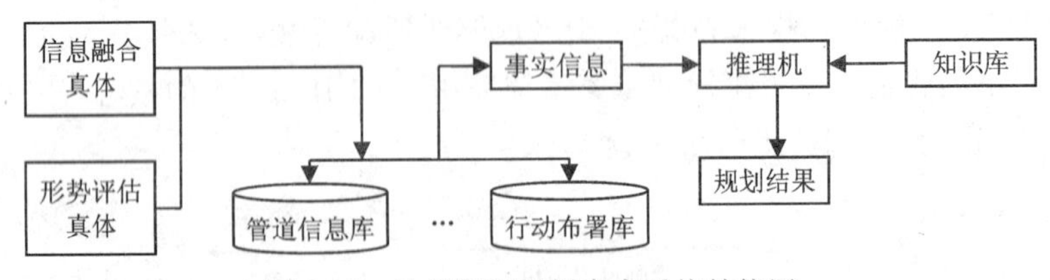

图 5-15　计划资源规划专家系统结构图

图 5-16 是事故应急反应初期计划资源规划流程中的一部分。图中上部是应急指挥过程中产生或收集到的“事实”信息，如“报警信息”是由外部输入，“形势评估”是由规划规则本身产生；图中下部是规划专家系统的规则知识，代表了规划的专家思考过程。虚线分隔了应急反应初期被“激活”的规划规则，他们都属于规划过程的一部分。

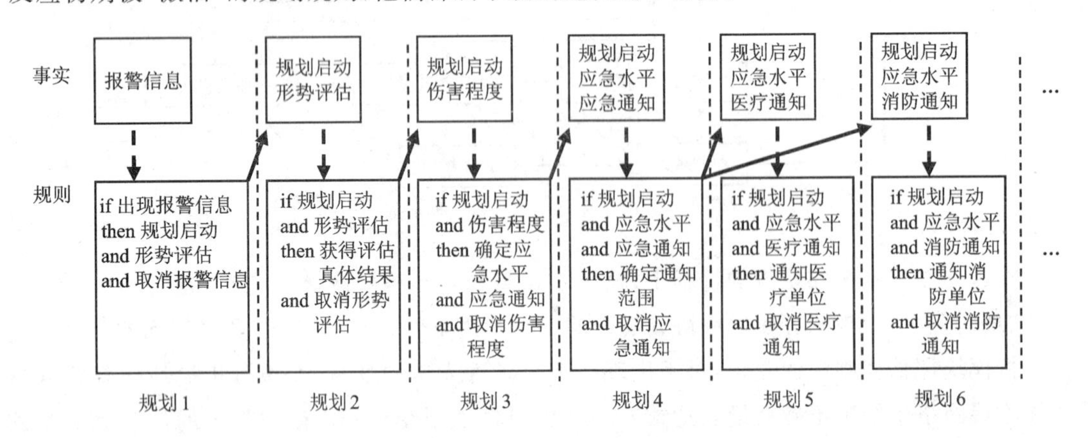

图 5-16　事故应急规划流程

当应急指挥系统接到报警信息(可能来自 SCADA、现场人员或外部报警),经过数据融合真体的处理进入系统,首先会激活计划资源规划真体的专家系统,开始规划过程。按应急过程的概念图要求,专家系统应根据要求形势评估真体计算伤害程度,以决定应急水平。针对不同的应急水平,将事实信息通知当地政府、应急机构、救援单元、消防等部门。不断出现的事实信息会激活更多的规则,执行更多的动作、产生更多的事实信息,最终组成规划过程动作链和信息链,完成计划资源的规划。需要注意的是,图 5-16 只是规划初期规划步骤的简单示例,为了说明的需要才按线性排列的。实际上,在专家思考的过程中存在"并发"现象,如规划 4 的步骤说明要向多个部分同时发出应急通知,规则激活过程应该是呈网状发展的。另外,专家知识是规划系统中相对稳定的数据,一旦专家思考过程确定,规则库也确定。而"事实"信息是应急过程中动态、实时产生的,是属于变化的数据信息,如气象变化、资源配置、人员伤亡等。

三、应急指挥系统运行机制

生产经营系统的应急指挥决策系统是为应急管理人员服务的支持系统,它并不能代替 IC 做出行动决策或者指挥救援。指挥决策系统只是利用预先知识化的专家经验,收集事故应急过程中的动态信息,给出相应的事故应对措施,作为 IC 人员的参考依据。应急指挥机构、应急指挥决策系统是管道事故应急体系的组成部分,应急指挥机构根据当时事故决策需要向决策系统提出支持请求,是系统中的主动方;应急指挥决策系统等待指挥机构的请求,帮助它们分析、处理数据,提供建议和方案,是系统中的被动方。两者相互协作,快速、高效地完成应急救援任务。

图 5-17 是应急指挥系统的运行机制过程,说明了应急指挥机构与应急决策系统之间的数据交流、控制请求。实线代表了应急机构与决策系统、决策系统内部真体之间的数据流动,虚线是应急机构向决策真体发出的工作请求控制命令。应急机构与应急决策系统之间的数据交流主要包括应急信息的融合输入,以及决策系统中各真体的结果数据输出。IC 中心、现场行动部门、规划部门等单元将实时信息输入决策系统,这些信息包括气象信息、管道泄漏状况、交通状况等数据。输入的数据经过融合处理后,再由态势评估真体、计划资源规划真体分析,并将分析结果(风险伤害程度、范围、影响区域、行动计划、所需资源等)提交给 IC 中心,或工作请求方。如形势分析组需要计算未来两小时内事实形势状况,向决策系统的态势评估真体发出预测请求。态势评估真体根据数据库内的实时数据,通过 Monte Carlo 等数学模型计算未来某个时间段现场的关键数据,如有害气体浓度分布、危险范围、爆炸和中毒伤害程度等,并将数据返回给形势分析组,作为形势分析的依据。

应急指挥决策系统是应急指挥机构的另一位"专家"成员,它能够快速有效地处理大量的应急信息,能够在很短时间内给出合理的行动方案,极大扩展了 IC 中心的决策能力。应急指挥机构与指挥决策系统之间的运行机制一方面保证了机构决策的独立性,IC 中心是最终的决策人,避免了专家系统"水土不服"带来的决策失误问题;另一方面,这种运行机制也发挥着决策系统的数据处理能力，弥补了IC中心对数据全面掌握能力的不足。

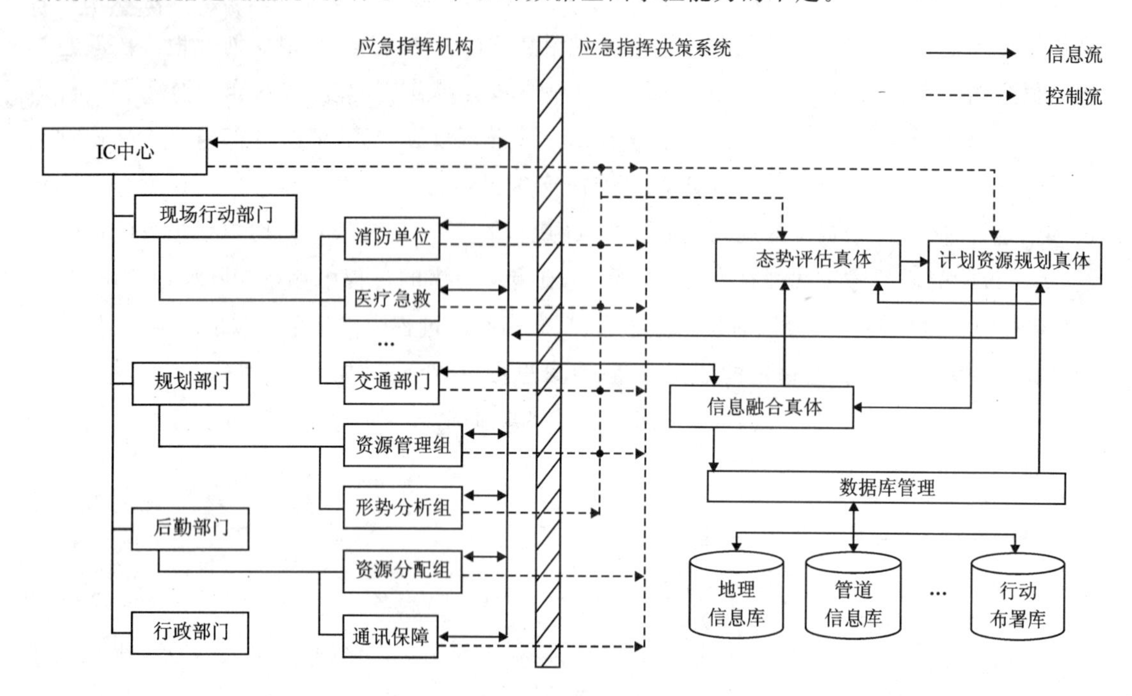

图5-17　应急指挥系统运行机制

第六章　安全管理体系设计

第一节　安全管理体系设计的基本原理

安全管理体系的基本原理是 PDCA 循环，它是体系的整体框架设计基础。随着系统科学、安全科学、信息科学等学科的发展，安全管理体系设计理念向宏观和微观并重的方向转变，风险免疫理论是其中之一。国民经济的发展现状、经济技术条件的现实，决定了风险防控是企业发展的重要任务。因此，企业管理体系在原有职业安全管理体系的基础上，必须加强风险与事故的防控设计。

一、PDCA 循环

所谓“PDCA”，即是计划(Plan)、实施(Do)、检查(Check)、处理(Action)的首字母组合。无论哪一项工作都离不开 PDCA 的循环，每一项工作都需要经过计划、执行计划、检查计划、对计划进行调整并不断改善这 4 个阶段，如图 6-1 所示。

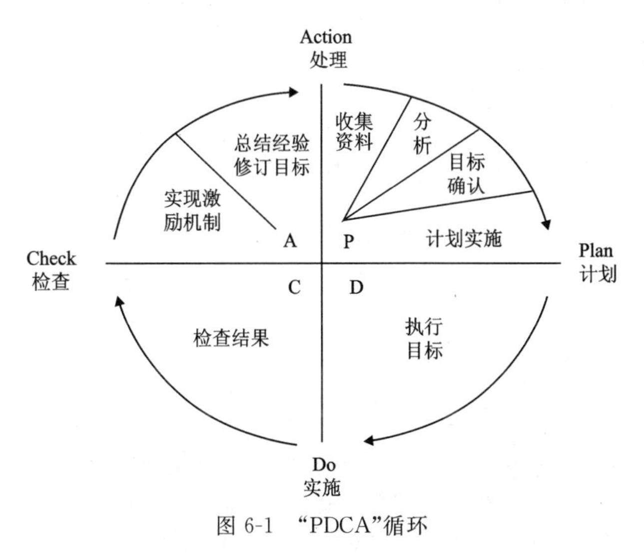

图 6-1　“PDCA”循环

在企业的安全风险管理体系这 4 个阶段就是体系策划(P)、体系运行(D)、体系运行效果检查(C)、体系运行持续改进(A)，这 4 个阶段相互作用、相互影响，形成闭环管理，使企业效率提高。

在体系策划(P)阶段,根据企业的质量文化特点确定质量管理方针,建立总体质量目标,并制定实现目标的具体措施。在实施过程中,企业首先制定了质量管理方针,以此规范行为的持续改进,明确质量管理指导思想及目标,即提供满足质量参与人与相关方的计划。收集质量的来源,并进行评估信息反馈质量,识别评价影响质量的因素,明确质量管理的重点。企业质量方针目标和具体措施确定后要以固定化的方式进行宣传教育。企业和各级部门要围绕组织方针目标,通过调查研究确定分解实现的目标和具体措施,其中包括需要制订或完善本级组织质量计划和相适应的体系文件。

在体系运行(D)阶段,对质量管理全面控制,为实现公司总体目标明确职责,制定相关的管理程序和运行标准以对活动的全过程实施有效控制。具体执行中,在建立文件管理的同时,确保分流出的文件和活动能及时、高效、准确地将结果反馈到各级部门,使各类质量活动得到有效控制。

在体系运行效果检查(C)阶段,对质量管理的过程监督,在实施过程中,有计划有针对性地对相关质量活动进行监控,纠正出现偏离目标的现象。企业以及各部门在实施 ISO9001 标准质量管理体系中建立严格的工作流程及管理评审制度,对整个质量活动流程进行检测,对质量目标的分解和结果的完成情况进行监督,及时发现问题并及时采取纠正和预防措施解决问题,防止再次发生。

在体系运行持续改进(A)阶段,对质量管理的分析和改进,公司或企业或各级组织在日常检查的基础上,定期对质量管理体系进行评审,对评审出的问题提出意见,以达到持续改进的目的。通过对直接过程、间接过程的有效控制,达到实现公司及各级组织预定的质量方针、质量目标。

二、控制理论分析

控制理论强调了系统目标的导向控制,系统设计中考虑正负反馈的机制,根据输出结果与目标差距及时调整系统输入条件,最终实现系统稳定输出状态。以安全生产标准化为例说明,安全生产标准化体系的核心思想是“企业生产(P)”“安全管理(R)”“标准化(S)”三者(PRS)的有机统一与高度融合,三者之间的相互关系如图 6-2 所示。“企业生产”过程中的工艺、设备、人员等因素对“安全管理”的内容和手段产生重要影响,这种影响以“正反馈”的形式传递“熵”(复杂系统的不确定性、工艺的变改、潜在的危险有害因素等),因而“安全管理”应在“企业生产”的全生命周期内实时动态地监控各类“熵”信息;“安全管理”工作通过“教育培训”“安全检查”等方式,对“企业生产”施加“负反馈”影响,两者之间形成一个闭环控制系统。

“安全生产管理”与“标准化”之间的关系也构成闭环控制系统。一方面,作业标准化将安全生产管理过程中关键环节、重要部位规范化、制度化,安全生产管理工作在标准化的过程中得到了强化与提高;另一方面,安全生产管理是标准化工作的基础。标准化是现有安全管理内容和方法的规范化、制度化,它的客体对象是安全生产管理工作。

“企业生产(P)”与“安全管理(R)”之间存在着“正反馈”与“负反馈”的关系,若两者之间存在错位关系,会导致二者之间的“熵”传递不通畅,易使安全生产管理与企业生产脱节,因此在标准化考评中对于两者之间的“正负反馈”关系要有一定的要求。“负反馈”主要体现在安全检查与隐患治理等方面。

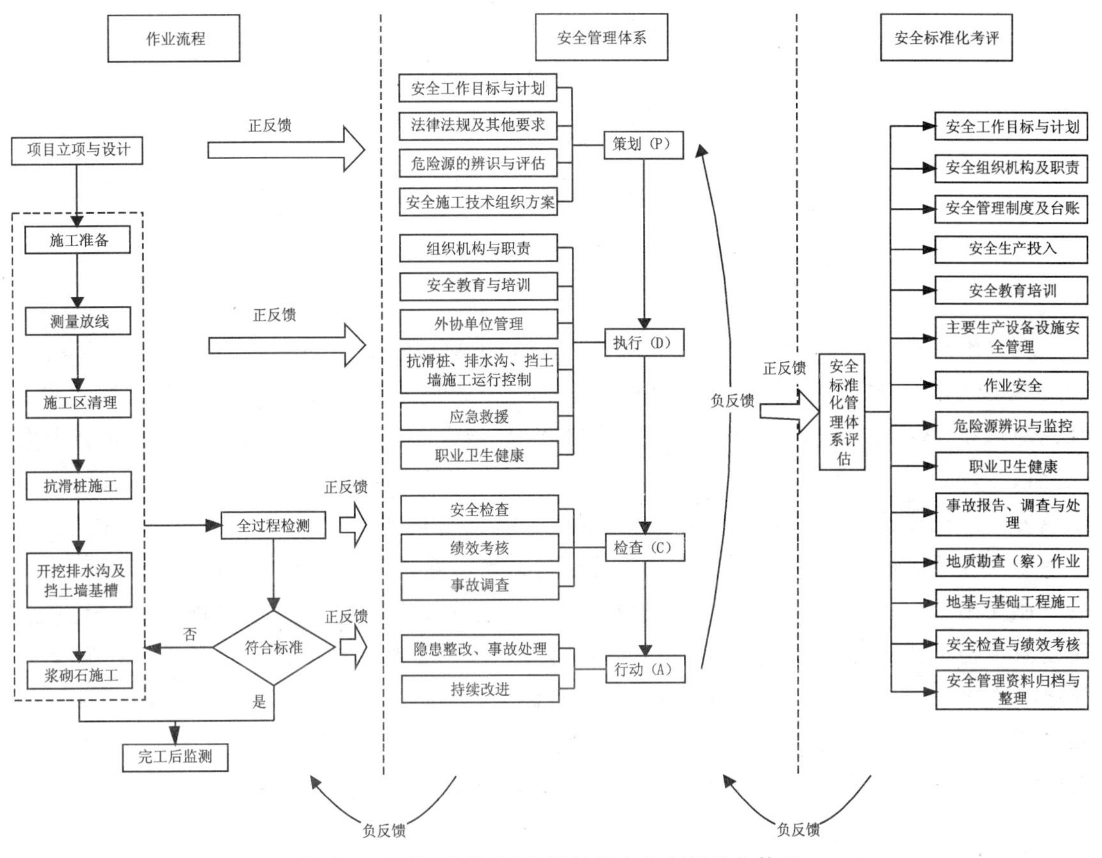

图 6-2　以“地勘作业”为例的安全生产标准化体系

“安全管理(R)”与“标准化(S)”两者之间同样存在着“正反馈”与“负反馈”的关系。在“正反馈”方面，施工现场用电、安全标识牌的悬挂、作业人员行为管理以及操作规程执行等安全管理既涉及到“作业安全”，也涉及到“地基与基础施工”“地质勘查作业”等考评要素。“负反馈”主要通过专家打分的方式体现，现有的标准化评估方式主要以专家考核打分为主。

三、免疫机理分析

生物免疫系统要把除了本身健全的组成成分以外的物体排除生物体外，首先要识别自身类别与非我类别，识别其中的有害成分，即进行免疫识别，因此免疫识别在生物免疫系统中担任着前哨的功能。生物体为防止抗原入侵，构建了3道防线，阻挡病原体入侵机体和杀菌。免疫细胞在识别抗原后进入活化状态，分别转化为记忆细胞和效应细胞两部分，生物免疫记忆机制贯穿于生物免疫的初次应答和二次应答过程。

1. 生物免疫识别机制

危险识别模式理论表示免疫系统只能区别安全信号和危险信号，可以向那些因为细胞伤害所形成的内部信息产生回应，即漠视“非我的却无危险的”信息(如图6-3中NS—D的区域)和识别“自我的却有危险的”信息(如图6-3中D∩S的区域)。

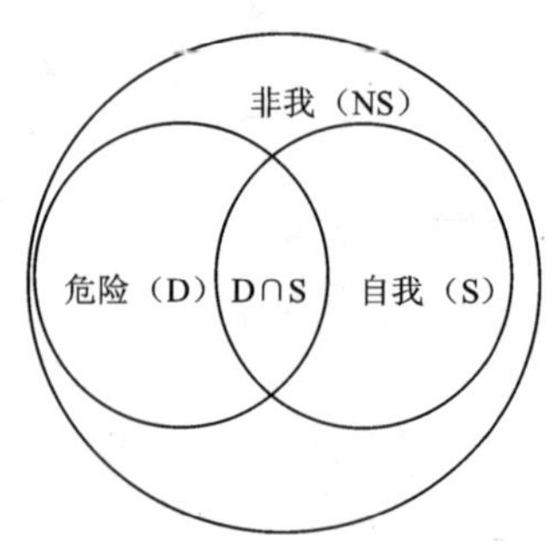

图 6-3　危险识别模式

在该模式中产生重要作用的是抗原呈细胞 APC(Antigen Presenting Cell)，它是摄取、加工处理抗原，然后将抗原递呈给淋巴细胞的一类免疫细胞，其功能是辅助和调节 T 细胞和 B 细胞对抗原(Ag)进行识别及应答。在危险模式中，当细胞受损或细胞的异常死亡时会产生危险信号(signal 1)，之后该信号被传递给 APC，随即 APC 产生第二信号(signal 2)，即协同刺激信号。当抗原和危险物体同时向 APC 发射信号，信号被 APC 识别后，此时 APC 被激活，并向辅助性 T Helper(TH)提供信息。危险信号只能由除了程序性死亡细胞和正常细胞之外的细胞发出，而当 T 细胞在抗原信息的刺激时，第二信息的缺失将导致 T 细胞耐受。B、T 细胞随着生物本体的发展而产生，但 B、T 细胞的活化和耐受都将按照此定理活动。抗原呈细胞进入生物本体后，将会发射危险信号，进而激活免疫应答产生兴奋，效应 B、T 细胞进行免疫过程后，最后进入消融、自我损毁或者静息状态。当免疫系统清理完抗原时，危险才会解除，免疫应答结束。危险识别模式识别过程如图 6-4 所示。

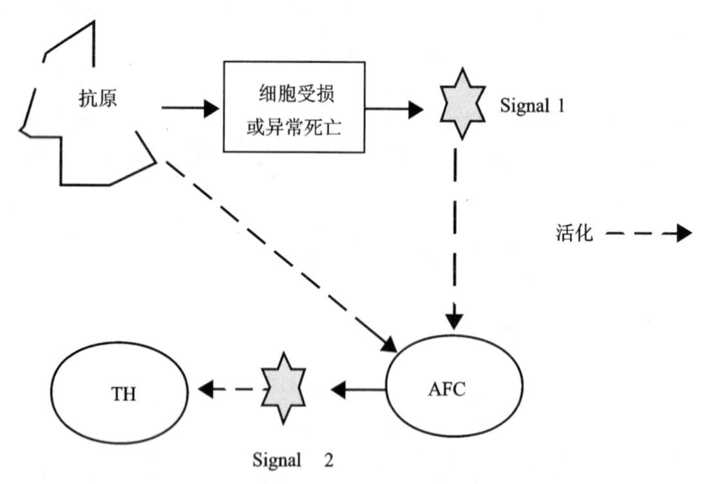

图 6-4　生物免疫危险识别模式识别过程

2. 生物免疫应答机制

生物体为防止抗原入侵，构建了 3 道防线。第一道防线，由生物体的皮肤、黏膜及其分泌物组建，该道防线起到阻挡病原体入侵机体和杀菌的作用。第二道防线由体液中的溶菌酶等杀菌物质和吞噬细胞构成。前两道防线是生物体在长期进化过程中建立起来的防御功能，其特点是生物体生来就有，对多种病原体都有抵抗防御作用，不只是仅仅针对某一特定的病原体,因此称该过程的免疫为非特异性免疫(又叫先天性免疫)。

第三道防线由免疫器官和免疫细胞借助血液循环和淋巴循环组建而成。第三道防线是生物机体在出生以后慢慢建立起来的防御功能,其特点是生物体后天形成的,其免疫过程同前两道防线不同的是只针对某一特定的病原体起作用,因此称该过程的免疫为特异性免疫(又叫后天性免疫)。

免疫应答的过程十分复杂,是由于生物体内很多种类的细胞或者因子一起发挥作用和完成的。通常认为,免疫应答过程的阶段如下所示:

(1)感应阶段。也是生物体内的免疫系统对入侵抗原的识别发现阶段。在这一时期,某一抗原根据自身和生物体的特征,侵入生物体内,而生物体内的免疫细胞对此抗原进行发现并识别,发出信号促使细胞进入兴奋阶段。通常情况下,入侵的抗原会经过第一层免疫系统的扼杀,即部分抗原被单核-巨噬细胞等免疫细胞接触到后经过一定的处理,发送信号并输送到 TH 细胞。具有免疫球蛋白分子的 B 细胞可以抓取抗原,并与之结合在一起,最后并输送到 TH 细胞。这些免疫细胞,根据抗原的特性分化为具有特殊免疫功能的细胞,根据抗原的不同而进行识别,进而促使机体进行免疫应答。

(2)活化阶段。此时期主要是淋巴细胞在收到抗原和外界信号刺激后,进入了细胞兴奋、自我繁殖分化阶段。抗原刺激和外界信号的公共作用才能导致这种情况,两者缺一不可;在受到两者共同作用刺激时的 TH 细胞释放辅助因子,并被 B 细胞识别后,才能激活 B 细胞;激活后的淋巴细胞进入自我发展途径,在该时期其短时间内呈几何数级分化和增殖。

(3)效应阶段。也是免疫应答的最后阶段。在此阶段,抗原经过生物体内的抗体等众多免疫细胞处理后,被生物体协同和抗体结合在一起的抗原清理排除体外,直至所有抗原都被排除体外,部分免疫细胞会分化为记忆细胞留在体内,并停留一段时间。如果在此时间内,抗原再次入侵机体,体内的记忆细胞会迅速反应,分化为大量抗体,将抗原消灭。

生物免疫应答机理过程示意图如图 6-5 所示。

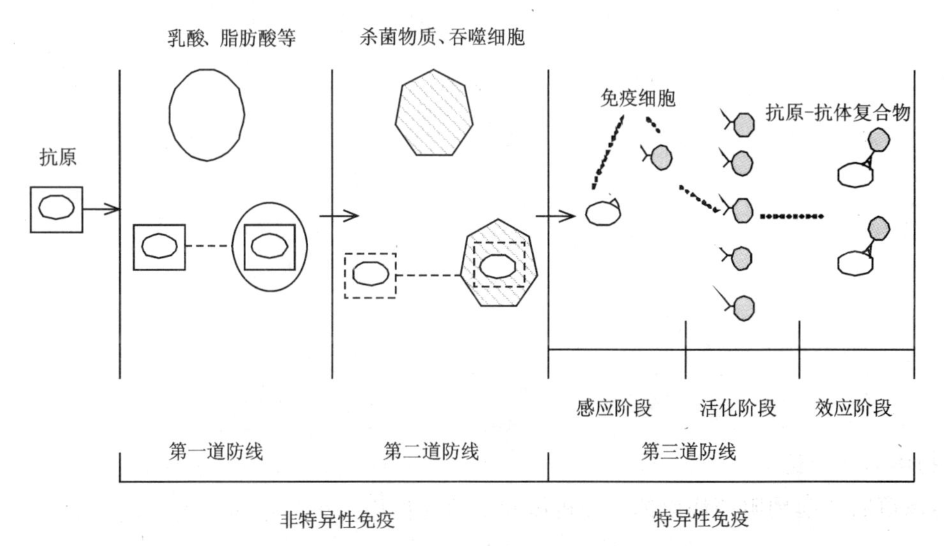

图 6-5 生物免疫应答示意图

3. 生物免疫记忆与免疫恢复机制

免疫记忆的介导物质是记忆性 T 和 B 淋巴细胞，是生物体遭到一种细菌感染后不会在短期内再次遭到相同细菌感染的一种现象。免疫细胞在识别抗原后进入活化状态，分别转化为记忆细胞和效应细胞两部分，并在体内循环。如果相同的抗原再次入侵生物机体，则记忆细胞会被快速激活，迅速成为新的效应细胞和记忆细胞。生物免疫记忆机制贯穿于生物免疫的初次应答和二次应答过程。

生物免疫系统过程中，当抗原第一次入侵机体后，生物免疫细胞会根据入侵抗原的特性而产生与抗原相应的抗体，这在机体内部都属于第一次反应行为，这些过程也就是免疫系统的初次应答。在这一初始过程之间，免疫系统根据不同抗体间对抗原的清除情况组织评估，淘汰那些识别、清除抗原情况不良的抗体，保留那些可以高速识别、清理抗原的优质抗体，这些被保留在体内的优质高效抗体将会集中起来，其分化途径会被免疫系统铭记储存。部分免疫细胞会分化为记忆细胞留在体内，并停留一段时间。如果在此时间内，抗原再次入侵机体，体内的记忆细胞会迅速反应，分化为大量抗体，将抗原消灭。这便是免疫系统建立在免疫初答基础上的二次应答。相比初次应答，二次应答可以大大缩减机体的免疫反应时间。如果抗原入侵机体后，并通过抗体记忆库对比发现，该种类型的抗原为第一次入侵机体，机体的免疫系统就会通过记忆库的所有抗体筛选出最大相似度的抗体，开始免疫过程。这些过程都离不开免疫记忆 B 细胞至关重要的作用，它对免疫应答过程的催化剂。记忆 B 细胞的分化消亡过程如图 6-6 所示。从图中可以对免疫记忆 B 细胞的发展有一个清晰、深刻的认识。它完整地记录了免疫记忆 B 细胞在生物免疫记忆整个过程的作用。与免疫应答的过程相似，B 淋巴细胞在免疫系统中清除抗原也分为活化阶段、扩增阶段以及分化阶段 3 个步骤。

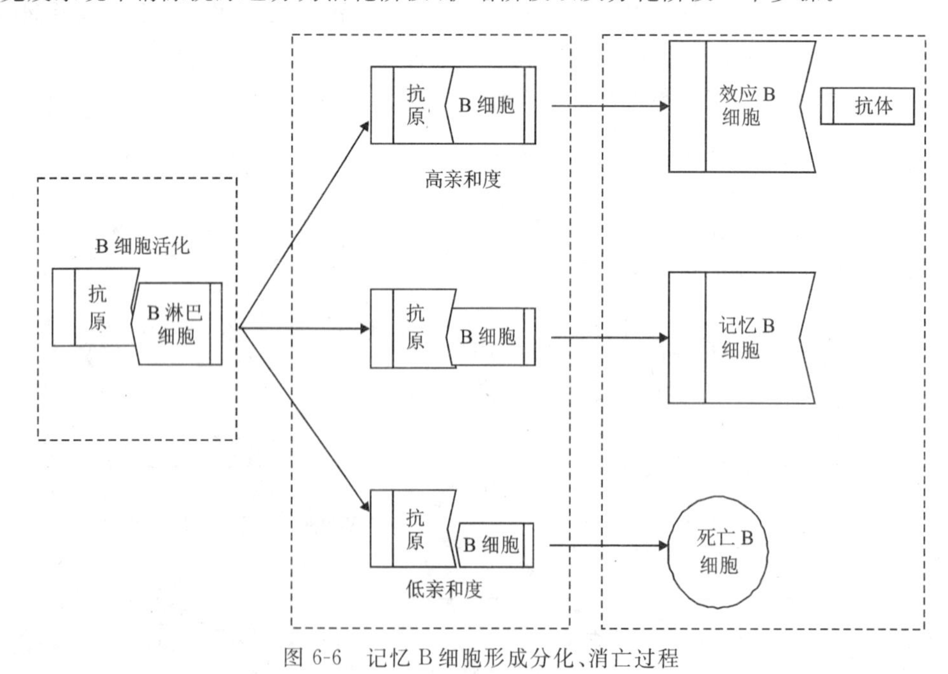

图 6-6　记忆 B 细胞形成分化、消亡过程

抗原越过机体第一道免疫层进入机体后，首先被 B 淋巴细胞识别，在清理抗原的过程中

与抗原结合在一起，这一过程促使激活免疫B细胞。被激活后的B细胞开始进入第二阶段扩增，此阶段，被克隆的B细胞含有与起始B细胞不同受体。接下来是第三阶段B细胞的分化，与抗原结合在一起的B细胞经过自身的细胞分裂功能进行基因重组与选择性表达，在这些克隆B细胞中选取针对那些病原体抗原具有特定高效结合、清理能力的克隆B细胞，并将它们分化为记忆细胞和浆细胞。

图6-6显示了单个记忆B细胞的形成过程，当多个记忆B细胞形成时，就可以显示生物免疫记忆过程。

生物体在进行免疫应答过程中将抗原性异物消灭排出体内环境，在完成该过程后抗体的负反馈调节作用开启，发出抑制抗体生成的信号，从而使免疫系统结束免疫应答，免疫恢复功能开始。免疫恢复指生物体在对抗原性异物实施过免疫识别及免疫应答过程，并将其消灭排出生物体内环境之后，通过生物系统的免疫调节作用使机体重新恢复稳定与平衡，同时使因在免疫识别及应答过程中而造成相关免疫细胞的数量及功能慢慢恢复到抗原入侵前水平的过程。

依据上述生物免疫系统的免疫恢复概念，免疫恢复可以分为下列两种情况：

(1)主动恢复。主动恢复是免疫调节的自修复过程，该种情况发生在入侵的抗原性物质得到彻底的清除后，此时生物体发出免疫应答终止的信号，抗体开始实施自身的负反馈调节作用，通过产生相应的抑制性效应细胞，对效应细胞发出抑制抗体生成的信号，随着抗体量由免疫过程初期的急剧增加变为稳定，免疫系统重新达到免疫之前的状态从而使生物体达到平衡。

(2)被动恢复。被动恢复又叫免疫重建，是指免疫应答对抗原性物质(例如HIV病毒)无法实现彻底清除，此时生物体会重新建立自身免疫系统，以期在新的免疫系统下达到清除抗原的目的。

第二节　安全管理体系设计

一、安全管理体系

职业、健康、安全管理体系(OHSMS)是20世纪90年代中后期在国际上逐渐兴起的现代安全生产管理模式。2001年6月，在第281次理事会会议上，国际劳工组织理事会正式批准发布了《职业安全卫生管理体系导则》(ILO-OSH：2001)。2001年国家质检总局发布了《职业健康安全管理体系规范》(GB/T 28001—2001)。构建安全管理体系的最终目的就是实现企业安全、高效运行。用来制定并实施组织的职业健康安全方针和目标，并管理职业健康安全方面的风险。

安全管理体系包括职业健康安全方针、危险源辨识、风险评价和风险控制的策划、目标、培训、意识和能力等要素(表6-1)。安全管理体系以PDCA为框架，包括目标制定、政策执行、监督管理、检测调整等环节，如图6-7所示。

表 6-1　安全管理体系要素表

序号	职业、健康、安全管理体系(OHSMS)	
1	一级要素	二级要素
2	职业安全卫生方针	
3	策划	对危险源辨识、风险评价和风险控制的策划； 法规及其他要求； 目标； 职业健康安全方案
4	实施与运行	资源、作用、职责、责任和权限； 培训、意识和能力； 沟通、参与和协商； 文件； 文件与资料的控制； 运行控制； 应急准备和响应
5	检查与纠正措施	绩效测量与监视； 合规性评价； 事件调查、不符合、纠正措施和预防措施； 记录审核； 内部审核
6	管理评审	

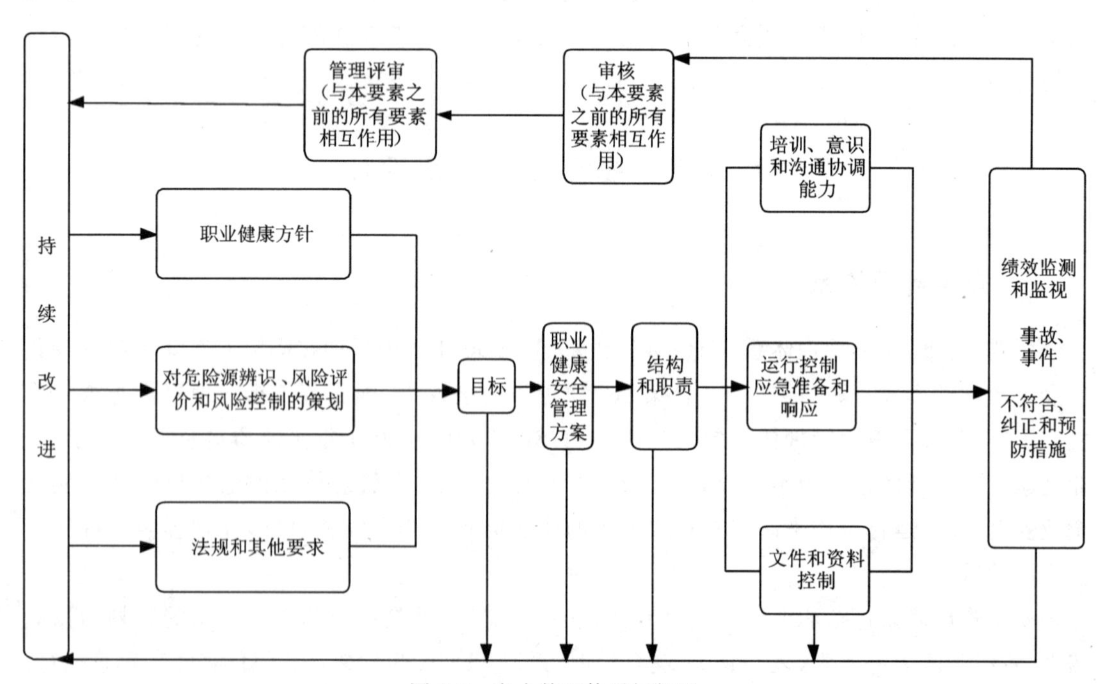

图 6-7　安全管理体系框架图

二、企业安全生产标准化体系

安全生产标准化是通过建立安全生产责任制，制定安全管理制度和操作规程，排查治理隐患和监控重大危险源，建立预防机制，规范生产行为，使各生产环节符合有关安全生产法律法规和标准规范的要求，人、机、物、环处于良好的生产状态，并持续改进，不断加强企业安全生产规范化的建设。安全投入增加，专业技术的装备水平需要提高，严密排查治理隐患，现场作业条件进行改善(图 6-8)。

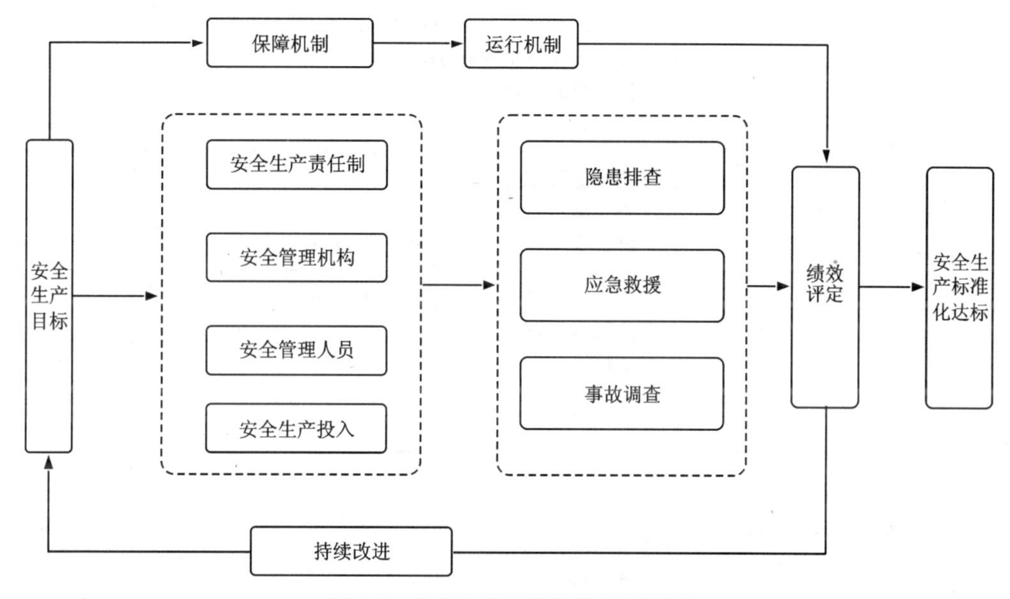

图 6-8　安全生产标准化体系框架图

安全生产标准化建设涵盖了增强人员安全素质、提高装备设施水平、改善作业环境、强化岗位责任落实等各个方面。企业各个生产岗位、环节、人员、机器设备、物品材料、环境等各个方面的安全工作，必须符合法律、法规、规章、规程的要求，达到和保持一定的标准，使企业生产始终处于良好的安全运行状态，安全生产标准化体系的主要要素如表 6-2 所示。企业应建立严密、完整、有序的安全管理体系和规章制度，完善安全生产技术规范，使安全生产工作经常化、规范化、标准化。

表 6-2　安全生产标准化体系

序号	安全生产标准化	
1	A 级要素	B 级要素
2	目标	
3	组织机构和职责	组织机构； 职责
4	安全生产投入	

续表 6-2

序号	安全生产标准化	
5	法律法规与安全管理制度	法律法规、标准规范； 规章制度； 操作规程； 评估； 修订； 文件和档案管理
6	教育培训	教育培训管理； 安全生产管理人员教育培训； 操作岗位人员教育培训； 其他人员教育培训； 安全文化建设
7	生产设施设备	生产设施设备建设； 设备设施运行管理； 新设备设施验收及旧设备拆除、报废
8	作业安全	生产现场管理和生产过程控制； 作业行为管理； 警示标志； 相关方管理； 变更
9	隐患排查和治理	隐患排查； 排查范围与方法； 隐患治理； 预测预警
10	重大危险源监控	辨识与评估； 登记建档与备案； 监控与管理
11	职业健康	职业健康管理； 职业危害告知和警告； 职业危害申报
12	应急救援	应急机构和队伍； 应急预案； 应急设施、设备、物资； 应急演练； 应急救援
13	事故报告、调查和处理	事故报告； 事故调查和处理
14	绩效评定和持续改进	

安全生产标准化工作要求企业将安全生产责任从企业的法定代表人开始，逐一落实到每个基层单位、每个从业人员、每个操作岗位，强调安全生产工作的规范化和标准化，建立起自我约束机制，主动遵守各项安全生产法律、法规、规章、标准，从而真正落实企业作为安全生产

的主体责任,保证企业的安全生产。

开展安全生产标准化工作,要求企业建立严密、完整、有序的安全管理体系和规章制度,完善安全生产技术规范,使安全生产工作经常化、规范化、标准化,安全生产标准化体系框架如图6-7所示。安全生产标准化是以隐患排查治理为基础,强调任何事故都是可以预防的理念,将传统的事后处理转变为事前预防。要求企业建立健全岗位标准,严格执行岗位标准,杜绝违章指挥、违章作业和违反劳动纪律现象,切实保障广大人民群众生命和财产安全。

安全生产标准化是企业安全生产工作的基础,是提高企业核心竞争力的关键。开展安全生产标准化建设,能够进一步规范从业人员的安全行为,提高企业的机械化和信息化水平,促进现场各类隐患的排查治理,推进安全生产长效机制建设,有效防范和坚决遏制事故发生,促进安全生产状况持续稳定好转。

三、风险管控和隐患排查治理双重预防体系

易发生重特大事故的行业领域,要将安全风险逐一建档入账,采取风险分级管控、隐患排查治理双重预防性工作机制(简称"双重预防机制")。构建双重预防机制就是针对安全生产领域重大事故的突出问题,强调安全生产的关口前移,从隐患排查治理前移到安全风险管控。通过分析事故深化机理,针对关键风险点采取预防措施,加强事故隐患排查和治理,定期跟踪评估。

风险分级管控是以安全危险源辨识、风险分析评估和管控为基础,评估风险等级,从企业、车间、部门等层级对风险划分责任,实现分级管控风险;隐患排查治理,一方面是对风险管控过程分析评估,另一方面是对风险对象安全状态监测评估。建立隐患排查清单,通过日常排查风险管控过程中出现的缺失、漏洞和风险控制失效环节,排查主要风险对象的安全状态(人的不安全行为、物的不安全状态、环境的不安全因素),全面掌握风险变化态势,及时消灭隐患。风险管控和隐患排查治理双重预防体系的核心要素如表6-3所示。

表6-3 "双重机制"要素

序号	风险分级防控和隐患排查治理机制要素	
1	风险分级管控	管控目标
2		组织结构
3		管控计划
4		风险管控制度
5		风险管控规程
6		风险管控检查
7		风险管控培训教育
8		风险管控投入
9		风险管控管理核查
10		持续改进

续表 6-3

序号	风险分级防控和隐患排查治理机制要素		
11	隐患排查治理	风险管控过程隐患	风险点隐患排查治理
12			风险监测隐患排查治理
13			风险评估隐患排查治理
14			风险分级隐患排查治理
15			风险管控隐患排查治理
16		风险对象安全状态	人的不安全行为隐患排查治理
17			物的不安全状态隐患排查治理
18			环境的不安全因素隐患排查治理

"双重预防机制"体系也满足 PDCA 原理，其框架如图 6-9 所示。企业通过全方位、全过程排查本单位可能导致事故发生的风险点，包括生产系统、设备设施、环境条件、安全管理等方面存在的风险。确定风险类别（泄漏、火灾、爆炸等危险因素和高温、粉尘、有毒物质等有害因素），评估风险分等级。针对风险类别和等级，明确风险点管控层级、责任人和具体的管控措施（包括制度管理措施、应急管理措施等）。对存在安全生产风险的岗位设置告知卡，标明本岗位主要危险危害因素、后果、事故预防及应急措施等内容。

针对各个风险点制订隐患排查治理制度、标准和清单，明确企业内部各部门、各岗位、各设备设施排查范围和要求，建立起全员参与、全岗位覆盖、全过程衔接的闭环管理隐患排查治理机制。企业在风险评估的基础上，编制应急预案，建立应急管理机制。

第三节　基于免疫机理的深基坑施工风险管控系统设计

通过利用仿生学的原理，将深基坑类比生物体，借鉴生物免疫系统的免疫机制及原理来进行深基坑施工过程中的安全生产研究，提升深基坑施工的安全管理的免疫能力。借用生物学的知识来对工程实践进行研究，从生物学的角度对深基坑施工安全管理过程进行分析，建立更高层次的安全生产管理模式，从而提升深基坑施工过程中的安全生产水平。

一、相似性分析

美国学者 Jack Ellwood Steele 指出，在对生物系统的功能、机制及组成结构进行研究的基础上，将其内在的功能机理进行提取，并将其应用在与其具有一定相似性的工程实际问题中。将生物免疫系统应用到深基坑施工安全管理系统中，首先要解决的问题就是两者的耦合性。

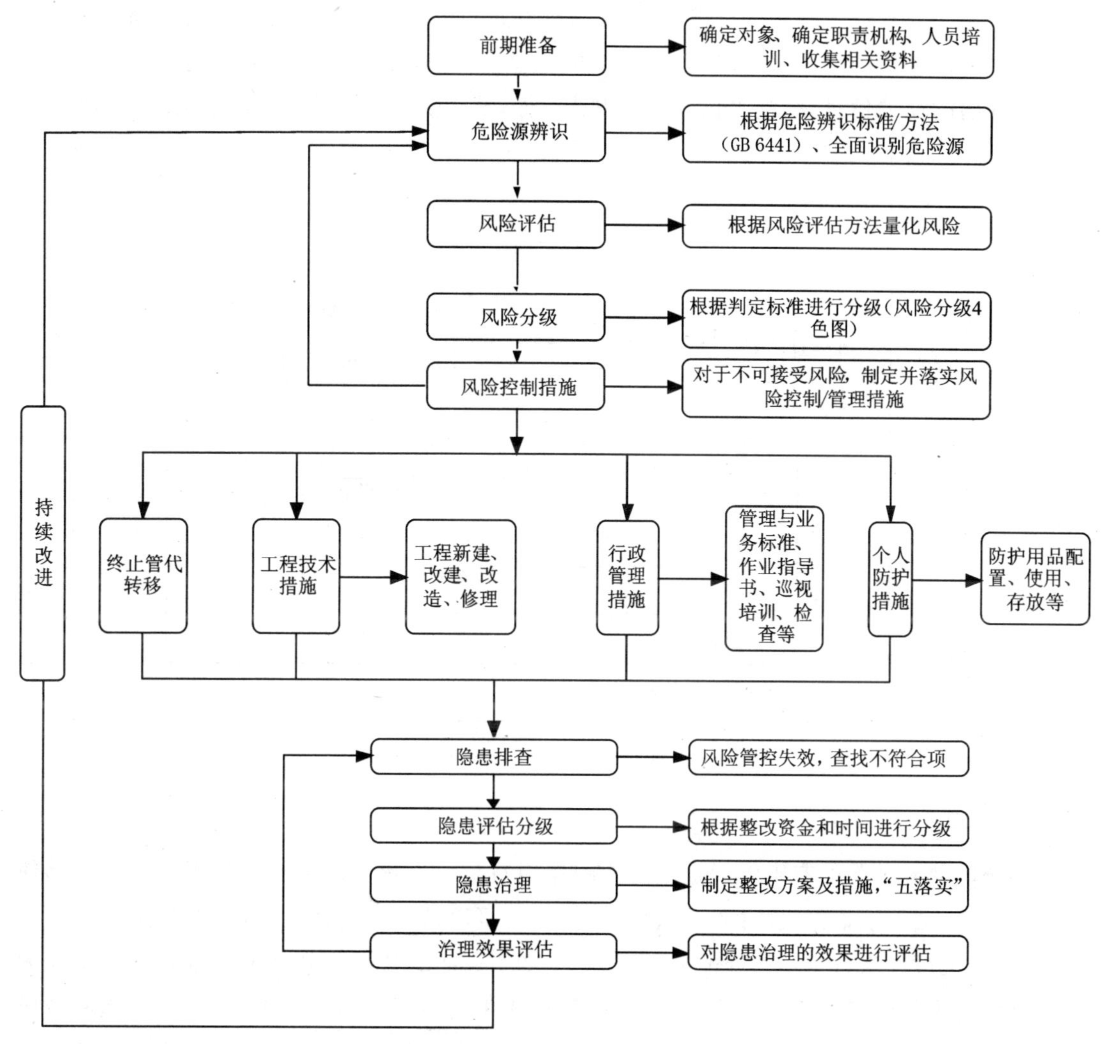

图 6-9　“双重预防机制”框架图

1. 深基坑施工安全管理系统结构

深基坑工程的组织部门有项目管理层、工程技术部门、物资部门、设备部门、培训教育部门、安全生产部门、消防保卫部门、运输部门等。根据系统理论的概念，这些部门之间的联系如图 6-10 所示。

项目管理层是深基坑施工安全管理系统的指挥中枢，而消防保卫部门、运输部门、工程技术部门、培训教育部门、物资部门、设备部门等则是指挥中枢下达执行安全指令的执行部门，安全生产部门既为监督部门也是反馈部门。

当深基坑项目启动时，项目管理层已开始对项目中可能出现的危险有害因素进行管理。项目管理层一方面向工程技术部门、物资部门等执行部门下达施工安全生产指令，执行部门将这些施工安全指令作用于深基坑施工现场，另一方面向安全生产部门下达监督执行指令。

安全生产部门收到施工现场的反馈信息，并将这些进行处理，已解决的问题进行经验总结，搜集施工中尚未解决的问题及新出现的问题，并将这些信息提交给指挥中枢。指挥中枢收到安全生产部门的反馈信息，继续对执行部门下达指令，从而实现施工安全管理系统的封闭回路。

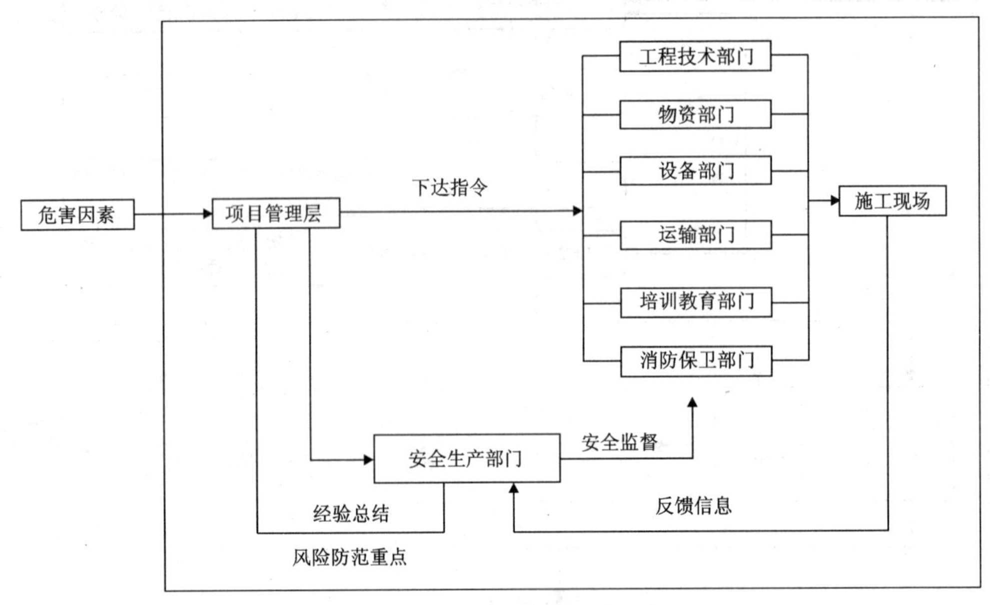

图 6-10　深基坑施工安全管理系统结构图

2. 作用对象相似

系统内部及外部的有害因素是这两者的作用对象。生物免疫系统的作用对象是能够使生物体致病、破坏生物体机能的抗原。这些抗原既可以来自生物体自身，例如发生病变的细胞或组织；也可以来自生物所处的外部环境，例如引起生物体感染致病的各种病菌。不同的抗原将使得生物体产生不同的反应，有的抗原造成生物体部分组织产生病变，有的抗原造成生物体整体机能的破坏，严重影响生物体的生存。深基坑施工安全管理系统的作用对象是可能造成人员伤亡及引起基坑破坏，影响深基坑施工正常进行的危险有害因素。这些危害因素既可能来自系统自身，也可能来自系统外部。不同的危险有害因素对基坑的影响不同。安全管理系统中的漏洞、制度措施的不合理将会对基坑施工造成不利的影响，基坑设计不合理将会导致基坑支护破坏以及基坑垮塌，降水措施不到位将会造成基坑涌水事故，等等。因此，深基坑施工安全管理系统与生物免疫系统在作用对象方面存在相似性。

3. 组织结构相似

生物免疫系统与深基坑施工安全管理系统都具有严密的组织结构，前者是由免疫器官、免疫细胞、免疫分子等多种因素构成的系统，后者是由人员、设备、技术、环境、制度等管理要素，和项目管理层、工程技术部门、消防保卫部门、安全生产部门、培训教育部门、物资部门、设备部门、运输部门等组织部门及动态管理模式等多种因素构成的系统。生物免疫器官是免疫细胞和免疫细胞的载体，同生物免疫一样，深基坑施工安全管理系统的管理要素和管理模式的载体是深基坑施工的组织部门。

4.功能相似

生物免疫有免疫识别、免疫耐受、免疫应答、免疫记忆、免疫恢复等功能，同样，对于深基坑施工安全管理系统，也有类似的功能。

(1)免疫识别。免疫识别是免疫系统发挥免疫功能的重要前提，生物体只有先识别出自我及非自我中的有害成分，才能准确发挥免疫应答功能对异物及抗原进行排除和消灭。在深基坑施工中，安全管理系统同样如此。深基坑施工安全管理中最重要的与首要的任务就是进行危险有害因素的辨识，安全管理应该围绕辨识出来的危险有害因素展开工作。安全管理的要素有人员、设备、技术、环境、制度等，通过直观经验分析法及预先危险性分析、事故树分析、因果分析等系统安全分析方法等辨识出深基坑施工中的危险有害因素，然后通过安全管理系统对危险有害因素进行预防和消除，达到深基坑施工安全生产的目标。

(2)免疫应答。免疫应答是免疫细胞对抗原异物的活化、分化及产生免疫效应的全过程。生物免疫系统中，抗原能够引发生物体发生一系列的免疫反应，如果生物体免疫功能出现缺陷或者免疫力不足，生物体的体内环境将会遭到破坏，从而造成生物体发生疾病。在深基坑施工安全管理系统中，由于人员在施工过程中的不当操作、安全防护措施不到位、基坑设计不合理等因素的存在，可能最终会导致基坑支护破坏、涌水涌砂、基坑底部隆起等事故的发生，出现人员伤亡事故。深基坑施工过程中，通过安全管理系统，对施工过程中出现的危及深基坑正常施工的危险有害因素进行消除，从而保证深基坑正常有序地进行施工。

因为深基坑施工属于建筑施工，所以在深基坑施工安全管理系统中，有着建筑施工单位中普遍都存在的安全管理内容，但是由于深基坑施工的个体性及特殊性，因此深基坑施工安全管理系统中存在着其独特的安全管理内容。这就犹如生物免疫应答中的非特异性免疫与特异性免疫，非特异性免疫对多种病原体都起作用，而特异性免疫只针对某一特定的病原体或异物起作用。

(3)免疫记忆。抗原首次入侵过生物免疫系统后，该种抗原即被免疫系统进行存储及记忆，在生物机体被该种抗原再次侵害时，免疫系统的反应更加强烈与持续很多时间，该现象称为免疫记忆。在深基坑施工过程中，工程技术人员会针对以往其他基坑施工过程中出现的问题及事故进行防范，针对正在施工中的深基坑出现过的事故，会进行重点防范，并进行事故原因总结与分析，进行经验总结。同免疫记忆功能一样，当深基坑施工安全管理系统再次受到相同或类似的危险有害因素入侵时，系统会迅速反应，相关人员与单位会迅速做出反应，结合以往的处理事故的经验，做出正确的判断与行动，对危害因素进行消除与规避，防范事故的再次发生。

(4)免疫恢复。当机体内抗原被消灭后，免疫系统会对抗原所造成的破坏进行恢复，促使高等动物机体功能重新达到稳定状态。生物体通过免疫反馈，对不足之处和薄弱环节进行反馈，通过免疫调节，对病毒入侵所造成的损伤进行修补，维持生物体的平衡与稳定。同生物体免疫恢复一样，深基坑施工过程中出现事故，深基坑工程受到破坏时，深基坑施工系统会进行紧急措施对事故进行处理，当事故得到有效控制时，深基坑施工安全管理系统同生物免疫恢复一样，对安全管理中出现的不足与薄弱之处进行改进，进行经验教训总结，并将由该事故得到的经验教训加入到安全管理系统中，增强系统对事故的抵抗性，从而提高深基坑施工的安全管理水平。

通过对深基坑施工安全管理系统与生物免疫系统在组织结构、作用对象及功能3个方面的相似性分析，得到深基坑施工安全管理系统与生物免疫系统耦合度高，因此可将生物免疫系统中的原理、作用机制等应用到深基坑施工安全系统中，建立深基坑施工安全管理免疫模型。

二、基坑施工免疫识别机制分析

在深基坑施工过程中，为了保证深基坑工程的安全生产，需要进行危险有害因素的识别，生物免疫识别实现着生物免疫系统的前哨功能，深基坑施工危害因素识别也应做好深基坑施工过程的防御自稳监视功能。深基坑施工免疫识别流程如图6-11所示。

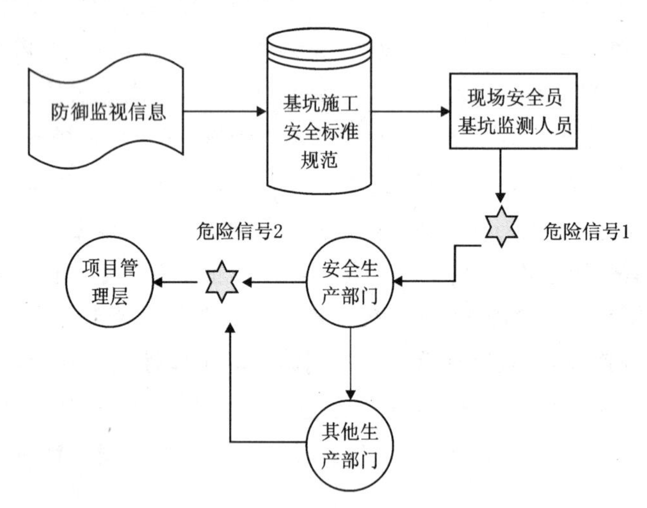

图6-11　深基坑施工免疫识别流程

在深基坑施工过程中应对安全管理要素进行防御监视，在施工现场主要分为两类：一类是人员与设备设施监视信息，另一类是支护、降水等监测信息。现场安全员根据项目部制定的安全检查工作表、基坑施工安全标准规范等安全生产标准对人员与设备设施的监视信息进行处理与判别，如果人员与设备的监视信息不符合基坑安全生产标准规范，则发出危险信号1；基坑监测人员则通过对支护、降水等进行监测，对监测数据进行收集、处理与分析，根据项目部针对本基坑制定的监测数据控制标准判断对监测数据的分析结果是否需要进行报警，如果监测数据的分析结果达到报警标准，则发出危险信号1。安全生产部门对危险信号1再次进行处理和分析。此时安全生产部门将可能做出两种决策，一是将危险信号1传递过来的信息传递给工程技术部门、物资部门、设备部门、运输部门、培训教育部门、消防保卫部门等其他生产部门，如果这些生产部门对安全生产部门传递的信息无法处理或处理不到位将会发出危险信号2，或者由安全生产部门直接发出危险信号2。危险信号2由项目管理层接收，此时项目管理层将对由危险信号2传递给的信息做出部署，进行深基坑施工危害因素消除及规避工作。

三、深基坑施工免疫应答机制分析

根据相似性分析，将生物免疫应答机制应用到深基坑施工安全管理中，可得深基坑施工安全管理免疫应答机制，如图 6-12 所示。

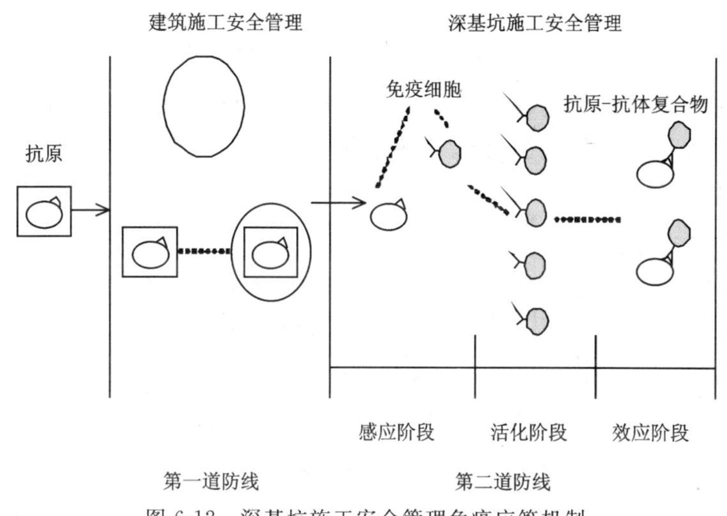

图 6-12　深基坑施工安全管理免疫应答机制

对于深基坑施工安全管理系统来说，影响施工正常有序进行的因素很多且复杂，这就造成了抗原的复杂性。抗原在入侵系统时，首先会受到系统第一道防线的防御，该防线由建筑施工安全管理构成，主要是针对建筑施工中普遍存在的危险有害因素进行防护。这些危险有害因素依据《企业职工伤亡事故分类标准》(GB 6441—86)进行分类，针对建筑施工的特点，可分为机械伤害因素、车辆伤害因素、物体打击、触电、高处坠落、容器爆炸、其他伤害。这些危险有害因素在经过第一道防线时，有的会被消除，没被消除的则将显露出其特异性，即在深基坑工程中具备的特异性。

然而在深基坑施工过程中，有的危险有害因素看似是建筑施工中普遍存在的，但是其内在却有可能是深基坑工程施工的特性所决定的，如果此时只是对其进行第一道防线的防御，不继续进行第二道防线的处理，那么就有可能出现生产事故，出现人员伤亡的现象，降低了深基坑工程施工的安全性。

在深基坑施工安全管理的整个免疫应答过程中，项目管理层起中枢控制的作用，安全方针政策及安全管理目标由项目管理层下达至项目中的各个组织部门。在深基坑施工安全管理的第一道防线中，主要作用部门是安全生产部门，该部门主要针对在建筑施工中普遍存在的危险有害因素，依据建筑施工安全生产标准规范及项目部制定的管理规范条例，制定相应的整改技术措施，消除该阶段深基坑施工安全管理中的危险有害因素。在第二道防线中，主要作用部门则变成了工程技术部门、物资部门、设备部门、运输部门、培训教育部门、消防保卫部门等。该道防线中的危险有害因素已不仅仅是建筑施工中普遍存在的，而是存在于深基坑这个特殊的项目中，如无分区、分层开挖，开挖高差大，深基坑降水措施不到位，深基坑监测内容、监测方法存在缺陷等等。在免疫应答过程中，第二道防线中的部门通过感应、活化、效应 3

个阶段，进行危险有害因素的消除。

四、深基坑施工免疫记忆恢复机制

深基坑施工在进行危险有害因素的消除与规避过程中，同生物免疫系统在免疫应答过程中产生记忆细胞一样，深基坑施工安全管理也需要对这一过程中的经验教训进行总结，深基坑施工的免疫记忆过程是深基坑施工安全管理对处理危险有害因素过程的反馈过程。生物免疫系统的免疫恢复针对的是免疫系统本身，在深基坑施工的免疫恢复中，则针对的是深基坑工程本身。借鉴生物系统的免疫记忆及恢复机理，将其应用到深基坑施工安全管理过程的反馈环节中，如图 6-13 所示。

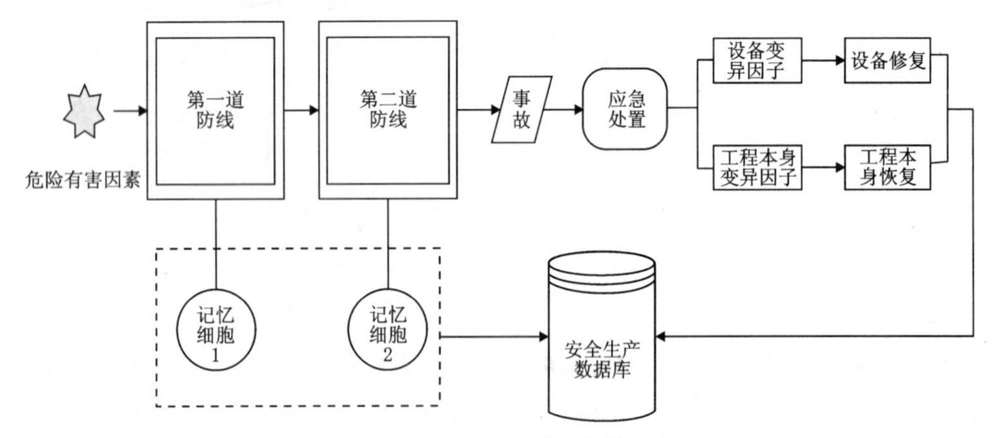

图 6-13　深基坑施工免疫记忆恢复流程

记忆细胞 1 与记忆细胞 2 由免疫应答过程中的建筑施工安全管理与深基坑施工安全管理分别产生，代表着在施工安全管理过程中得到的经验与教训总结，包括人员、设备、技术、环境、制度 5 个方面，并将其反馈给安全管理数据库。在应急处置恢复阶段，需要项目管理层对事故发生原因、事故发展经过及事故中暴露的人员、设备、技术、制度等方面存在的管理漏洞进行总结与分析，并将结果反馈给安全管理数据库。当危险有害因素入侵系统时，安全生产数据库做出反应，将以往与之相近的应对措施提取出来，供项目管理层级安全生产部门做出决策。

五、深基坑施工风险管控免疫系统模型设计

本书通过深基坑施工安全管理系统与生物免疫系统的耦合性分析，将生物免疫系统中的免疫识别、免疫应答、免疫记忆及免疫恢复应用到了深基坑施工安全管理中，分析了深基坑施工中的危险有害因素识别、免疫应答、免疫记忆恢复。借用生物免疫系统中的概念，深基坑施工安全管理免疫系统也应具有下列特性。

(1)抗原识别。免疫系统通过危险信号、协调刺激信号和抗原信号的共同作用来启动免疫应答机制，避免了对所有的“非我”物质都进行消除。深基坑施工安全管理免疫系统通过对施工现场进行监视，由现场安全员及基坑监测人员对信息进行处理，危险信号 1 会触发危险

信号 2 的发出，危险信号 2 使系统启动免疫应答机制对深基坑施工的监视信息中的危险有害因素进行消除和规避，达到抗原识别的目的。

(2)分布性。生物免疫系统中的免疫淋巴细胞遍布生物机体全身各处，深基坑施工中安全生产部门、工程技术部门、设备部门等部门涵盖着深基坑施工过程的方方面面，这些部门都是深基坑施工安全管理非常重要的管理因素。各个部门间具有相互协调的能力，项目管理层将安全生产任务分配到各个部门，各个部门的协调工作将共同完成深基坑施工的正常顺利完工。

(3)模糊匹配。在深基坑施工过程中会产生各种各样的危险有害因素，这些因素威胁着深基坑施工安全生产的正常进行，有的危险有害因素是在施工前制定的安全管理措施中没有识别出来的，所以当这些因素出现时，就需要用到以往处理相近危害因素的方法及经验来对其进行消除与规避，同生物免疫系统的模糊匹配性相似，该特性可以提高深基坑施工安全管理免疫系统自身的自适应能力。

(4)记忆反馈。在深基坑施工免疫应答阶段，各个部门对处理危险有害因素的过程进行经验教训总结，对深基坑施工生产事故的处理同样需进行经验教训总结，这些经验教训总结将传递到深基坑施工安全生产数据库，而数据库中的内容又将影响到基坑施工安全生产标准规范，而这些标准规范又将影响到对深基坑施工中的防御监控信息的判断，从而实现系统的反馈功能。

通过对深基坑施工安全管理系统与生物免疫系统耦合性分析、免疫机理分析、特性分析，现构建深基坑施工安全管理免疫系统模型，如图 6-14 所示。

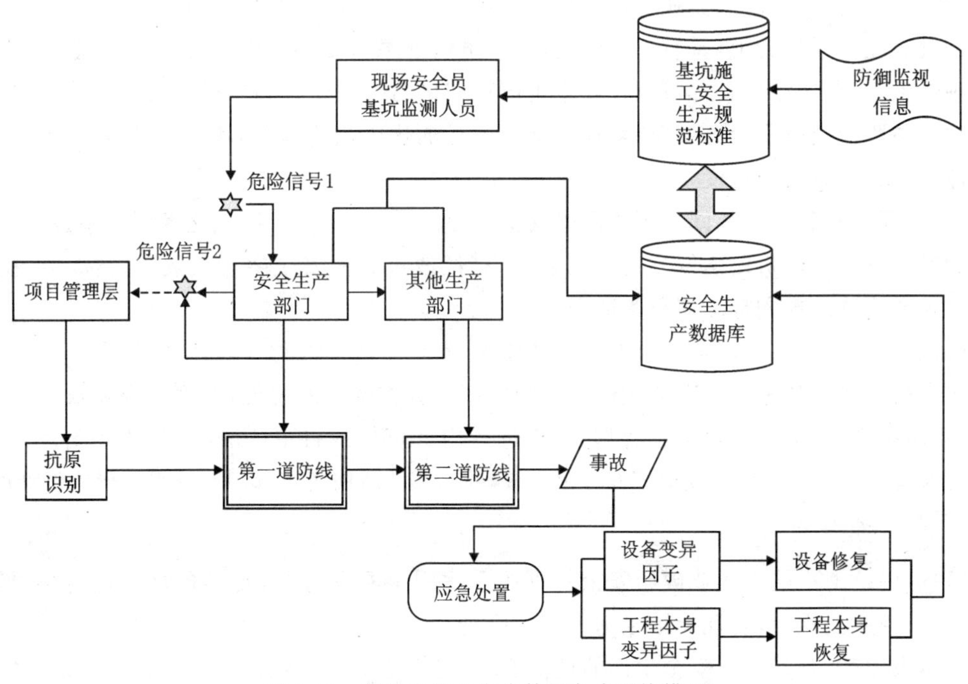

图 6-14　深基坑施工安全管理免疫系统模型

第四节　多体系融合的安全管理体系设计

企业安全相关的管理体系最成熟的是职业健康安全管理，但由于历史因素或现实条件的限制，国内企业大多并没有建立完善的职业健康安全管理体系，人员保护、事故预防目的并没实现。并且在多年安全生产过程中，企业建立了多种形式的职业健康安全管理、安全生产标准化或风险分级管控和隐患排查治理体系。因此，就要充分认识到3个体系的共性、兼容性和差异性，寻找整合的切入点，求同存异，建立既符合3项标准要求，又结合企业实际特点的一体化管理体系。

一、安全管理“多体系”的联系与区别

1. 联系性分析

(1)运行模式相同。职业健康安全管理体系、安全生产标准化体系、风险分级管控和隐患排查治理机制均遵循“PDCA 循环”，即策划(Plan)、实施(Do)、检查(Check)、处理(Act)动态循环的“PDCA”现代管理模式，依据标准要求，结合企业自身特点，建立并保持体系，并通过体系的自我检查、自我纠正和完善，建立安全绩效持续改进的长效机制。

(2)要素设计相似。职业健康安全管理体系和安全生产标准化均采用要素管理形式，职业健康安全管理体系由5个一级要素和17个二级要素构成，安全生产标准化由13个一级要素和42个二级要素构成，风险分级管控和隐患排查治理机制是安全生产标准化中“隐患排查治理”要素的具体化，因此，职业健康安全管理体系、安全生产标准化、风险分级管控和隐患排查治理机制在要素设置上，具有一定的关联性，虽然顺序和要素名称有所不同，但职业健康安全管理体系16个二级要素都可以在安全生产标准化的一级要素和二级要素中找到相对应的要素，只有“职业健康安全方针”要素在安全生产标准化中没有涉及，因此在要素设计上，3个管理体系具有很高的相似度。

(3)管理目标和准则相同。职业健康安全管理体系、安全生产标准化管理体系、风险分级管控和隐患排查治理机制均以预防事故发生，持续改进企业安全生产绩效为目标，以遵守国家安全生产法律法规和标准规范为准则。

(4)实施方式类似。职业健康安全管理体系、安全生产标准化管理体系、风险分级管控和隐患排查治理机制都采用了企业主体责任和外部监督相结合的思想，即都是企业根据标准要求，建立体系文件，按照文件实施管理，并先进行内部审核或自主评定，然后再申请由第三方认证机构或评审机构进行外部审核或评审定级，并由相关政府主管部门对过程进行监督管理。

2. 差异性分析

(1)适用范围不同。职业健康安全管理体系适用于所有行业，要求企业具有良好的体系管理能力、企业文化等，管理要求极为严格。企业安全生产标准化体系要根据不同企业定制不同的体系标准，它是企业安全生产的最低要求，是简化版的职业健康安全管理体系，对企业要求较低，适合风险小、规模小的企业。风险分级管控和隐患排查治理机制适合具有较大事故风险的企业。

(2)体系侧重点不同。职业健康安全管理体系是基于风险管理的思维,强调风险的体系预防思路。体系的所有要素间相互协作,地位平等,共同参与体系运行。因此,体系运营成本、要求极高。一旦要素缺失或协作失当,体系运行紊乱,功能损害,后果也是最严重的。安全生产标准化是对管理的标准进行量化,强调安全生产各项活动的标准化,是一种符合性标准,偏重于现场工作环境及人为作业安全和现场设备设施的安全,能消除事故发生的直接隐患,但是缺乏源头治理的思想及系统的思维。风险分级管控和隐患排查治理机制主要是对风险和隐患的直接管理,既侧重于风险的过程管控又侧重于结果的管控,主要对重特大事故进行风险管控。

二、安全管理"多体系"的融合方案设计

从"3 个体系"的联系与区别可以知道,3 个体系的要素、运行模式、管理目标和准则、科学性存在高度相似性或存在密切关系,所以 3 个体系的融合是可行的。以"3 体系"为理论基础,以"PDCA"循环为模型基础,现将 3 个体系要素进行对照,找出融合要点,3 体系要素对照表如表 6-4 所示。

表 6-4　安全管理"3 个体系"要素对照表

<table>
<tr><th>阶段管理体系</th><th>职业健康安全管理体系</th><th>安全生产标准化</th><th>风险管控和隐患排查治理双重预防机制</th><th>融合点</th></tr>
<tr><td rowspan="5">策划
(Plan)</td><td>职业安全卫生方针</td><td></td><td></td><td rowspan="5">危险源辨识、风险评价与隐患排查定级;
风险控制措施的确定;
适用法律法规和标准规范的识别、获取和遵守;
安全目标的制定和考核;
管理方案与隐患治理方案</td></tr>
<tr><td>对危险源辨识、风险评价和风险防控控制的规划</td><td>隐患排查和治理;
辨识与评估</td><td>全面排查风险点;
确定风险等级</td></tr>
<tr><td>法规及其他要求</td><td>法律法规、标准规范;
规章制度;
操作规程</td><td></td></tr>
<tr><td>目标和方案</td><td>目标;
安全生产投入</td><td></td></tr>
<tr><td>职业健康安全方案</td><td>职业健康</td><td></td></tr>
<tr><td rowspan="5">实施
(Do)</td><td>资源、作用、职责、责任和权限</td><td>组织机构;
职责</td><td></td><td rowspan="5">安全生产组织机构、责任制建立;
安全教育培训实施;
沟通、参与协商和安全文化建设;
体系文件与安全规章制度、操作规程;
文件档案的管理、控制与修订;
运行控制与生产设备设施、作业安全、职业健康管理标准化要求;
应急组织、应急预案、应急演练和事故救援</td></tr>
<tr><td>培训、意识和能力
沟通、参与和协商</td><td>教育培训</td><td></td></tr>
<tr><td>文件
文件与资料的控制</td><td>修订;
登记建档与备案</td><td></td></tr>
<tr><td>运行控制</td><td>生产设施设备;
作业安全</td><td>明确控制措施;
开展隐患排查治理</td></tr>
<tr><td>应急准备和响应</td><td>应急响应</td><td></td></tr>
</table>

续表 6-4

<table>
<tr><th>阶段管理体系</th><th>职业健康安全管理体系</th><th>安全生产标准化</th><th>风险管控和隐患排查治理双重预防机制</th><th>融合点</th></tr>
<tr><td rowspan="4">检查(Check)</td><td>绩效测量与监视</td><td>监控与管理</td><td></td><td rowspan="3">安全绩效测量、监视和预测预警；
合规性评价；
事故的调查处理及不符合整改；
各类管理记录的建立和保存；
体系内部审核和标准化自评</td></tr>
<tr><td>合规性评价</td><td>评估</td><td></td></tr>
<tr><td>事件调查、不符合、纠正措施和预防措施</td><td>事故调查、报告和处理</td><td>风险公告警示</td></tr>
<tr><td>记录审核</td><td>文件和档案管理</td><td></td><td></td></tr>
</table>

企业现有的管理体系可能存在三种情况，即：企业已建立职业健康安全管理体系，但未建立安全标准化管理体系以及风险分级管控和隐患排查治理机制；企业已建立安全标准化管理体系，但未建立职业健康安全管理体系以及风险分级管控和隐患排查治理机制；企业没有建立管理体系。

1. 方案一：企业已建立职业健康安全管理体系，但没有建立安全标准化管理体系以及风险分级管控和隐患排查治理机制

企业已建立职业健康安全管理体系，这时此体系已运行很久，因此只需要将安全生产标准化体系以及风险分级管控和隐患排查机制的要素以及要求融入到职业健康安全管理体系中。3 个体系的融合基础是要素的融合，新的融合管理体系运行基础是体系文件控制，主要是将职业健康安全管理体系、安全生产标准化体系、风险分级管控和隐患排查治理体系的各项规程、程序、文件和作业指导书合并，形成一套完善的准则文件来规范新融合体系的运营。在制度层面上，可将三者核心制度、规范标准和操作章程进行深入融合。

2. 方案二：企业已建立安全标准化管理体系，但未建立职业健康安全管理体系以及风险分级管控和隐患排查治理机制

由于企业的安全生产标准化管理体系是国家强制性要求的，而职业健康安全管理体系是企业自愿建立的。企业可以在安全生产标准化的基础上，将职业健康安全管理体系以及风险分级管控和隐患排查治理机制的核心要素和要求融入到其中，在开展自评工作时可与职业健康安全管理体系风险分级管控和隐患排查治理机制的管理评审结合。

在文件整合方面，以安全生产标准化管理体系的管理手册为主，将职业健康安全管理体系以及风险分级管控和隐患排查治理的要求融合到其中。在作业整合方面，将 3 个管理体系的管理方针、目标、对象以及与组织经营目标协调一致，融合后重新制定。另外将 3 个体系的运行和维护融为一体，同步实施。

3. 方案三：企业没有建立管理体系

在建立新的管理体系过程中，可以将职业健康安全管理体系以及风险分级管控和隐患排查治理的核心要素、要求融入其中，并将组织机构、职责、体系文件、管理体系进行整合，一个

新的企业安全风险管控体系就建立完成了。通过对3个管理体系科学、仔细的对比与分析，将其进行融合，此次融合以职业健康安全管理体系为主线进行融合，与上文中“企业建立了职业健康安全管理体系和安全标准化管理体系，但未建立风险分级管控和隐患排查治理机制”的情况极为相似，融合要点基本上不变，融合后的要点如表6-5所示。

表6-5　融合要素表

序号	风险防控管理体系	
1	一级要素	二级要素
2	安全生产方针与目标	安全生产方针； 目标
3	策划	规章制度、操作规程； 危险源辨识、评估、分级
4	实施与运行	组织机构与职责； 教育培训； 沟通、参与和协商； 文件控制； 风险防控措施
5	检查与纠正措施	隐患排查与治理； 事故调查、报告、处理； 应急救援； 绩效测量监视； 内部审核
6	管理评审	
7	体系优化	

在经过要素融合后得到新的风险管理框架图，如图6-15所示。

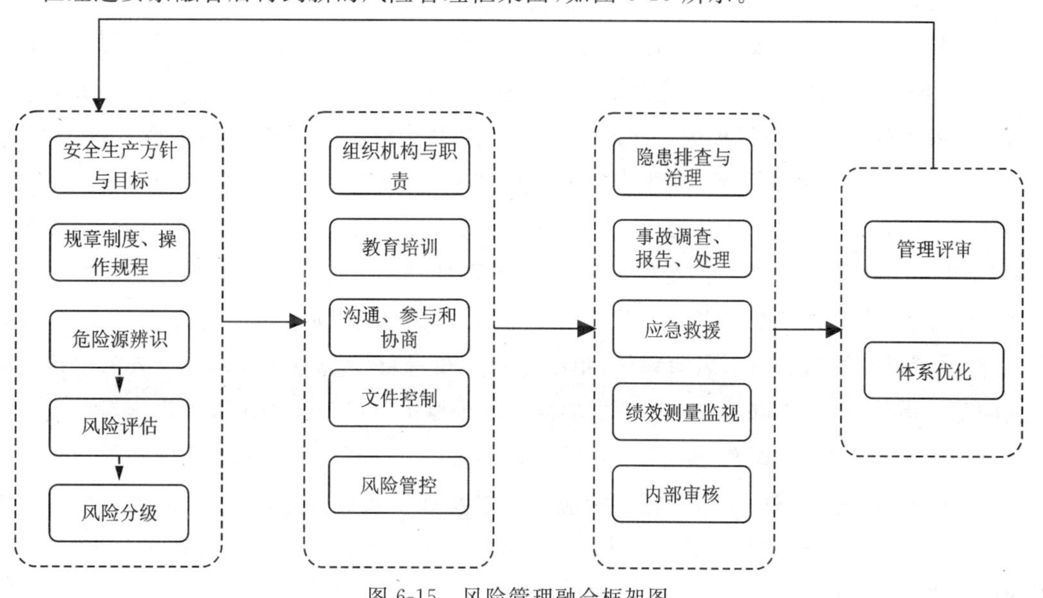

图6-15　风险管理融合框架图

第七章　应急平台建设

第一节　应急平台建设理论基础

应急信息平台是应急管理部门实现应急管理职责的主要载体，但目前我国的应急平台建设还不是十分完善，如何整合应急响应中的复杂的信息、实现不同级别的信息平台间数据共享都是实现应急快速响应的关键。各级应急平台不能脱离业务而孤立存在，对于不同类别的突发事件应急平台中应有足够的体现，只有真实客观反映突发事件的自然属性才能做到真正的与事件本身结合起来，与突发事件的处理人员结合起来，使管理人员、应急平台和发生的突发事件高度融合，这样才能充分发挥应急平台在应急管理和实践中的积极作用。评价应急管理体系建设的关键就是要看应急平台建设的基本情况，一个功能全面、高效的应急平台是全面提升各级部门应急管理的能力和水平、保证及时合理处置各类突发事件的基本保障。近年来我国的自然灾害类事件处于频发的态势，如何实现应急处置的快速性，尽可能地减少人民群众的生命及财产损失，确保大灾过后快速恢复等，都需要有一个能整合各种资源及信息的应急信息平台作为保障，应急信息平台建设滞后会对突发事件的处置产生严重影响。应急信息平台的建设是一个复杂的系统工程，建设应急平台需要多学科的知识整合，要充分利用现代计算机技术、信息通信技术、交通路网监控技术、物流管理技术等为应急救援的展开提供先进、科学的技术和方法，最终实现应急处置的信息化和科学化。要实现一个科学，高效的应急平台首先要求对整个应急流程进行深入研究，只有对整个应急过程做出全面、深入的把握，才能以计算机等其他学科为基础，利用先进的软件技术，网络技术来取得预期的结果。应急平台的建设需要从硬件与软件两方面着手，只有硬件或是软件都难以完成任务。在风险防范方面，安全生产类事故是易发生的突发事件，这一类事件都是因为对重大危险源的生产、存储、运输、使用过程中的某一个或多个环节出错发生事故，因此，对重大危险源进行监控，对危险源、危险区域进行调查、登记、风险评估，组织专业人员进行检查、监控，并责令有关单位采取安全防范等措施，有利于降低安全生产类事故的发生概率。但从某种角度上讲绝对的安全是不存在的，安全是相对的概念，要想杜绝事故的发生是不可能的，所以我们只能在事故发生后的处置上下功夫，这一方面要求有完善的应急预案及现场救援方案，另一方面更需要有一个科学、合理的能实现统一指挥、调度的应急平台作为支持。本设计以长输管道应急为对象，来构建应急平台。

第二节 应急平台体系架构

应急平台的系统建设由移动应急平台、综合应用系统、数据库系统、基础支撑系统、应急指挥场所、应急平台标准规范、安全保障系统构成。

应急平台主要针对软件平台进行总体规划设计，共包括 12 个综合应用子系统和 8 个数据库子系统，其中 12 个综合应用子系统可以归纳总结为 9 个菜单，分别是日常值守、应急准备、监测发现、应急处置、统计分析、音视频调度、GIS 辅助决策、基层应急管理、移动应急终端，其体系架构如图 7-1 所示。

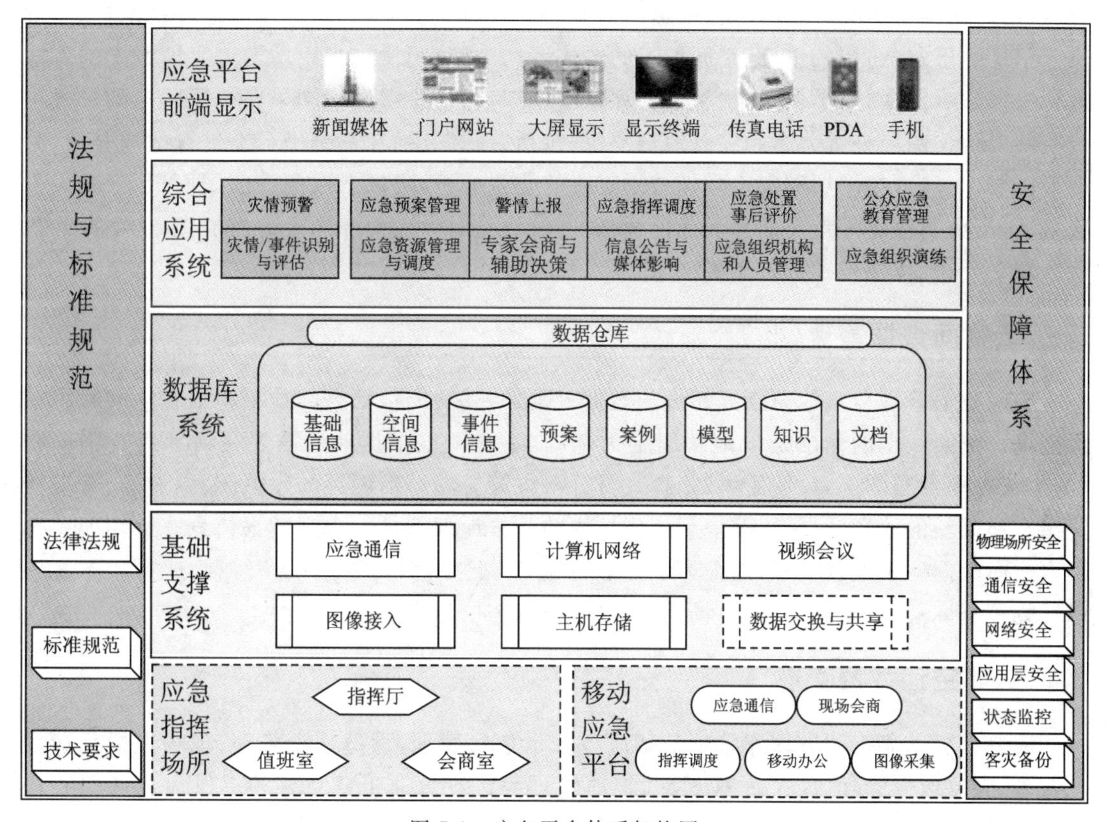

图 7-1 应急平台体系架构图

第三节 应急平台功能层

美国科学研究委员会(NRC)曾对信息技术与应急管理的关系进行过研究。在它们的灾害报告中，NRC 认为灾害信息系统应该包括 4 个战略目的：①在灾害应急之前、过程中以及应急结束后，通过增加信息获取渠道来提高应急决策能力；②向应急人员提供所需的信息产品；③提高应急指挥效率和降低成本；④有利于促进减灾。应急信息管理是应急指挥决策的重要信息工具和手段，为 IC 人员的最终决策指挥服务。美国学者 Kathleen 博士认为信息管理工具必须具备:①易用、有效;②能够快速收集、使用信息;③有利于应急行动的协调和资源配置;④跟踪事故的全过程;⑤便于交流与沟通;⑥信息记录与存档等特性。

三维应急信息管理平台是以三维信息技术为基础,依据应急信息的地理空间特点,实现信息数据的有效管理与维护,为应急指挥系统提供数据服务。它的主要功能包括:空间分析功能、空间数据管理、非空间数据管理。

一、空间分析功能

空间分析是基于地理对象的位置和形态特征的分析和建模的系列技术。三维应急信息管理平台的空间分析功能包括:空间信息获取、灾害模拟、图层叠置分析、等值线分析、轨迹分析、数据挖掘等。空间信息获取包括空间信息的调查、量测、提取、形式化描述等基本过程,如位置信息的量测、面积的量算、空间形态的描述等;灾害空间模拟利用管道灾害模型库的方法进行灾害影响范围、人员伤亡、次生灾害评估等模拟计算,并将模拟结果以专题图层的形式进行空间展示。图层叠置分析是将各地理图层(包括专题图层)在三维平台上进行叠加分析,如地形图层、人口分布图层和灾害模拟结果三者的叠置分析,可以获取危险区域面积、影响人员数量、人员伤害程度等重要信息。等值线、轨迹分析是对灾害模拟结果的再加工,从中提取危险区域划分、气体粒子扩散特点等信息。

二、空间数据管理

空间数据管理负责应急指挥系统的数据库维护,其功能包括空间数据输出和空间数据信息查询。空间数据的输出是以地理图层为基础,系统可以根据业务需要灵活地组合不同图层,生成各种专题图层,以便于IC指挥人员分析决策。如地形图层与水系、公路交通、管道线路组合形成新的地理图层,以反应管道区域内的基本地理特征。空间数据信息查询功能主要负责空间数据库中地理要素(对象)的位置、属性、状况查询,如管道设备信息、运行状态及维修计划等查询;工艺站场位置、站场设备、平面布置等信息查询。

三、非空间数据管理

应急系统的非空间数据库管理包括应急通讯信息管理、管道信息管理、现场灾情反馈信息管理、应急资源管理、模型库管理、知识库管理等。应急通讯信息管理提供应急部门和机构、应急行动单元、外部组织等之间的沟通交流信息查询与维护;管道信息管理分为管道系统监控信息(站场、输气管道)管理和管道基本信息管理。管道运行的实时监控将三维信息平台和SCADA系统相结合,可以对输气管网和关键站进行监控,并将管道的状态信息显示到三维平台图层中。管道基本信息管理负责记录管道的编号、维修信息、工艺参数等。

现场灾情反馈信息管理能实时接受专业队伍以及群报队伍反馈回来的事故现场信息,监控事故状况、灾害情况、抢险救灾行动,并实时生成三维地理要素图层,以供应急决策制定及指挥之用。应急资源管理通过管道三维信息平台可以迅速了解行动单元、应急机构、应急物资等资源的地理分布,可以使人员和设备配置更加合理,提高维护效率;灾害模型库管理负责管道事故灾害模型及其方法的更新、修改;知识库管理负责维护专家系统的知识规则的修改、一致性检验。

第四节　应急平台数据库层

如果应急指挥系统是管道事故应急管理的“大脑”，系统数据管理模块则是整个应急系统的“灵魂”。应急指挥过程中所收集、产生的数据都将存放在数据库模块中，功能模块通过数据模块的分析为IC指挥人员提供决策信息。应急信息具有多源性、多属性、关联性等特点，有效的数据管理要结合数据的特点和功能。从三维应急信息管理的角度看，数据可分为空间和非空间数据。空间数据存放应急过程中与地理空间、地理对象、地理要素相关的信息，如地形数据、管道位置、风场分布、人口密度等。空间数据是应急信息数据的“坐标”，它将应急的相关信息按地理空间的特点存放、关联、输出，增强了应急信息的表达能力。非空间数据内容十分广泛，包括除空间数据以外的所有其他数据，如专家知识、模拟模型、监控信息、指挥命令等。

通过对空间、非空间数据的进一步分析，并依据其数据类型、信息功能、属性对象等本质特点，应急信息数据库管理可分为4个部分：空间数据库管理、模型库管理、知识库管理、应急信息管理，管理模块结构如图7-2所示。

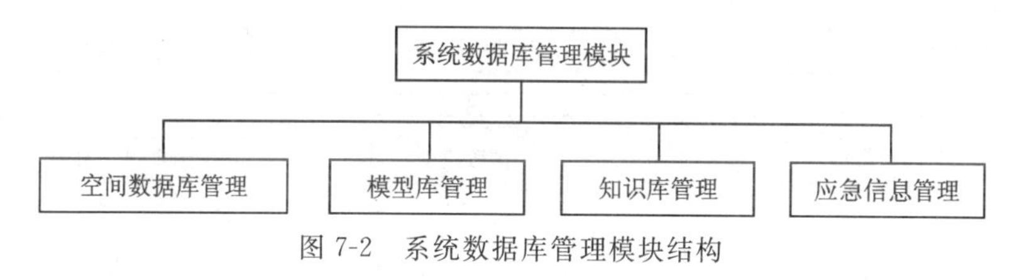

图7-2　系统数据库管理模块结构

一、模型库管理

模型库管理主要维护应急指挥所涉及的计算、分析和决策模型，以及模型的实现方法。模型是系统对现实场景、过程或状况的抽象和重建，以便于计算和分析。应急相关模型是为了分析灾害发展机理、应急决策机制而建立的，按功能类型的不同可划分为灾害模拟模型、决策支持模型和空间数据分析模型，如图7-3所示。

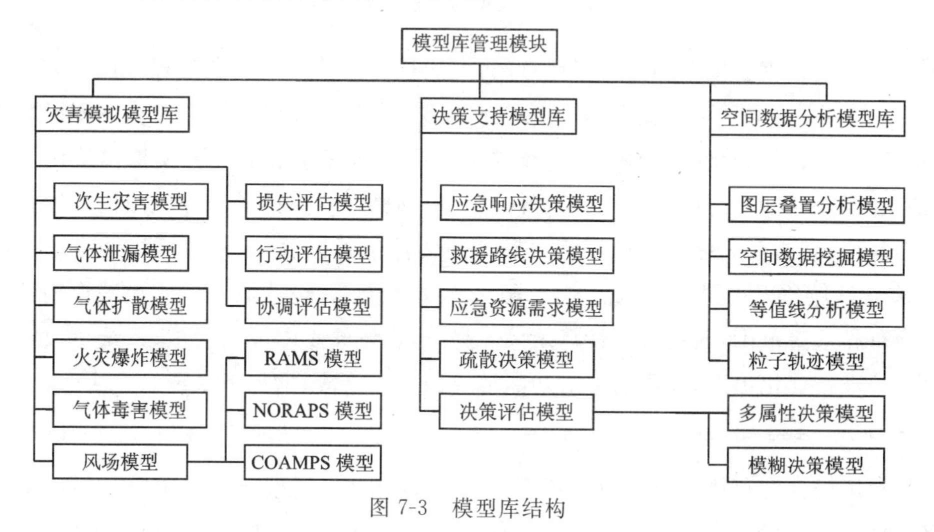

图7-3　模型库结构

1. 灾害模拟模型库

灾害模拟模型库存放管道事故灾害致害过程模型，以及相关评估模型。管道事故灾害最主要的风险是气体泄漏后造成的毒害、火灾和爆炸伤害，相关模型包括泄漏模型、扩散模型和爆炸模型。模型应尽可能全面地收集相关类型，如泄漏模型包括小孔泄漏、管道断裂泄漏。气体扩散模型有高斯模型、重气模型、有限元模型、MONTE－CARLO模型等。次生灾害模型研究管道事故引起区域内其他危险源伤害的过程，如附近危险化学品仓库、工厂、电力线路等，评估造成连锁反应的可能和后果。风场模型主要模拟管道区域内的风场分布（风速、风向），现有的模型包括美国NOAA提出的RAMS、大气诊断模型、中尺度NORAPS和CO-AMPS等。除气体模拟模型外，还包括评估模型。评估模型是对灾害危害和应急效果进行评估分析，包括损失评估、行动效果评估、协调评估等模型。损失评估分析火灾爆炸伤害范围、人员伤亡程度；行动评估模型分析行动应急行动小组的行动效果，如现场消防、医疗救援、管道抢修、人员转换等行动是否达成目标，任务完成程度。模拟模型与方法的调用过程如图7-4所示。

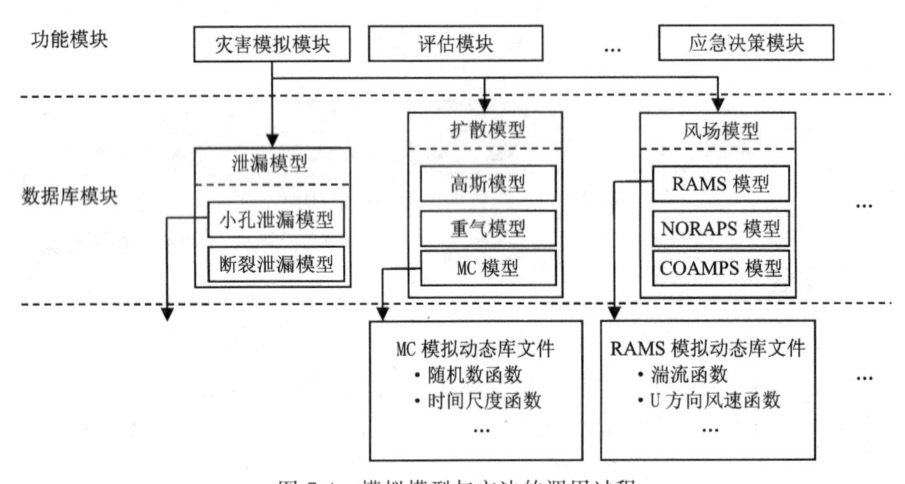

图7-4　模拟模型与方法的调用过程

模型库中还存放着模型相应的实现方法，方法是模型的具体实现过程。模型方法可以预先用VC、VB等编程语言以动态库文件的形式实现，数据库管理模块存放动态库函数的入口地址和参数，以供模拟软件的调用，图7-4说明了应急指挥系统的灾害模拟模块调用小孔泄漏模型的过程，最终的计算是由存放在文件系统中的已编译好的动态库完成的。数据库模块是中间连接项，它通知灾害模拟模块相关模型的文件位置，最后由模拟模块调用动态库函数完成计算。IC应急人员可以根据需要（一般由专家系统选择）选取不同的泄漏模型计算泄漏的浓度分布和危险范围，对比分析计算结果。另外，由图7-4中可以看出，系统可以对模型方法（动态库）进行优化更新，而不需要对功能模块做任何修改，增加了系统的灵活性。

2. 决策支持模型库

决策支持模型库存放专家决策指挥系统所需要的过程模型，这些模型包括：应急响应决策模型、救援路线决策模型、应急资源需求模型、疏散决策模型、决策评估模型等。

应急响应决策模型是事故发生最初阶段专家系统判断应急响应等级和响应范围的过程。应急响应决策是基于事故灾害模拟、预测、评估和国家法规标准等基础上而确定，不同的专家对判断标准有不同选择和分析，可以建立不同的响应模型。

救援路线决策模型是基于空间数据的分析模型。路线模型帮助决策人员分析应急对象从所在地到目标地的最优路线，模型库所包含的方法有：路径连通性分析、排队分析、最短路径计算等。

应急资源需要模型是根据不同行动单元、行动目标、行动计划、应急等级等信息确定行动的人员数量、设备配置信息，包括有神经网络模型、仿真模拟模型、专家决策模型。

疏散决策模型是事故发生后区域内人员的转换方式，可分为有组织疏散和无组织疏散模型，使用的方法有最优路线计算、疏散范围评估、交通运输评估、疏散时间计算等。

决策评估模型是对备用方案进行选择评估的方式，IC 应急决策人员在应急决策过程中，可将专家系统给出的备用方案与 IC 人员制定的现场方案等多个选项中进行对比评估，以确定适合现场的最优选择。决策评估模型包括多属性决策和模糊决策，实现方法有：简单加权和法（SAW）、层次分析法（AHP）、逼近理想解的排序方法（TOPSIS）、ELECTRE 方法、DEA 方法和模糊多属性主法，表 7-1 简要比较了这几种方法的优缺点。

表 7-1　多属性决策方法对比分析

多属性决策方法	优点	缺点
SAW 方法	求解过程简单、直观	指标体系、相应权重难以确定
AHP 方法	定性与定量相结合	计算较为复杂、需要专家参与、方法稳定性差
TOPSIS 方法	概念简单、计算过程清晰，只要在多属性空间中定义适当的距离测度就能计算备选方案	需要建立多属性空间并定义空间距离测度
ELECTRE 方法	思路清晰、逻辑清楚，容易实现	计算复杂，没有提供有效的步骤对方案进行排序
DEA 方法	模型清楚，通过定义有效的边界避免属性测度、权重影响	仅能给出方案优劣的总体划分和相对有效性，不能对候选方案进行排队选优，过程复杂
模糊多属性方法	符合决策过程的模糊性，决策结果可转化为精确结果	难以精确确定隶属度

3. 空间数据分析模型库

空间数据分析模型库保存对空间数据进行分析的相关模型，包括图层叠置分析模型、空间数据挖掘模型、等值线分析模型、粒子轨迹模型等。图层叠置分析模型主要对管道事故应急系统不同地理图层的叠加分析，确定叠置区域范围、地理要素属性等信息。图层叠置分析模型包括逻辑并、逻辑交、逻辑差模型。空间数据挖掘模型是对地理数据再加工过程，包括空间聚类分析、空间数理统计、线性规划等模型。三维应急平台的数据挖掘模型主要对管道区域内的次生灾害区域分析、人员分布统计、财产设施分布统计等，以便应急系统评估事故伤害范围、伤害程度。等值线分析是空间数据分析的重要模型。等值线分析包括风场等值线分析模型、气体浓度等值线模型、人员伤害区、财产损失区等。粒子轨迹模型分析粒子扩散后轨迹发展，包括单粒子轨迹模型和多粒子轨迹模型。

二、知识库管理

知识库管理系统的功能是在决策过程中，通过人机交互作用，使系统能够模拟决策者的思维方法和思维过程，发挥决策者的经验、判断和推测，从而使问题得到满意且具有一定可信度的解答。应急指挥系统的知识库管理负责专家知识的维护，专家知识包括管道知识、管道灾害知识、应急决策知识(图 7-5)。

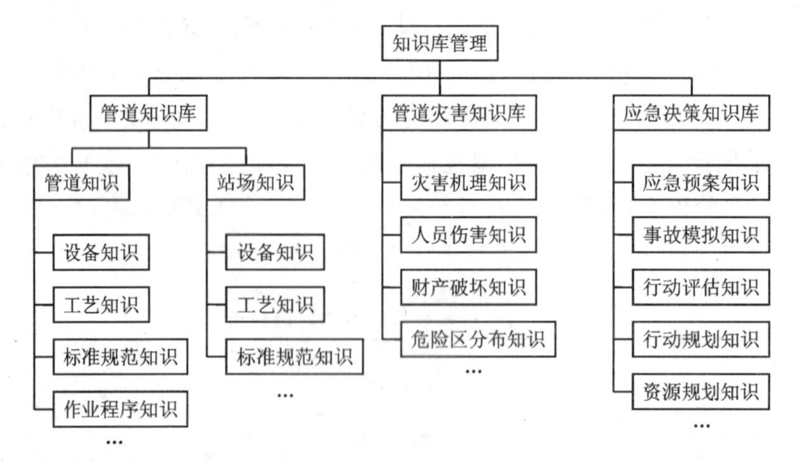

图 7-5　知识库管理结构

管道知识是输气管道和输气站场的基本信息资料，如输气管道的设备构成、设备型号、输气站场的工艺过程、工艺参数、设计规范和人员操作程序等。管道知识库主要是为了应急人员查询工艺、设备配置信息，为应急行动计划提供支持服务。管道灾害知识库包含灾害机理知识、人员伤害知识、财产破坏知识、危险区分布等。灾害机理知识研究管道各类风险的发生、发展的机理，如管道腐蚀导致的泄漏、地震引起的管道断裂等风险，分析其发生的原因、发生的概率等。人员伤害、财产破坏知识是关于事故致害后果的信息，如不同的人群对毒性的承受能力、火灾爆炸对人群影响程度等。应急决策知识库是指挥系统的大脑，包含决策支持系统的专家决策知识，这些知识可分为应急预案知识、事故模拟知识、行动评估知识、行动规划知识、资源规划知识等。

应急预案知识库就包括：各地方政府管道应急预案、重要部门应急预案(医疗卫生、公共安全、财政、气象局、电力等)、通讯系统应急预案、交通运输应急预案、各管道公司和部分应急预案等。应急预案是应急指挥的前提，最终专家应急知识也是建立在应急预案分析的基础上。事故模拟知识保存专家对模型的选择和判断，如对气体扩散模型的选择有高斯模型、重气模型、MC 模型等，受条件参数的影响，专家知识会初步选择高斯或重气模型，如获得地形数据、气象数据时，专家会选择 MC 模型或有限元模型。行动评估知识是对行动单元的应急过程进行具体的评估信息，如消防救援行动评估过程中，评估知识指定评估的因素、评估范围、因素的权重取值标准，以及最终的评估准则等。行动、资源规划知识是规划模块的核心，它帮助 IC 应急人员制定行动计划和相关资源配置，包括目标计划知识、目标任务分解知识、子任务实现知识（人员及设备资源配置）等信息。

应急决策知识主要来源于各级部门或组织提供的应急预案信息，以及管道应急专家的经验总结，并通过概念图的形式形成决策知识网。这些“决策知识网”采用了专家系统的知识规则来实现概念图中的对象及其属性、对象间关系的描述，最终形成决策知识库。

三、应急信息管理

应急信息库负责通讯信息、应急基本信息的管理，包括现场反馈信息、通讯信息、应急资源信息，应急信息库结构如图 7-6 所示。现场反馈信息是由应急救援现场返回的实时信息，如事故范围、人员伤亡分布、安置点信息等。

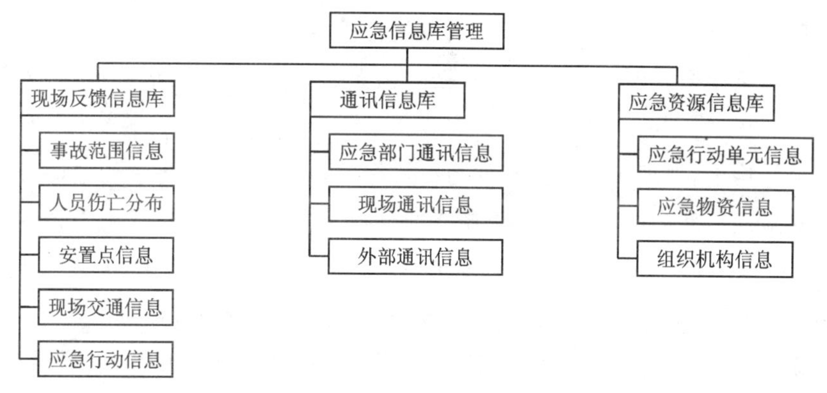

图 7-6　系统应急信息库结构

现场反馈信息中的空间地理数据将存放到空间数据库中，信息库将存放非空间数据信息。通讯信息库保存各部门间的通讯交流信息，包括应急部门通讯信息、现场通讯信息、外部通讯信息。应急部门通讯信息是应急组织部门在应急过程中传递的各种指令、文件、数据等信息，如 IC 中心向计划部门下发行动计划要求、资源后勤部门与计划部门之间的数据请求等。现场通讯信息是现场行动单元之间、或与 IC 和应急部门之间的通讯信息，包括行动要求、资源请求、形势行动进度等。外部通讯信息是应急组织机构与政府、非政府组织的通讯，包括其他上级单位的通讯信息。这些部门可能包括交通管理部门、医疗单位、电力部门、红十字会、志愿者组织等。

应急资源信息库管理基本的应急资源信息。应急资源包括行动单元、应急物资、应急组织机构等。应急行动单元信息包含单元的任务性质、人员配置、设备配置、应急联系方式等，如消防单元的人员数量、消防设备数量、固定和移动联系方式等。应急物资信息库负责管道应急所需要的相关物质信息维护，包括各地方应急机构能提供的物资设备信息等，以方便计划部门的信息查询。组织机构信息保存应急过程中所涉及的所有部门信息资料。组织机构可能包括政府部门、非政府部门、赢利组织、非赢利组织。组织机构信息记录他们的工作性质、人员数量、设备配置、应急联系方式等数据资料。

四、空间数据库管理

空间数据库是一类特殊的数据库，是用于空间决策支持的、面向主题的、集成的、随时间而变的、持久的空间数据及其属性数据集合。空间数据库管理子模块负责空间数据库的维护，它使用不同的数据结构存放不同的地理要素，并根据信息功能特点划分数据库结构。

1. 地理数据结构

三维管理系统的空间数据结构分为 4 类：矢量数据结构、栅格数据结构、影像数据、属性数据。矢量数据结构存放点、线、面等特性数据对象。点结构是应急平台的最基本单元，代表应急过程中某个单一对象。如应急参与人员、应急车辆、应急行动单元等。线结构用来存放线性对象，如管道对象、公路交通、铁路、通讯系统、电力系统等设施。面状结构多用来表示范围对象，如管道所经区域、气体扩散范围、人员居住区等。面结构可划分为若干个多边形，每个多边形由若干条线段或弧组成。矢量数据结构数据存储量小，图形精度高，容易定义单个空间对象。

栅格数据结构中，地理实体用行和列为位置标识，栅格数据的每个元素（灰度）与地理实体的特征相对应。行和列的数目取决于栅格的分辨率（大小）。应急三维平台的地形数据是基于规则 DEM 网格，存放空间信息比较简单，容易处理空间位置关系，也是使用最多的数据格式。如地形 DEM 数据、气象信息（风场分布等）、气体浓度分布等信息。

影像数据存放与应急区域相关的地理影像资料。如区域航拍相片、卫星遥感图片、现场监视影像等。影像数据是按图片像素格式存放，与 DEM 的分辨率并无直接关系。因此影像数据一般会占用很大内存空间，尤其是在大面积地形纹理贴图时。为了节省系统时间和内存空间，考虑到应急系统的实际需要，三维信息平台并没有采用纹理贴图方式渲染地形，而是采用光照和地表法线计算的方式来渲染地形表面。

属性数据表示地理要素的质量、类型、状态、周期、持续时间等。矢量、栅格等数据主要存放地理要素的定位信息，以及要素之间的拓扑空间关系。如管道空间信息包括管道子段开始位置、终止位置、子段号，另外还有属性信息，如管道压力、管道温度、管道流速、管道径等信息。气象信息中的风场数据包括风场范围、风场分辨率、风场单元空间位置，还有时间相关的属性信息，如单位时间风场变化（风速、风向）。

由于区域内的地理要素一般具有多个属性，因此并不能用一种数据格式完全存放信息内容，一般需要多种数据格式联合使用。图 7-7 是管道对象数据结构说明，左边部分是管道属性数据，如管道压力、温度、壁厚、直径，全面的数据管理还应包括管道维修记录、使用时间等记录；右边部分是管道的空间位置信息，起始、终止坐标是管道段的首尾位置，两者存放的是矢量数据。矢量数据结构、栅格数据结构、图像数据结构以及属性数据结构是空间数据的基本单元结构，这些基本单元相互组合最终形成了地理元素（对象）的全面表达。

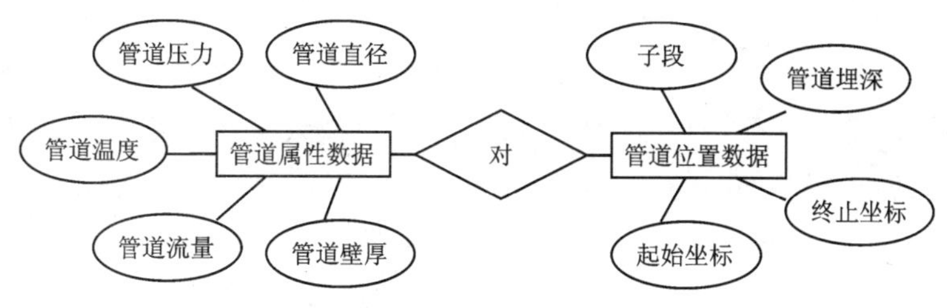

图 7-7 管道对象数据结构

2. 空间数据库结构

灾害一般是在一定空间位置范围和时间内发生的事件，单一或复合灾害数据类型的选择严重依赖其在空间和时间中分布的范围，而空间数据具有多源性、多语义、多时空、多尺度和获取手段的复杂性等特点。在长输管道灾害应急管理过程中，与灾害相关的数据类型呈现多样化，主要包括空间数据(矢量数据、影像数据、栅格数据、DEM 数据等)和非空间数据(属性数据、专题数据、统计数据等)等。为满足数据管理的需要，可将信息管理的空间数据库划分为基础数据库、成果数据库和现场反馈数据库，如图 7-8 所示。

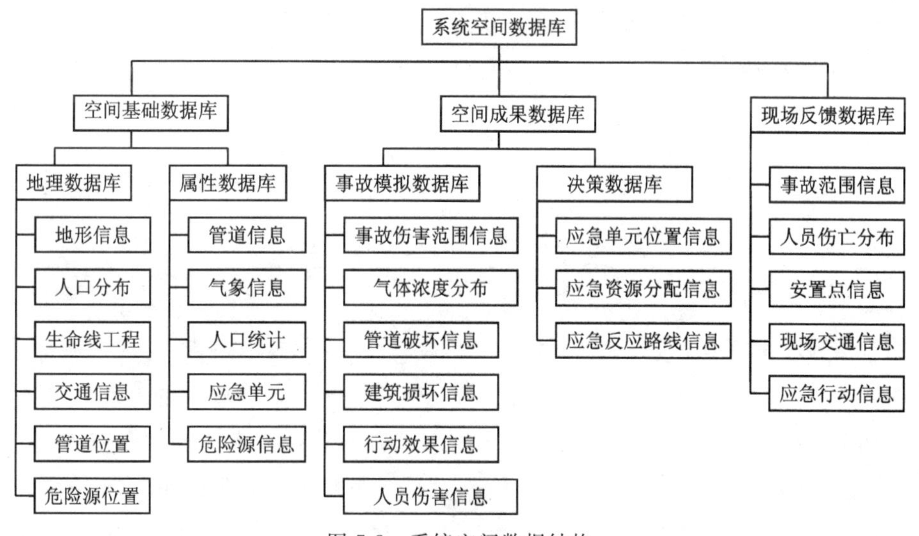

图 7-8 系统空间数据结构

空间基础数据包含三维信息平台最基本的地理要素(对象)，可分为地理数据库和属性数据库。地理数据库存放地理要素的矢量、栅格信息，属性数据库存放对象的非空间属性。地理数据库包括有地形 DEM 信息、人口居住区分布、生命线工程位置(供水、供电、供气、通讯等设施)、交通信息(公路、铁路、高速公路等)、管道位置(站场、输气管道)、危险源位置等信息。危险源位置是管道区域内所有可能的危险物品或危险因素。危险源管理是为了评估管道事故发生后可能造成的次生灾害影响，或是危险源对管道安全运行的影响。属性数据库与地理要素数据库相对，存放对象的属性数据，这些数据包括管道工作状况、管道维修记录、区域内气象信息、人口统计数据、应急行动单元信息、区域内危险源信息等。空间基础数据是按数据类型(图层)存贮在数据库中。

空间成果数据库管理应急过程中产生的空间结果数据，包括事故模拟评估数据库和决策数据。事故模拟主要存放数学灾害模拟结果和评估结果，如事故伤害范围信息、受伤人员分布、管道破坏状况、建筑损坏信息、行动效果评估等。事故模拟结果是应急指挥决策的重要依据，其空间数据的有效存贮和显示直接关系到指挥决策的合理性。另外，事故模拟大多是数值计算的结果，计算过程所要求的地形数据、人员分布、气象信息、管道信息多是矢量、栅格数据，所以事故模拟结果的数据格式也采用了矢量、栅格结构。如危险范围采用了矢量多边形区域表达，空间气体浓度分布采用栅格数据结构。决策数据库存放决策过程中的空间数据信息，包括应急反应路线、应急资源分配、应急单元位置等信息。决策空间信息是应急决策的结果，应急人员通过了解决策空间数据可随时跟踪、监督、指挥应急行动计划。

现场反馈信息是平台的动态数据部分，用来存放应急过程中从现场收集的相关信息，这些信息包括事故形势信息、人员伤亡分布、安置点信息、现场交通信息、应急行动信息。现场行动人员或相关人员将现场事故发展态势、人员伤亡严重区域报告 IC 中心，以供 IC 中心人员决策。安置点是灾害区域人员转移避难所，安置点信息包括安置点位置、可容纳人员、基本设施等信息。应急行动信息是记录各应急行动小组的行动进度、行动目标、行动区域等信息，应急行动信息将由应急指挥系统的评估模块进行行动效果评估，供 IC 人员决策。交通信息是现场的车辆与路况信息。应急参与车辆大都加装 GPS 定位系统，如紧急医疗车辆、工程抢险车辆、消防车辆等。将车辆的 GPS 信息实时显示在三维平台上，让应急管理人员了解各应急车辆的位置，掌握应急行动进度。

第五节　应急平台技术层

长输管道分布地域辽阔，所经区域地理条件复杂，对管道事故的发展、应急救援等方面都有很大的影响。应急指挥系统的三维信息平台能够有效体现事故应急的地理因素特点，有效管理应急相关数据信息。长输管道三维信息管理平台的关键技术在于应急三维平台采用了 OpenGL 标准，OpenGL(Open Graphics Library)是一个专业的工业标准的 3D 图形软件程序接口，由 SGI 公司开发，是功能强大，调用方便的底层 3D 图形库。另外，OpenGL 是与硬件无关的软件接口，可以在不同的平台如 Windows 95、Windows NT、Unix、Linux、MacOS、OS/2 之间进行移植。因此，支持 OpenGL 的软件具有很好的移植性，可以获得非常广泛的应用。

三维应急信息管理平台的最主要任务是大规模地形数据的管理，包括地形 LOD 技术(Level of Details)、数据动态调度、图层管理等。LOD 技术、数据动态调度等技术能有效减少系统消耗，提高系统效能。由于管道所经区域广泛，地形 DEM 数据十分巨大，将数据全部调入内存计算，再加上航拍图片的纹理绘制，会消耗大量计算的内存和 CPU 时间，导致平台的低效。实际上，三维应急平台的主要功能是应急信息的展示，并不需要全分辨率的地形显示，主要关注的是信息的有效管理与表达。因此，为了在层次细节(LOD)与应急平台主要功能的实现之间达到平衡，管理平台强调一定尺度范围内 LOD 的有效表达，以达到管理所需的精度要求。

一、LOD 技术分析

LOD 技术是根据需要选择不同细节程度的地形、物体表达。如当决策人员需要查看整个应急区域的信息，局部细微的地形变化、物体细节可以省略，以加快平台绘制速度。目前比较常用的方法是 Duchaineau 等提出的实时优化适应性网格(Real - time Optimal Adaptive Meshes, ROAM)算法，该算法对三角形二叉剖分进行实时简化，使用合并队列和分裂队列对网格实行增量式简化和细分，但该算法复杂，且同样存在额外内存消耗多的问题。长输管道应急平台的 LOD 技术采用了基于四叉树的实时优化网络，能够有效实现大数据量的快速调试显示。图 7-9 是管道所经区域的地形三维网格显示，应急平台的三维 LOD 技术对不同地形变化做出不同细节分化。图中的山峰、山谷处明显增强了地形细节，而平坦地形则采用了较少的细节。

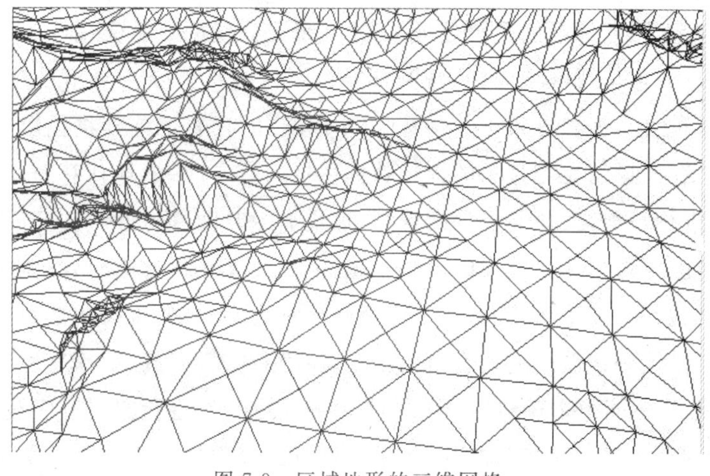

图 7-9 区域地形的三维网格

三维平台的 LOD 技术是一个十分复杂的计算过程，也是影响系统效能的主要因素。LOD 的实现包括 3 个主要过程：预处理过程、更新过程和绘制过程，LOD 的实现框架如图 7-10 所示。更新过程是 LOD 技术的核心，在平台视角发生变换或地形数据变化后，系统会及时更新地形显示的内容和地形的具体细节，并将最终要显示的计算结果提交绘制模块渲染显示。

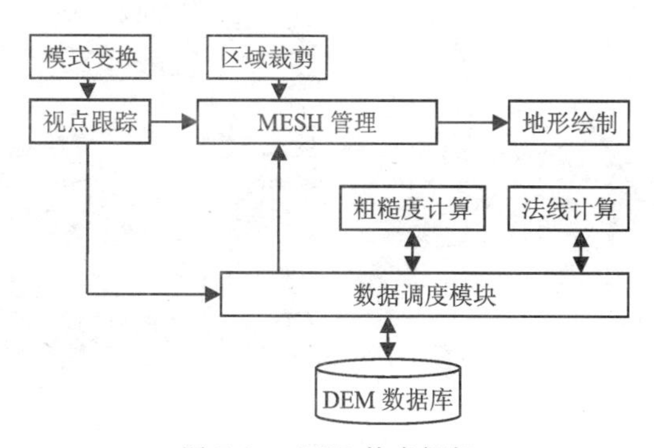

图 7-10 LOD 技术框架

为了加快系统显示的速度,应急平台采用了静态数据预处理的方法。由于更新与绘制过程会根据应急要求频繁进行,所以可将部分静态数据提前完成计算。这些数据包括地形粗糙度计算和网络点法线等计算。地形的粗糙度是地形的固有属性,一旦输入了管道区域的DEM数据后,地形的起伏状况、变化差异也就确定,并不会随使用者的观察视角发生变化,所以可以先于更新之前一次性生产,避免不必要的重复计算。粗糙度计算是在四叉树的节点中完成的,通过计算4个边节点和4个子中心节点的高度“误差”,以其中最大值代表这些节点的粗糙度。另一个静态数据是法线计算,为了更好地表达地形特点,渲染过程会加入光照、纹理等效果,这些效果都需要法线计算。OpenGL采用了点法线计算,因此与粗糙度相似,地形网格点上的法线也是固定的,不随视点变化而改变,可以预先生产,以节省更新过程的计算时间。与粗糙度不一样的是,点法线的计算并不是在节点中完成,而是在全分辨率地形中完成,根据点与附近的其他点所构成的三角形法线,计算其平均值作为该点法线。法线平均处理还有助于地形表面在光照条件下的平滑处理,防止地形光亮度的突然变化。

地形的更新过程包括视区域判断、视距计算以及粗糙度判断。更新是动态计算过程,当观察方向发生任何变化,都会导致重新计算。OpenGL的投影矩阵会将投影空间以外的地形或物体裁剪掉,会有大量的无需显示的地形数据占据内存空间,消耗计算时间,因此可以在投影矩阵变换之前进行裁剪,去掉不可见的区域,加快显示时间。另外,应急三维平台还采用了视点跟踪技术,当应急人员调整地形的观察位置,或是改变观察方向时,三维平台会跟踪视点位置,计算节点到观察点的距离,判断该节点所需要的LOD。距离判断是在四叉树的节点中进行的,用中心点位置到视点距离代表节的视距。视距越大,细节越少,反之细节越多。图7-11、图7-12分别是从不同距离观察地形的结果。细框画出了地形的同一区域,近距离观察可以看出大矩形框内有更多三角形(即更多细节),而远距离观察可以看出大矩形框内只有少量的三角形,细节明显减少。粗糙程度是地形起伏程度相对于视距的比值。观察位置较远时,以前地形较大的差异可以被忽略,细节减少;观察位置较近时,较小的地形起伏细节可以放大。实际上,应急平台的LOD是由视距判断和粗糙度判断共同决定。通过调整两者的影响系数,可以达到人眼的正常分辨水平。

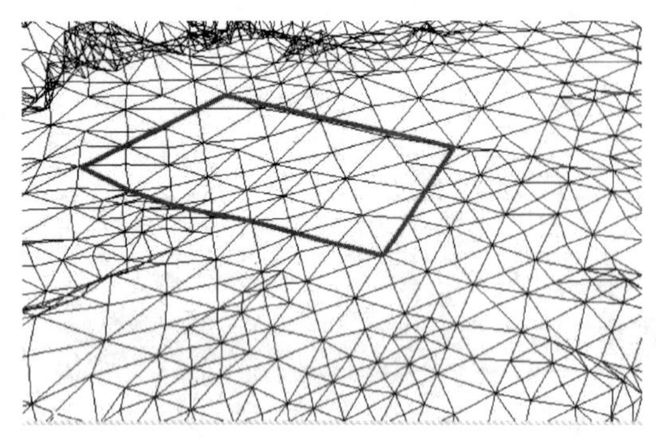

图7-11 地形的近距离观察

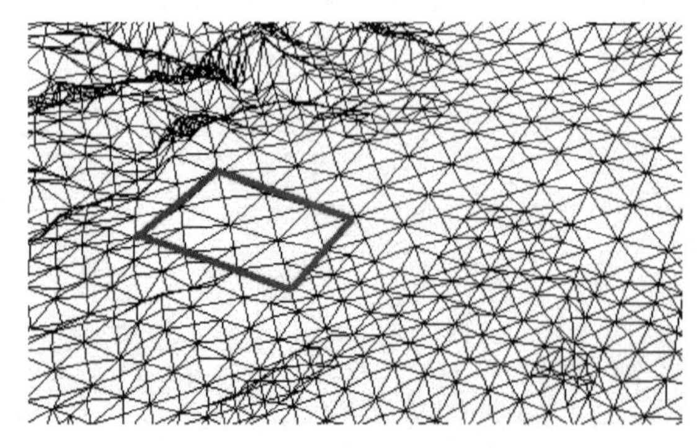

图7-12 地形的远距离观察

MESH管理负责四叉树节点的更新，当节点的细节层次确定后，MESH管理模块还要确保地形网格的一致性，消除出现的裂缝，如图7-13所示。裂缝的产生是由于相邻两节点的不同LOD造成的。应急平台通过增加邻节点细节的办法，确保邻节点的LOD差不超过一层，并标记邻节点的边点，消除裂缝，如图7-14所示。经过处理后，地形变化较大的区域会逐渐过渡到变化较小的平坦区域，虽然增加了部分计算量，但这符合地形变化要求，而且计算量增加量相对较小，并不影响整体性能。

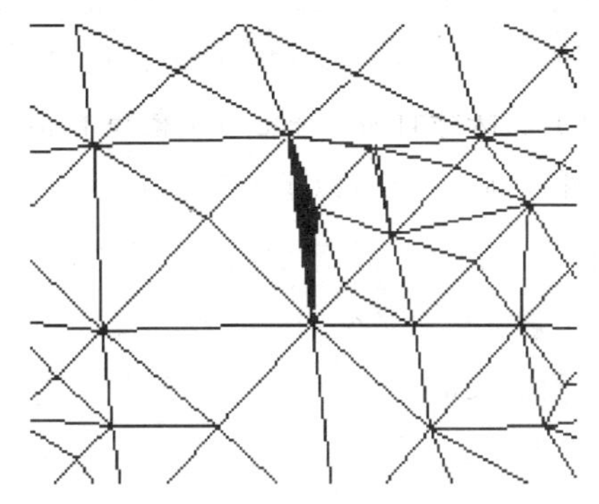

图7-13　不同LOD造成的裂缝

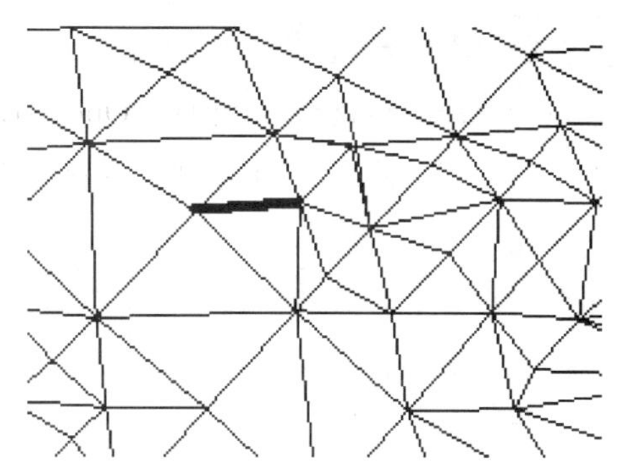

图7-14　消除裂缝后效果

相对于地形的更新过程，地形的绘制过程比较简单。由MESH管理模块提交最终的地形数据给绘制模块，绘制模块根据边点的标志位逐一画出节点的三角形片，形成完整的区域地形。

采用LOD技术后，三维应急平台的显示速度得到很大提高，图7-15是全分辨率地形网格显示，图7-16是经过光照计算渲染后的效果。两者都没有采用LOD技术，共产生67 502个三角形。这只是管道所经区域的一部分，如果把整个事故区域内的DEM数据全部调入，加上三角形的法向计算、光照、纹理贴图等，三维平台将会消耗大量时间用于地形显示，极大影响应急平台的功能。实际上，经过LOD技术处理后的地形数据会大幅度下降。图7-17是采用LOD技术后的地形网格显示，其产生16 219个三角形，计算量下降了近75.97%。图7-18是光照渲染的结果，与图7-16相比，地形的主要特征并没有明显差异，只是极少部分存在光照不同(三角形法向影响)。

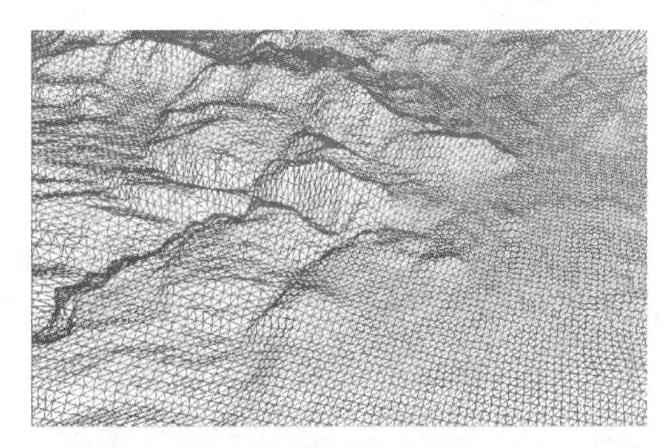

图7-15　全分辨率地形网格显示(67 502个三角形)

图7-16　全分辨率地形渲染显示(67 502个三角形)

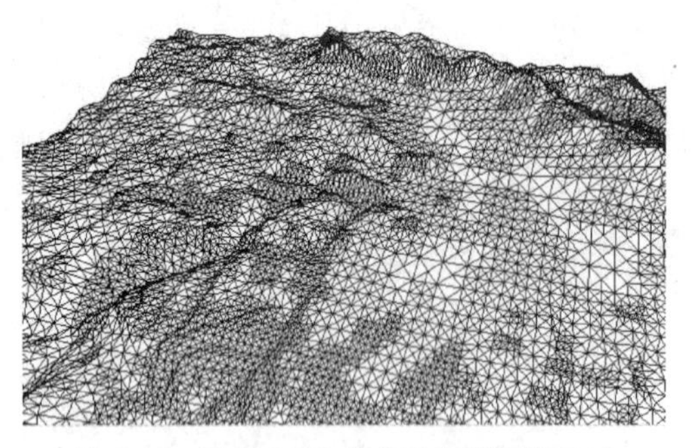

图 7-17 采用 LOD 技术后地形网格显示
（16 219 个三角形）

图 7-18 采用 LOD 技术后地形渲染显示
（16 219 个三角形）

通过地形粗糙度计算、视点跟踪、区域裁剪等技术处理，可以快速绘制地形的同时满足应急显示的精度要求。以长输管道所经某区域 DEM 数据为实验对象，其大小为 512×512 个网格点，并在一台 Dell 笔记本电脑上演示。图 7-19 为测试漫游三角形数和帧速率曲线图。可以看出，在漫游过程中，帧速率变化保持平稳，基本维持在 24 帧/s，当然这没有考虑加载地物与纹理所需消耗。

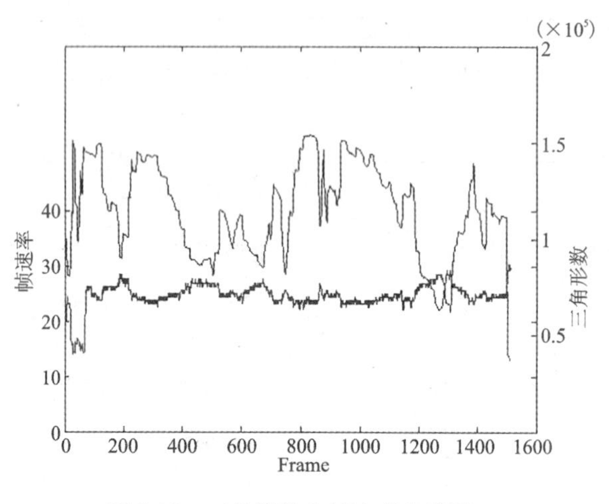

图 7-19 三角形数和帧速率曲线图

二、地形数据的动态调度

地形数据的动态调度是根据应急人员的需要，动态地显示部分区域的地形。相对于海量的长输管道区域地形数据，应急指挥人员通常只会关注事故的相关区域，其数据量较小。如果将整个地形 DEM 数据调入内存，将会造成不必要的时间消耗。现有的三维数据动态调度方法是采用 DEM 分层调用。分层组织方式便于对多分辨率数据的查询和读取，其原理是对不同比例尺的 DEM 数据，将相同分辨率的数据存储为一层，最底层的数据分辨率最高，各数据层从下到上分辨率递减，形成金字塔式的数据结构。但 DEM 分层会增加数据库服务器的负担，并不适合应急平台的要求。三维应急平台的 DEM 数据动态调度结合了前面的 LOD 技术，利用规则网格的特点，通过取景计算调用全分辨率的DEM数据。由于事故应急区域远小于整个管道区域，所以全分辨率数据并不会消耗很多计算时间，相对于节省的数据库服务器的网络传输时间，前者占有明显优势。

图7-20是地形数据动态调度程序框架。数据的动态调度是根据视点的变换而调整DEM数据的范围。一般的视点范围采用梯形外框，如图7-21中的梯形线框范围，当采用全分辨率DEM数据时会涉及大量的区域相交计算，因此，为了节省计算量应急平台的取景范围采用了矩形外框，如图7-21中的小矩形框部分。另外，数据调度过程还设计了一个控制矩形，如图7-21中的大矩形框部分，控制矩形大约会比取景矩形大一倍，可以根据硬件配置调整具体大小。控制矩形的作用是为了防止视点变换后对数据库的频繁访问，先将一定量的地形数据读入内存，以满足地形显示的需要。

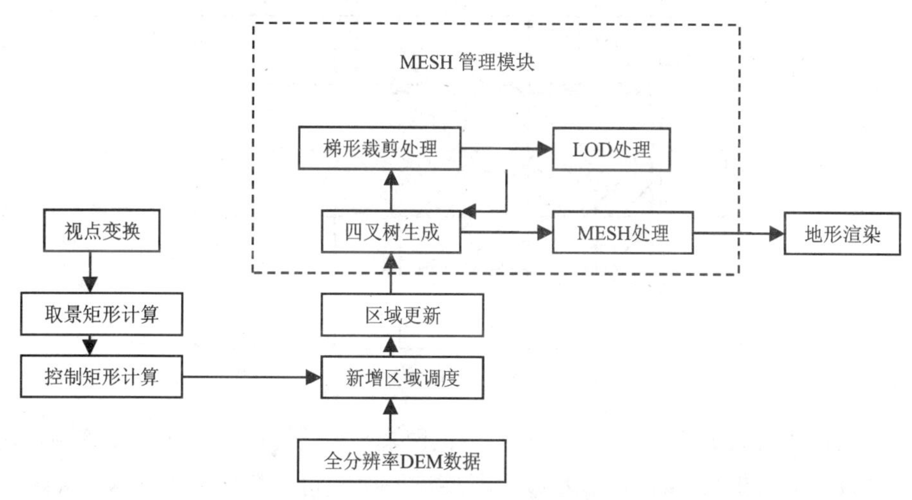

图7-20　DEM数据动态调度程序框架

应急平台的地形数据调度分为3个部分。第一个部分是取景矩形边界计算。当视点发生变化时(如平移或旋转)，调度模块会计算取景矩形外框的最大范围，以确定取景矩形是否还在控制矩形范围内。如果取景矩形的范围仍在控制矩形的范围内，调度模块并不需要读取地形数据，以此节省计算和存取的开销。第二个部分是控制范围计算。当取景范围超过控制矩形的范围时，如图7-22所示，调度模块会重新计算控制矩形的范围，以便包容取景矩形。

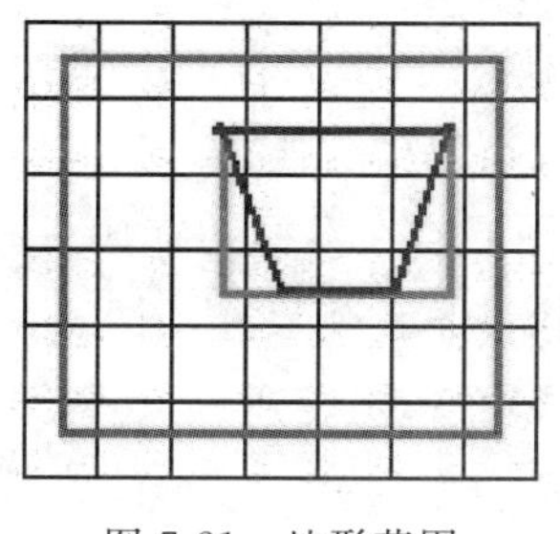

图7-21　地形范围

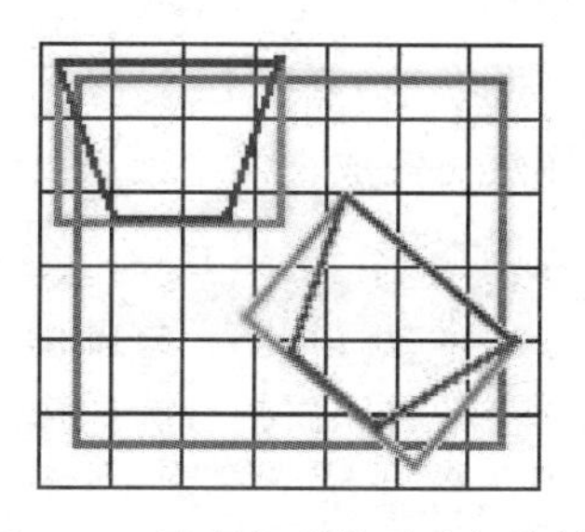

图7-22　取景矩形的平移与旋转

一般在应急平台的使用过程中，视点变换的幅度并不大，大范围内的视点移动并不常见。因此，视点变换后控制矩形的数据只有部分发生了变化，部分原有数据不需要更新，如图 7-23 所示。图中虚线框是变换后的控制矩形，\\阴影部分是新增数据区域，×阴影部分是原有数据，//阴影部分是变换后要丢弃的区域。每次视点变换后要调用的数据只是\\阴影部分，有效地减少了地形数据的访问量。第三个部分是数据区域更新阶段。通过数据服务器调入新增地形 DEM 数据，并与原有数据重新装配，形成可以被 MESH 管理所使用的数据格式。区域数据更新后，必须通知 MESH 管理模块重新建立四叉树结构，重新计算 LOD 并渲染。

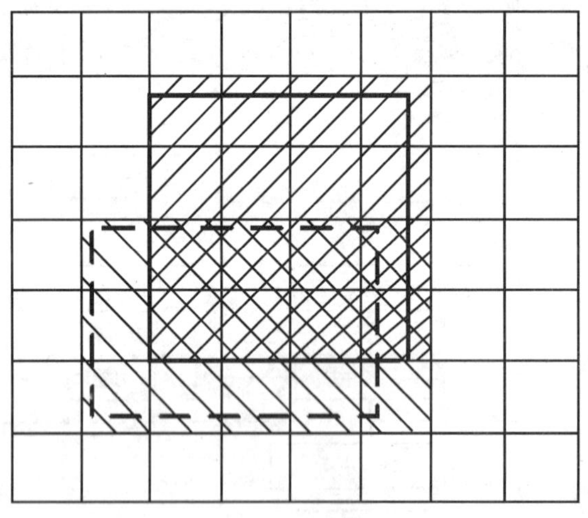

图 7-23 变换后控制矩形范围

数据调度模块的取景范围计算是依据矩形范围来判断，数据进入 MESH 管理模块后，投影体视区将按梯形面积裁剪，以进一步减少所要渲染的三角形数量。由于 MESH 管理模块利用 LOD 技术对四叉树节点进行裁剪，所需要的计算量与数据调度模块中的全分辨率区域裁剪相比有大幅度的下降。另外，具体的取景矩形与控制矩形的大小要根据硬件条件和 DEM 数据的分辨率来确定，可以通过对比不同的比值条件下的显示效率，选择最优的比值设置。

三、三维信息平台的图层管理

图层是数据组织和管理的基本单位，对空间数据进行分层是对数据管理的重要内容，分层管理便于数据处理和分析，在图层支持下，地图编辑、制图综合、专题制图会更加方便、准确、迅速，利用不同图层可完成查询检索、叠加分析等空间分析任务。三维应急平台将管道区域内性质或属性相关的地理要素组合成一个集合（图层），在数据的存放或显示过程中，数据是按图层分类操作。三维应急信息平台是根据《国家基本比例尺地图图式》(GB/T 20257)要求，结合应急指挥的需要，将图层划分为地形地貌、长输管线、交通、居民地及设施、水系、气象信息等几个大类。图 7-24 显示了三维平台的图层的分解示意，说明了在大气条件下气体扩散后气体浓度和危险区域分布。

图 7-25 是用 UML 语言建立的三维平台图层对象 E－R 关系图。应急过程所涉及的空

间数据是十分复杂的，并且不同的应急管理人员对平台的信息数据要求也不一样，因此应将图层类型进行详细分解。前面分析的图层大类是初步划分的阶段，按实际应急需要可继续细分，如管道系统还可分为工艺站点、输气管道；交通图层还包括公路、铁路、高速公路等类别。图 7-26 是对长输管道系统对象细分说明，主要对象是工艺站场和输气管道。工艺站点属性包括位置说明、站场设备、设备编号、站场布置等信息。输气管道属性有管道编号、管道位置、埋深、操作压力、温度等信息。

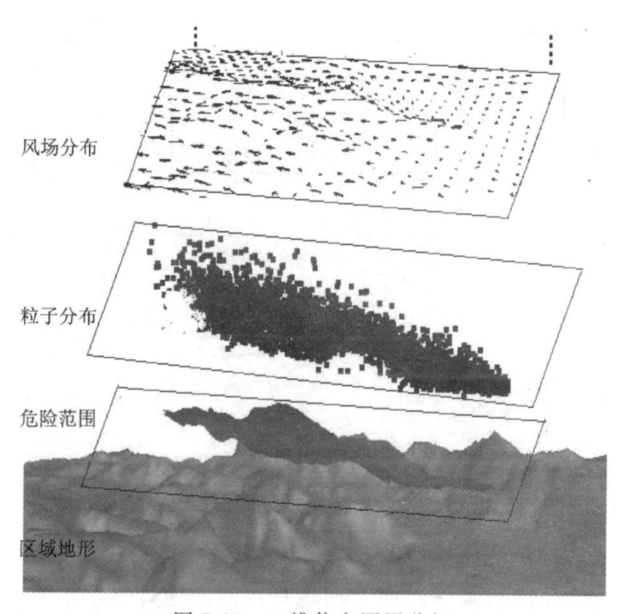

图 7-24 三维信息图层分解

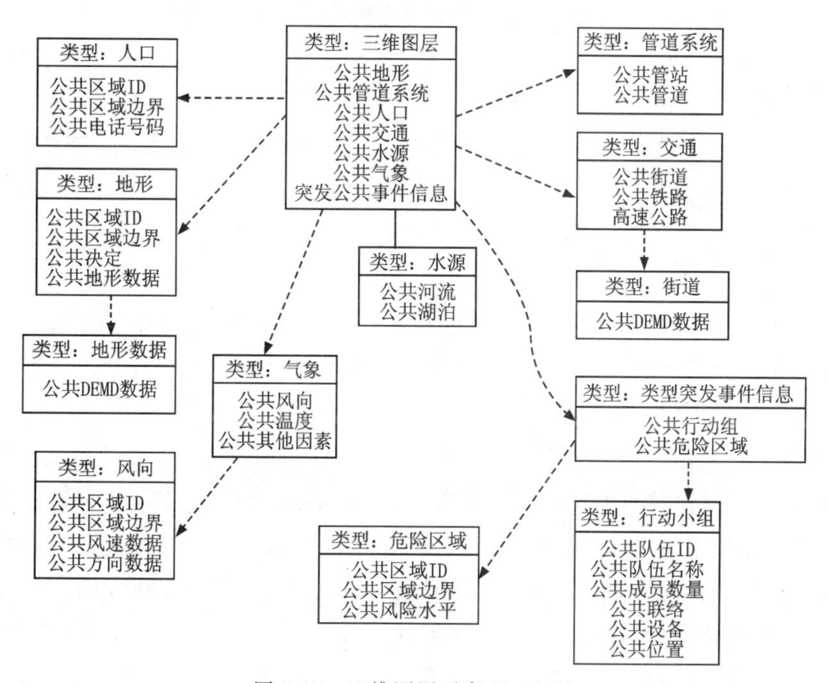

图 7-25 三维图层对象 E-R 图

三维应急信息管理平台的图层输出是由数据调度模块负责完成装配，如图 7-27 所示。数据调度模块通过视点跟踪等技术确定要显示地形区域后，再确定其他所要加载的图层信息。与地形图层不同的是，其他图层采用了全分辨率数据格式。其图层的区域由数据调度模块确定，并直接输出；而地形图层采用了 LOD 技术，将由 MESH 管理模块负责输出。

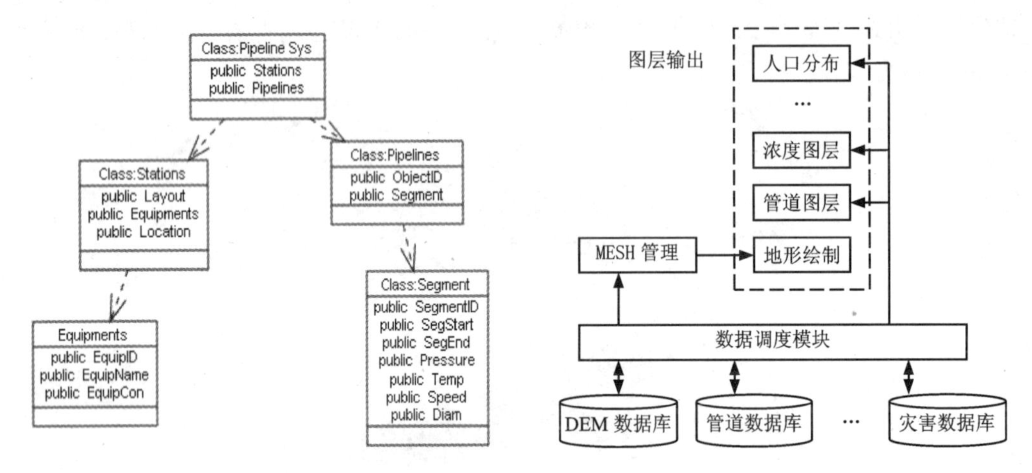

图 7-26　管道系统对象 E-R 图　　　　图 7-27　三维平台图层管理结构

三维应急信息平台的图层管理有利于数据存放，便于管理、查询或进行图层叠加分析，并对多种不同空间信息进行综合分析解释及解决空间实体之间相互关系。分层可以为应急管理人员提供直观的概念模型，从而以专题图集的形式使得地理特征形象化。因此，操作人员可以利用图层空间联结、叠置和属性操作等功能获得新的地理专题信息。

第六节　应急平台关键空间分析技术研究

三维应急信息管理平台的空间分析技术向应急人员提供基本的空间数据分析手段，以便于特定地理空间信息的查询、计算、分析。关键的空间分析技术包括空间查询、图层叠置技术、等值线技术、粒子轨迹分析等。

一、空间查询技术

空间查询是空间分析的重要内容，通过利用空间数据的分层管理，实现数据查询检索。地理目标查询是在矢量图层中进行，可以一图层或多个组合图层进行查询。查询过程首先要确定对象本身的适量图层，并根据查询条件获取该图层下的地理范围。然后确定目标矢量图层，并分析目标拓扑关系。最后依据目标拓扑结构，判断该目标是否在查询的地理范围内，并最终输出目标及其属性。空间查询的流程如图 7-28 所示。例如，当要查询某管道区域 5km 范围内人口的分布情况，首先要获取管道的矢量图层，并确定该管道附近 5km 的地理范围，该地理范围是最终目标靶区；然后确定目标图层——人口分布图层，并分析人口分布图层的拓扑结构，获得与管道相同区域内的人口分布，如居民区、工厂、组织机构等；依据拓扑关系，逐一判断目标是否位于目标靶区，并最后将满足条件的人口分布数据组织成临时图层，以便统计分析。

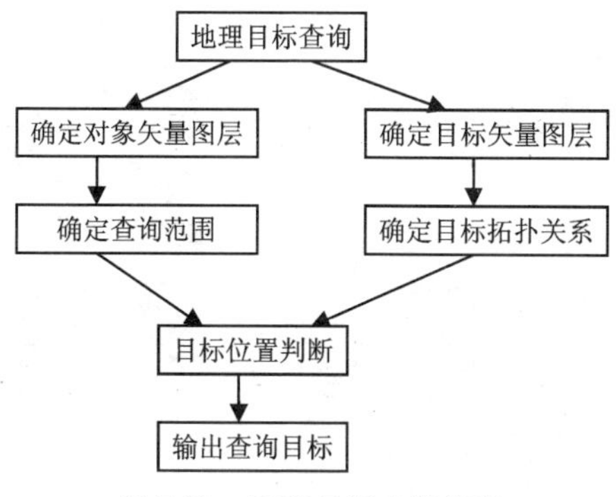

图 7-28　地理目标查询流程

二、图层叠置技术

叠置分析是空间分析常用的方法之一，图层叠置分析是指多个图层在空间上进行叠加产生新图层，并对新图层进行计算分析，产生用户需要的结果或回答用户提出的问题。图层叠置分析需要两个或两个以上图层参与，涉及到逻辑并、逻辑交、逻辑差的运算。

三维应急信息管理平台的图层叠置分析主要是图层的逻辑交运算。图层的逻辑交运算是将两个图层组织成一个图层，新图层保留重叠区域内原来图层的属性特征。为了便于图层的叠分析，三维应急信息平台的图层，除地形图层外其他均采用了全分辨率数据格式。这种约定可以保证图层的叠置是在相同的数据格式下进行，不需要做出额外的分辨率调整计算。实际上，除气象信息、浓度分布等少数图层外，管道应急信息平台的大多数数据图层是矢量格式，如管道、交通、水系、人口分布等，采用全分辨率数据后也不会明显增加数据容量。

采用了相同分辨率的图层可以直接进行逻辑交运算，确定新图层的区域范围。但地形数据采用了 LOD 技术，与地形图层的叠置要经过分辨率调整，以满足图层叠置需要。由于地形是栅格数据，两图层的交叉重叠区数据格式也采用了栅格格式。图 7-29 是地形图层与气体粒子分布图层叠置流程。图 7-30 是地面以上 5m 处粒子分布，新形成的图层具有地形数据特点（随地形变化），同时也具有粒子分布的特点，每个粒子代表一定的气体分子。

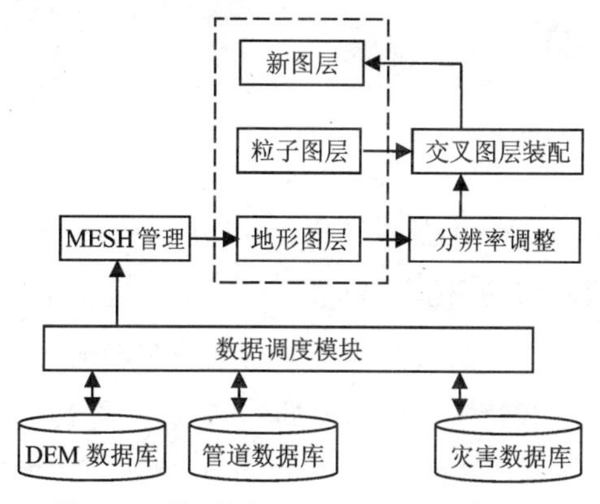

图 7-29　粒子图层和地形图层叠置流程

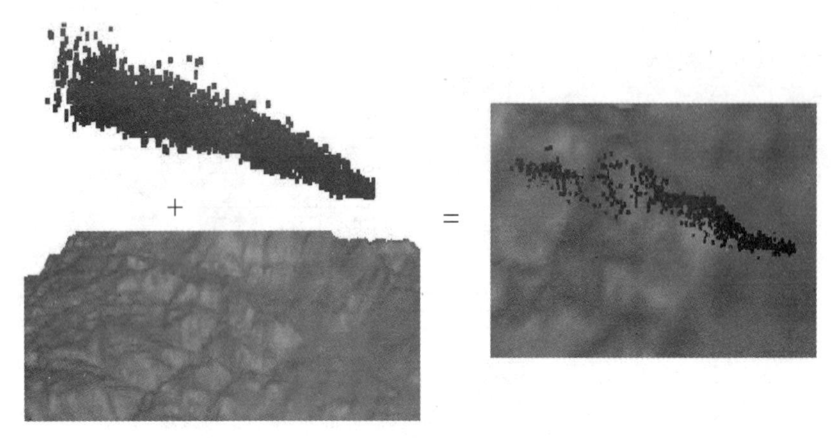

图 7-30　粒子图层、地形图层叠置后近地面(AGL 5m)粒子分布

三、等值线技术

等值线分析是三维应急平台的重要功能，尤其针对灾害模拟结果分析，刻画灾害的空间特性，如气体浓度等值线、人员分布密度、风场分布(风速等值线)等。图 7-31 是管道气体扩散后在近地面气体浓度等值线分布，受地形和风场影响，气体浓度分布并不均匀，扩散范围也不规则。图 7-32 是气体扩散后在近地面形成的危险区域。

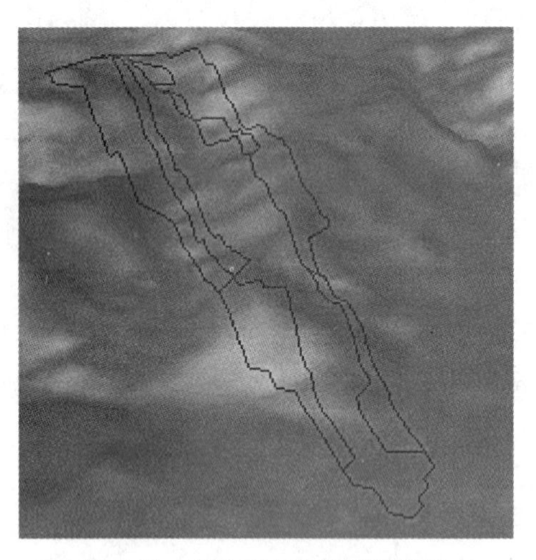

图 7-31　近地面气体浓度等值线

图 7-32　近地面危险区域分布

等值线的绘制包括 3 个过程：数据网格化、生成等值线、图形填充。生成等值线之前，必须要将数据场网格化，形成均匀的离散点分布。由于事故模拟中气体浓度是用单位空间内气体粒子数来计算，所以数据网格化是要将粒子的空间分布影射到平面网格中。生成等值线过程是从网格化后的数据中，寻找特定浓度的值的网格点，并将其组合并连接成线形成等值线。Monte－Carlo 模型在模拟气体扩散的过程中，粒子在空间呈离散分布，无法直接从网格中找出连续的等值点。为了形成连续、有效的等值线，必须对数据网格进行插值处理。数值插值

方法包括线性、二次样条插值等，可以形成相对均匀的浓度分布。等值线生成过程一般是对网格点数值逐网格逐单元地追踪，直至等值线闭合。生成的等值线精度高，过程简单，但并不光滑。另外最好的等值线生成方法是等值线滤波，形成光滑连续的等值线，并且等值线精度较高，但计算过程复杂。本文的等值线生成过程采用了前者。等值线图的填充就是用不同的颜色填充两条等值线之间的区域，如图 7-32 中用不同的深浅填充不同的浓度值区间，代表不同的危险区域范围。

四、粒子轨迹分析

粒子轨迹分析是研究气体扩散空间特征的又一重要技术，通过跟踪单粒子在区域内的空间位置，掌握粒子受气象、地形影响下随时变化的特点。图 7-33 是单粒子在释放 2h 后空间轨迹跟踪过程。粒子在释放后受地形影响不断抬升或下沉，在风力的传输作用下扩散传播。通过粒子轨迹跟踪应急人员可以更清楚地了解气体泄漏后最大可能经过区域，如图中的山谷、山脚地区等，以便为应急决策提供依据。粒子轨迹并不是气体分子真实的扩散路径，它是 Monte－Carlo 模型计算出的气体扩散最大概率路径。此外，从图可以看出气体开始泄漏扩散后区域内的风场曾发生二次风向、风速变化(大约在 0.6h、1.5h)。图 7-34 是模拟粒子的瞬态分布，受风场变化影响，新粒子泄漏后扩散方向也发生变化。

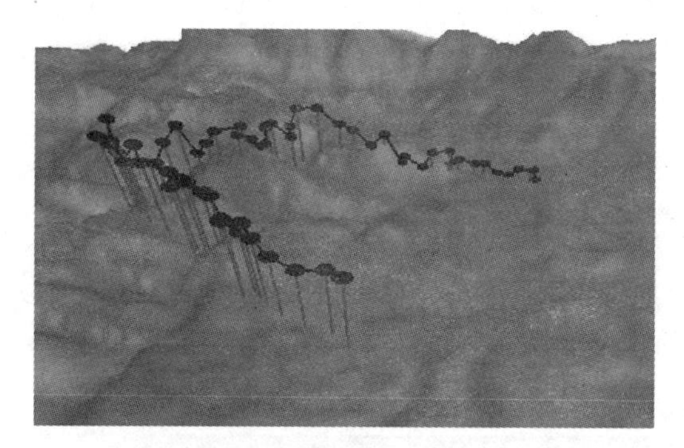

图 7-33　单粒子空间轨迹

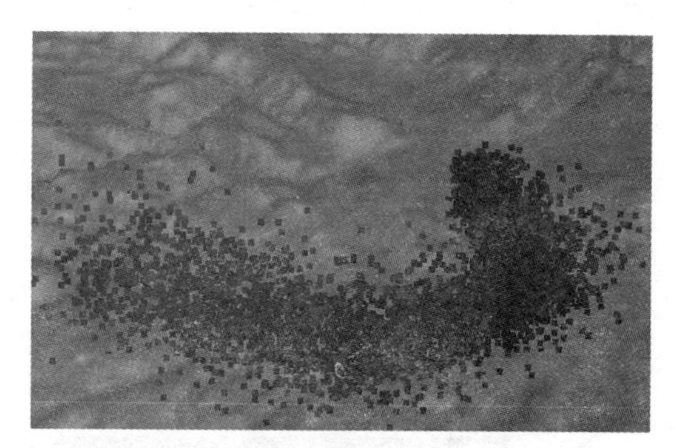

图 7-34　模拟粒子扩散分布

第七节　应急平台系统软件结构分析

基于三维平台的管道应急软件采用了三层结构模式：SQL SERVER 数据库服务器、应急服务层、客户层，如图 7-35 所示。数据库服务器负责维护应急指挥所需要的空间数据库、模型库、知识库、应急信息库等；服务层提供三维信息服务、决策分析、应急评估、灾害模拟等功能；客户层是软件的最终应用层，应急人员通过客户层界面进行灾情会商、应急决策、资源管理。另外，针对客户类型不同，系统软件还分为 B/S 和 C/S 两种软件模式。

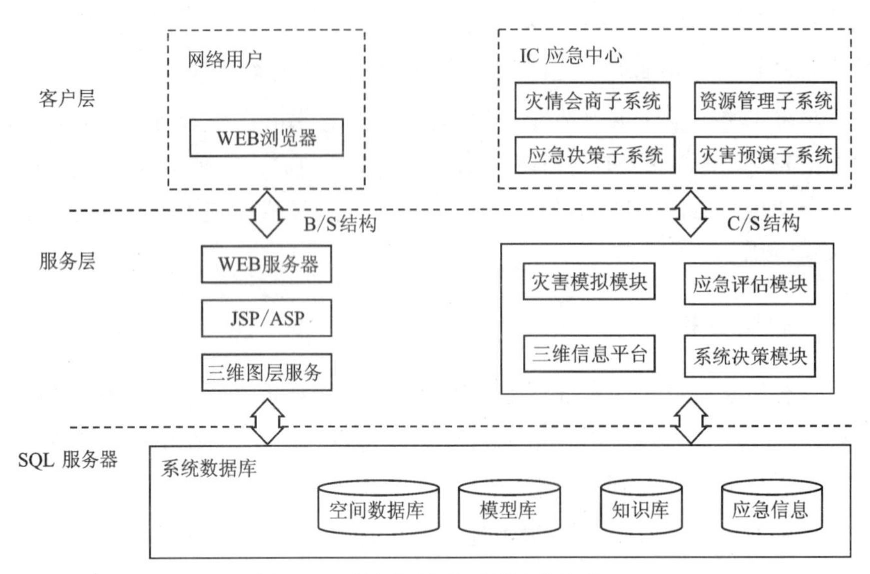

图 7-35　基于网络的系统软件结构

B/S 结构主要针对通过 INTERNET 访问系统的用户或应用人员，并提供数据查询、形势分析、三维图层展示等功能，如图 7-36 所示。基于 B/S 结构的信息管理系统具有便捷、快速的特点，分布于不同位置的应急人员可随时了解事故现场情况、救援进度、人员伤害情况等信息。应急人员可以通过任何接入 INTERNET 的电脑访问信息系统。B/S 信息系统会将用户请求发送到 WEB 服务器解析，WEB 服务器将从数据库服务器中查询用户请求数据，并与三维图层服务器协调，将用户请求的数据信息与空间图层融合，最后回传到用户的 IE 浏览器显示。基于网络安全和数据传输效率的考虑，B/S 结构只具有部分应急决策功能。

C/S 结构主要满足应急中心指挥(IC)需要，是系统的主要结构。应急人员所需要的分析、决策功能将由服务层完成，服务层接受 IC 的任务请求后由相应的执行模块负责完成，并将任务结果与三维信息平台的地理图层叠加，返回给用户操作子系统。

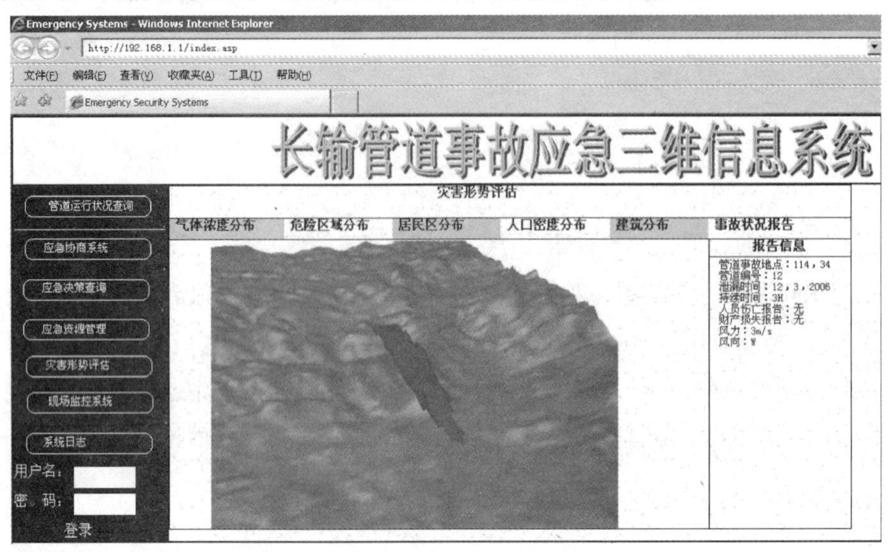

图 7-36　基于 IE 浏览器的三维信息系统界面

第八节　总　结

三维信息管理平台是应急决策指挥系统的重要模块，通过三维信息技术的应用，有助于提高应急决策人员对信息的掌握与理解，增强应急决策能力。

本章主要分析了数据库管理模块。系统数据库管理模块是整个应急系统的“灵魂”，依据其数据类型、信息功能、属性对象等本质特点，应急信息数据库管理可分为4个部分：空间数据库管理、模型库管理、知识库管理、应急信息管理。模型库管理主要维护应急指挥所涉及的计算、分析和决策模型。模型方法可以预先用VC、VB等编程语言以动态库文件的形式实现，数据库管理模块存放动态库函数的入口地址和参数，以供模拟软件的调用。

本章还重点分析了空间数据库管理系统。空间数据库管理子模块负责空间数据库的维护，它使用不同的数据结构存放不同的地理要素，并根据信息功能特点划分数据库结构。三维管理系统的空间数据结构分为4类：矢量数据结构、栅格数据结构、影像数据、属性数据。空间数据库结构划分为：基础数据库、成果数据库和现场反馈数据库。

三维信息技术是应急信息管理的重要工具，为了满足大数据量的要求，系统采用了LOD技术、数据动态调度技术、图层管理等。三维平台的LOD技术是一个十分复杂的计算过程，也是影响系统效能的主要因素。为了加快系统显示的速度，应急平台采用了静态数据预处理的方法。地形数据的动态调度是根据应急人员需要，动态地显示部分区域的地形。三维应急平台的DEM数据动态调度结合了前面的LOD技术，利用规则网格的特点，通过取景计算调用全分辨率的DEM数据。应急平台的地形数据调度分为3个部分：取景矩形边界计算、控制范围计算、数据区域更新阶段。图层管理是三维信息平台主要功能，三维应急信息管理平台的图层输出是由数据调度模块负责完成装配。

三维平台的空间分析技术包括：空间查询技术、图层叠置、等值线等分析技术。空间查询是空间分析的重要内容，通过利用空间数据的分层管理，实现数据查询检索。三维应急信息管理平台的图层叠置分析主要是图层的逻辑交运算。为了便于图层的叠分析，三维应急信息平台的图层，除地形图层外其他均采用了全分辨率数据格式。等值线分析是三维应急平台的重要功能，尤其针对灾害模拟结果分析，刻画灾害的空间特性，如气体浓度等值线、人员分布密度、风场分布（风速等值线）等。粒子轨迹分析通过跟踪单粒子在区域内的空间位置，掌握粒子受气象、地形影响下随时变化的特点。

主要参考文献

蔡益栋,周玲,黎均喜,等.川东北高含硫天然气对管道的腐蚀[J].腐蚀与防护,2008,29(9):526-529.

蔡自兴,姚莉.人工智能及其在决策系统中的应用[J].国防科技大学出版社,2006.

曹晓东,郭嘉诚.论指挥控制规则建模[J].军事运筹与系统工程,2006,20(3):22-26.

陈东宁,姚成玉.基于模糊贝叶斯网络的多态系统可靠性分析及在液压系统中的应用[J].机械工程学报,2012,48(16):175-183.

陈果.北京某基坑支护结构水平位移监测与方案优化[D].中国地质大学(北京),2016.

陈雪龙,王延章,许永涛.空间决策支持系统的信息模型研究[J].计算机应用研究,2006,8(25):25-27.

陈永科,江敬灼,张俊学,等.基于多 Agent 的一体化联合作战指挥控制系统仿真研究[J].军事运筹与系统工程,2006,20(3):3-7.

程力,韩国柱,唐社教.基于熵理论和效能仿真的指挥控制系统优化设计[J].昆明理工大学学报(理工版),2008,33(4):114-118.

丁勇春,程泽坤,王建华,等.地下连续墙施工力学性状数值分析[J].岩土工程学报,2012,34(S1):87-92.

窦桂琴,杨青,黄祖锋,等.一种基于城市应急系统的最短路径算法[J].广西师范大学学报(自然科学版),2007,25(4):92-95.

付跃强,刘卫东,安金朝.突发公共事件应急系统的组织结构分析[J].江西社会科学,2007,(8):167-170.

傅维禄.天然气管道风险影响因素及对策[J].安全、健康和环境,2005,12(5):18-19.

高僮.基于动态故障树和蒙特卡洛仿真的列控系统风险分析研究[D].北京交通大学,2014.

高卫华,姚仁太.决策支持系统的发展与核事故应急决策[J].辐射防护通讯,2002,22(5):17-23.

葛倩.地铁工程深基坑施工安全监测管理研究[D].天津大学,2014.

桂慧,范勤.三维数字地图在设备管理系统中的应用[J].中国设备工程,2007,(2):15-17.

郭泳亨,卢兴华,刘云.基于案例库的应急决策支持系统研究[J].微计算机信息,2006,24(8):148-150.

郭泳亨,卢兴华,刘云.应急决策效果的模糊综合评判研究[J].科学技术与工程,2006,5(6):588-592.

何成刚.马尔科夫模型预测方法的研究及其应用[D].安徽大学,2011.

何洪成.云模型及其在指挥控制系统可靠性分析中的应用[J].火力与指挥控制,2006,31(5):76-80.

侯晓慧,武芒,刘志镜.空间决策支持系统中的Agent技术研究[J].微电子学与计算机,2006,23(3):43-46.

黄国权.基于空间数据库的GIS研究[J].今日科苑,2007,(12):235.

黄可鸣.专家系统[M].南京:东南大学出版社,1991.

黄润生,黄浩.混沌及其应用[M].第二版武汉:武汉大学出版社,2007.

贾拉塔诺,赖利,贾拉塔诺,等.专家系统原理与编程[M].北京:机械工业出版社,2000.

姜析良,宗金辉,孙良涛.天津某深基坑工程施工监测及数值模拟分析[J].土木工程学报,2007,40(2):84-97.

蒋珩,佘廉.区域突发公共事件应急联动组织体系研究[J].武汉理工大学学报(社会科学版),2007,20(5):595-598.

李斌,李琦,刘纯波.城市突发公共卫生事件应急指挥系统空间数据模型设计——以"合肥地区非典防治决策支持系统"为例[J].计算机工程与应用.2004,(1):1-6.

李炜,曾广周,王晓琳.一种基于时间Petri网的工作流模型[J].软件学报,2002,18(8):1665-1671.

李小明.建筑工程施工安全事故案例统计分析[J].中国高新技术企业,2013,(20):67-68+17.

李勇.基于主成分分析法的建筑施工现场安全评价方法的研究[D].天津理工大学,2015.

李渊.基于3D GIS的应急路径规划方法研究[J].国际城市规划,2007,22(4):99-102.

梁冬,陈昶轶,樊延平,等.基于多Agent的作战指挥决策模型研究[J].兵工自动化,2008,27(12):27-29.

廖光煊,翁韬,朱霁平,等.城市重大事故应急辅助决策支持系统研究[J].中国工程科,2005,7(7).

林冲,赵林度.城际重大危险源应急管理协同机制研究[J].中国安全生产科学技术,2008,4(5):54-57.

刘波,韩彦辉.FLAC原理、实例与应用指南[M].北京:人民交通出版社,2002.

刘士兴,张永明,袁非牛,等.城市公共安全应急决策支持系统研究[J].安全与环境学报,2007,7(2):140-143.

刘铁民. 重大事故应急指挥系统(ICS)框架与功能[J]. 中国安全生产科学技术, 2007,3(2)3-7.

刘铁民. 重大事故应急体系建设[J]. 劳动保护, 2004,4:6-10.

刘兴华. 深基坑支护方案优选研究及应用[D]. 吉林大学, 2016.

马拉克斯. 21世纪的决策支持系统[M]. 朱岩, 肖勇波译. 北京:清华大学出版社, 2002.

潘家华. 我国天然气管道工业的发展前景[J]. 油气储运, 2006,25(8):1-3+61+12.

彭星煜, 张鹏, 陈利琼. 城市天然气管道泄漏燃爆灾害评价[J]. 油气储运, 2007,26(10),28-31.

任国莉. 对地理信息系统空间数据的分析[J]. 佳木斯大学学报(自然科学版), 2003,21(2):235-237.

沈世禄, 冯书兴, 王佳. 一种基于多目标决策的指挥决策方案优选算法[J]. 计算机仿真, 2008,25(9):12-15+24.

帅向华, 姜立新. 地震应急指挥管理信息系统的探讨[J]. 地震, 2003,23(2):115-120.

宋巍, 窦万春, 刘茜萍. 时间约束 Petri 网及其可调度性分析与验证[J]. 软件学, 2007,18(1):11-21.

孙燕君, 钱瑜, 张玉超. 蒙特卡洛分析在氯气泄漏事故环境风险评价中的应用研究[J]. 环境科学学报, 2011(11):2570-2577.

汪送, 王瑛, 杜纯, 等. 复杂系统风险熵的涌现与动力学传播分析[J]. 安全与环境工程, 2013,20(2):118-120.

汪送. 复杂系统安全事故致因网络建模分析[J]. 中国安全科学学报, 2013,23(2):109-116.

王丹. 基于故障树和贝叶斯网络的动车组转向架系统故障诊断[D]. 天津:天津大学, 2016.

王磊, 陈国华. 基于时间约束模型应急演练绩效评估的实证研究[J]. 中国安全科学学报, 2008,18(2):34-39+177.

王明贤, 李建峰. 基于网络地理信息系统(WebGIS)的危险气体泄漏扩散预警信息平台的研究[J]. 中国安全科学学报, 2008,18(10):111-115.

王素珍, 冯启民. 空间决策支持技术在城市地震应急指挥软件系统中的应用[J]. 世界地震工程, 2006,22(2):89-96.

王晓宇, 王凯全, 周宁. GIS在大型石化企业事故应急管理中的应用[J]. 中国安全科学学报, 2007,17(9):73-77+179.

王新彪. 悬吊结构施工方案优化设计及工程应用[D]. 淮南:安徽理工大学, 2015.

王燕. 应用时间序列分析[M]. 北京:中国人民大学出版社, 2005.

王志超. 基于故障树的西安地铁深基坑工程施工安全风险识别[D]. 西安:西安工业大

学,2017.

魏春明.新伟商务大厦超大深基坑工程优化设计与施工[D].上海:同济大学,2007.

文仁强,黄全义,黄东海.危化品泄漏扩散预测模型与GIS集成及其在应急决策中的应用研究[J].测绘通报,2008,(4):52-54.

吴贤国,吴克宝,沈梅芳,等.基于N-K模型的地铁施工安全风险耦合研究[J].中国安全科学学报,2016,26(4):96-101.

吴宗之,刘茂.重大事故应急预案分级、分类体系及其基本内容[J].中国安全科学学报,2003,13(1):15-18.

吴宗之.重大事故应急计划要素及其制定程序[J].中国安全科学学报,2002,12(1):14-18.

武继磊,王劲峰,郑晓瑛.空间数据分析技术在公共卫生领域的应用[J].地理科学进展,2003,22(3):119-128.

谢安俊.天然气管道应急救援系统及其信息技术[J].天然气工业,2006,26(5):115-117.

谢晓方,姜震.一种结合CLIPS和VC++开发专家系统的方法[J].计算机系统应用,2004,(12):61-63.

谢旭阳.基于GIS的重大事故应急疏散决策研究[J].中国安全生产科学技术,2007,3(2):32-35.

谢振华.安全系统工程[M].北京:冶金工业出版社,2010.

熊汉江,罗炜.三维GIS中大规模地形数据的动态调度方法[J].测绘信息与工程,2006,31(3):12-14.

徐青.武汉地铁站深基坑开挖涌水风险与控制研究[D].武汉:中国地质大学,2017.

杨成,查光东.航空瞄准具故障诊断专家系统中知识的处理方法[J].计算机测量与控制,2007,(02):167-169.

杨虹,汪厚祥,支冬栋,等.基于贝叶斯网络的故障树在机械设备中的应用[J].微计算机信息,2010,26(04):115-117.

杨祖佩,高爱茹.我国天然气管道的现状与发展[J].城市燃气,2002,(12):19-22.

姚娣.地铁一号线降水监测方案优化及数据处理系统的建立[D].沈阳:沈阳建筑大学,2011.

姚莉.分布式协作知识模型及其在军事态势估计中的应用研究[D].长沙:国防科技大学,1995.

于会,李伟华,陈栋.专家系统中的知识表示及其实时处理方法研究[J].微电子学与计算机,2005,(5):20-22.

员天佑,张学东,刘金,等.基于CLIPS的激光驱动器故障诊断专家系统设计[J].计算机测量与控制,2016,24(11):17－19＋23.

岳超源.决策理论与方法[M].北京:科学出版社,2003.

张晖,张新梅,陈国华,等.工业事故应急指挥决策的关键技术研究[J].职业卫生与应急救援,2006,24(1):1－3.

张明广,蒋军成.基于三维 GIS 的重大危险源应急救援系统研究[J].石油化工高等学校学报,2007,20(4):93－96.

张明智,娄寿春,何章明.指挥控制系统决策支持需求研究[J].空军工程大学学报(自然科学版),2001,2(3):22－25.

张启波,贾颖,阎晓静.石油天然气长输管道危险性分析[J].中国安全科学学报,2008,18(7):134－138.

张伟.大型公共场所行人交通状态评价及其应急疏散方法研究[D].长春:吉林大学,2014.

张小平,王杰,胡明亮.事故树分析在排桩基坑工程安全评价中的应用研究[J].岩土工程学报,2011(6):960－965.

郑贵洲,莫澜.GIS 图层在空间数据处理管理与分析中的作用[J].测绘科学,2003,28(3):71－73,86.

周道安,张东戈,常树春.C2 组织指挥控制关系的形式化描述[J].指挥控制与仿真,2008,30(4):13－17＋40.

周红波,高文杰,蔡来炳,等.基于 WBS－RBS 的地铁基坑故障树风险识别与分析[J].岩土力学,2009(9):2703－2707,2726.

周志鹏,李启明,邓小鹏,等.基于事故机理和管理因素的地铁坍塌事故分析——以杭州地铁坍塌事故为实证[J].中国安全科学学报,2009,19(9):139－145.

朱玉明,黄明利,钟德文.地铁车站暗挖施工地层变位预测与控制[J].市政技术,2007,25(2):110－127.

诸大建.建立基于系统控制的应急管理模式[J].城市管理,2003,(3):8－9.

邹铁方,赵力萱.事故再现不确定分析蒙特卡洛法的样本容量选取方法[J].中国安全科学学报,2013(5):22－26.

Aronoff,Geographic Information Systems:A Management Perspective[M]. Canada:Ottawa WDI Publications, 1991.

Brain S. Zaff,Michael D. McNeese,Daniel E. Snyder et al. Capturing multiple perspectives: A usercentered approach to knowledge acquisition[J]. Knowledge Acquisition,1993,5(1),79－116.

Carley K M,Diesner J,Reminga J. Toward an interoperable dynamic network analysis toolkit[J]. Decision Support Systems. 2007,43(4):1324－1347.

Christian Uhr, Henrik Johansson, Lars Fredholm. Analysing Emergency Response Systems[J]. Journal of Contingencies and Crisis Management, 2008, 16(2): 80 - 90.

David A. McEntire, Christopher Fuller, Chad W. Johnston et al. A Comparison of Disaster Paradigms: The Search for a Holistic Policy Guide[J]. Public Administration Review, 2002, 62(3): 267 - 281.

Donald E. Newsom , jacques E. Mitrani. GIS Applications in Emergency Management [J]. Geographic information System Application, 1993, 1(4), 199 - 202.

Hannu Kivij? rvi, Markku Kuula. An Experiment to Apply Some Substance-Theories to the Design and Development of a Corporate-wide DSS in a Small Company[J]. Scandinavian Journal of Information Systems. 1996, 8(1): 89 - 118.

Hannu Kivij? rvi. A Substance - Theory - Oriented Approach to the Implementation of Organizational DSS[J]. Decision Support Systems, 1997, 20(3): 215 - 241.

J. Clempne. Colored decision process Petri nets: modeling, analysis and stability[J]. International Journal of Applied Mathematics and Computer Science, 2005, 15(3): 405 - 420.

James E. Gentle, Random number generation and Monte Carlo methods[M]. NewYork: Springer press, 2003.

Jiyeong Lee. A Three-Dimensional Navigable Data Model to Support Emergency Response in Microspatial Built-Environments[J]. Annals of the Association of American Geographers, 2007, 97(3): 512 - 529.

Joseph G. Whol. Force Management Decision Requirements for Air Force Tactical Command and Control[J]. IEEE Transactions on Systems, 1981, 11(9): 618 - 639.

K. G. Zografos, K. N. Androutsopoulos. A Decision Support System for Hazardous Materials Transportation and Emergency Response Management[D]. Athens University of Economics and Business, 2004.

Konstantinos Tarabanis, Ioannis Tsionas. Using Network Analysis for Emergency Planning in Case of an Earthquake[J]. Transactions in GIS, 1999, 3(2): 187 - 197.

Kurt Fedra & Lothar Winkelbauer. A Hybrid Expert System, GIS, and Simulation Modeling for Environmental and Technological RiskManagement[J]. Computer-Aided Civil and Infrastructure Engineering, 17 (2002), 131 - 146.

Kurt Jensen, L. M. Kristensen, and L. Wells. Colored Petri Nets and CPN Tools for Modeling and Validation of Concurrent Systems[J]. International Journal on Software Tools for Technology Transfer, 2007, 9(3 - 4): 213 - 254.

Li Xiaosong, Liu Shushi, etc. The application of risk matrix to software project risk management[C]. International Forum on Information Technology and applications, 2009: 480 - 483.

Louise K. Comfort, Thomas W. Haase. Communication, Coherence, And Collective Action: The Impact of Hurricane Katrina on Communications Infrastructure[J]. Public Workes Management&Policy, 2006, 10(4): 328－343.

Louise K. Comfort. Crisis Management in Hindsight: Cognition, Communication, Coordination, and Control[J]. Public Administration Review. 2007, 67(1): 189－197.

Mark Duchaineau, Murray Wolinski, David E. Sigeti, et al. ROAMing Terrain: Real-time Optimally Adapting Meshes[J]. Proceedings of the Conference on Visualization, 1997, 26: 81－88.

Markowski Adam, Mannan M Sam. Fuzzy risk matrix[J]. Journal of Hazardous Materials, 2008, 159(1): 152－157.

Michael D, McNeese, Holly S. Bautsch, et al. A framework for cognitive field studies [J]. International Journal of Cognitive Ergonomics, 1999, 3(4): 307－31.

Nan Liu, Bo Huang, Magesh Chandramouli. Optimal Siting of Fire Stations Using GIS and ANT Algorithm[J]. Journal of Computing in Civil Engineering, 2006, 20(5): 186－187.

P. Fisher, C. Arnot, L. Bastin, et al. Exploratory visualization software for reporting environmental survey results[J]. Journal of Environmental Management, 2001, 62(4): 399－413.

S. W. Yoon, J. D. Velasquez, B. K. Partridge, et al. Transportation security decision support system for emergency response: A training prototype[J]. Decision Support Systems. 2008, 46: 139－148.

Sohail Asghar, Damminda Alahakoon. Categorization Of Disaster Decision Support Needs For The Development Of An Integrated Model For Dmdss[J]. International Journal of Information Technology & Decision Making. 2008, 7(1): 115－145.

Sybert H. Stroeve, Henk A. P. Blom, G. J, (Bert) Bakker. Systemic accident risk assessment in air traffic by Monte Carlo simulation[J]. Safety Science, 2009(2): 238－249.

Wallace, M, Webber, L. The disaster recovery handbook[M]. New York: American Management Association.